"十四五"职业教育国家规划教材

电工技术及应用

（第二版）

全国电力职业教育教材编审委员会　组　编

孙爱东　李　翔　主　编

王树春　智贵连　宗海焕　副主编

贾　慧　鲁其银　编　写

解建宝　主　审

中国电力出版社
CHINA ELECTRIC POWER PRESS

内 容 提 要

　　本书为"十二五"职业教育国家规划教材，是在充分结合现代职业教育的教学改革成果和职业教育生源特点、认知规律的基础上编写的。内容不仅包括电路的基本概念，直、交流电路分析，动态电路分析和磁路计算等，还特别在开篇引入认知安全健康和环境、使用电工工器具和仪表等项目，所选内容既体现了电工技术作为专业基础课程的特点，又考虑到"职业教育立交桥"的需求，侧重职业素养的培育。

　　本书通过二维码链接了大量的教学资源，包括全部项目的配套教学课件、60 余个授课视频、包含 1 万余道习题的习题库、按知识点编排的活页学习资料、重难点习题详解以及课程思政相关视频、图片、文本资料，为电工技术课程教与学提供了极大的便利。

　　为学习贯彻落实党的二十大精神，本书根据《党的二十大报告学习辅导百问》《二十大党章修正案学习问答》，在数字资源中设置了"二十大报告及党章修正案学习辅导"栏目，以方便师生学习。

　　本书可以作为职业教育专科和本科相关电类专业的教学用书，也可以作为各类在职员工的岗位培训教材。

配套资源

图书在版编目（CIP）数据

电工技术及应用/孙爱东，李翔主编 . —2 版 . —北京：中国电力出版社，2019.6（2023.7 重印）
"十二五"职业教育国家规划教材
ISBN 978 - 7 - 5198 - 3867 - 6

Ⅰ.①电…　Ⅱ.①孙…②李…　Ⅲ.①电工技术—高等职业教育—教材　Ⅳ.①TM

中国版本图书馆 CIP 数据核字（2019）第 237488 号

出版发行：中国电力出版社
地　　址：北京市东城区北京站西街 19 号（邮政编码 100005）
网　　址：http://www.cepp.sgcc.com.cn
责任编辑：乔　莉（010—63412535）
责任校对：黄　蓓
装帧设计：郝晓燕
责任印制：吴　迪

印　　刷：北京雁林吉兆印刷有限公司
版　　次：2014 年 9 月第一版　2019 年 6 月第二版
印　　次：2023 年 7 月北京第十二次印刷
开　　本：787 毫米×1092 毫米　16 开本
印　　张：21
字　　数：510 千字
定　　价：55.00 元

❖ 前 言

    本书第一版为"十二五"职业教育国家规划教材,自2014年正式出版发行以来,受到广大师生的认可和积极反馈。本版的修订以此为基础,并结合目前教育教学改革要求,删减了繁琐的理论分析和数学推导,以实际案例和学习任务为依托,强调分析思路与分析方法;启发学生对典型电路的工作原理、工作特点进行归纳总结,有效提升学习效果。

    本书由电力类院校教师和生产一线工程技术人员以及科教研发公司高级技术人员共同编写,本次修订增加了实际操作项目和综合性探索实验,拉近了课堂与实际工作的距离,锻炼了学生的思维能力。另外,还引入技能鉴定和技术比武项目,不仅详细讲解了触电急救的个过程动作要领,而且提供了技能鉴定考核评分标准,方便任课教师参照此标准对学生进行考核,实现了教学内容与职业鉴定的良好融合。

    为满足互联网环境下学生新的学习方式,方便学生随时随地、利用零散时间学习,本次修订增加了丰富的数字化教学资源,包括授课视频、重难知识点讲解短视频、习题库、按知识点编排的活页学习资料、重难点习题详解以及课堂思政的相关视频、图片、文本资料,并将根据教学反馈及时更新。

    限于编者水平,纸质书与配套数字资源疏漏与不足之处在所难免,恳请读者批评指正。

编 者

2021年5月

※ 第一版前言

"电工技术及应用"课程是高职高专院校电气类专业的一门主干专业基础课程。本课程理论和实践相互渗透、互为依存,以电路理论及分析方法为主线,电工实践应用为目标,主要研究各种电路的基本原理、工作性能和实践应用。本书根据"电工技术及应用"课程理论性强、知识点多、各部分之间联系紧密的特点,通过一体化教学及讲授、自学、练习等手段,使学生具备高素质技能型专门人才所必备的电路基本理论知识和电工基本技能,不仅可以使学生初步胜任维修电工岗位,而且为其学习后续的专业知识和职业技能,培养工程意识、创新能力、职业道德等打下基础。

本书具有以下特点:

(一)项目化结构。本书由认知安全健康和环境、使用电工工器具和仪表、拆装测量和计算无分支电路、分析计算复杂直流电路、分析计算简单正弦交流电路、分析计算复杂正弦交流电路、分析计算三相低压用电系统、观测并分析电路中的谐波信号、观测计算充放电电路和认知变压器等10个项目组成。各个项目教学目标明确,具有很强的针对性。

(二)一体化模式。本书提供了一整套一体化教学任务书,该任务书使教学过程实现了项目导向、任务驱动、理论与实践一体化的教学模式,通过科学设计学习性工作任务,将日常生活生产常识与电路理论相联系,将教学资料的基础性与电工技术的应用性相结合,注重基础知识的掌握,充分体现了职业教育的目标,满足了人才培养的规格要求。

(三)理论与实践紧密联系。在教学内容上按照"够用、会用、好用"原则,优化整合和序化教学内容,紧密结合工程应用实际、充分利用现有的教学设施设备,引入现代电工理论与新技术内容,侧重学生的实际操作能力培养和基本理论与概念的建立,淡化理论推导与计算技巧。

(四)实用性和先进性并重。本书编写紧扣高职教育教学改革的思路,一体化教学任务书设计理念新颖,任务书的应用可以很好地调动学生的学习积极性,并极大地提高学生的动手能力,具有很强的实用性。同时,书中应用先进的电路仿真软件,一方面可以克服实践环节硬件设施短缺的困难,另一方面可以节省教学时间,用较短时间完成一些原来耗时较长的实训实验项目。

本书项目一、三、四由山西电力职业技术学院孙爱东编写,项目二由中国国电集团太原第一热电厂王树春编写,项目五、七由郑州电力高等专科学校李翔编写,项目六由郑州电力高等专科学校宗海焕编写,项目八、九由西安电力高等专科学校智贵连编写,项目十由山西电力职业技术学院贾慧编写。另外,浙江天煌科技实业有限公司的鲁其银也参与了部分资料收集与整理工作。孙爱东负责全书的统稿,并完成了全书所有电路仿真的内容和全部一体化学习任务书的整理和修改。本书由西安电力高等专科学校解建宝教授担任主审,他对本书的编写提出了许多宝贵意见，在此深表感谢。

限于编者水平，书中错误和不足之处，恳请读者批评指正。

编 者

2014 年 7 月

❖ 目 录

项目一

认知安全健康和环境

【项目描述】

学习职业安全与健康知识,学习电力安全工作规程,认识触电,学会实施触电急救。

【知识目标】

(1) 理解我国的安全生产方针;

(2) 了解职业活动中危害的内容;

(3) 掌握职业病危害因素;

(4) 了解常见职业病及其预防措施;

(5) 理解电流对人体伤害的影响因素;

(6) 掌握感知电流、摆脱电流、致命电流和安全电压的概念;

(7) 掌握防止触电的安全措施;

(8) 掌握触电急救的原则和程序。

【能力目标】

(1) 能背诵触电急救的口诀;

(2) 能正确实施触电急救。

【教学环境】

多媒体教室和触电急救实训室,具有计算机和投影仪、有可供触电急救使用的橡胶人。

任务一 学习职业健康与安全知识

【任务描述】

学习职业安全与健康相关知识。

【相关知识】

从事任何职业活动,都有潜在的风险,尤其是电力行业这种高风险行业。从事电力生产和相关工作的人员必须认识和掌握本行业的职业风险,尤其要掌握电的规律。电作为一种物质存在,具有无色、无味、看不见、摸不着的特性,人们几乎无法用肉眼观察出电气设备或导线是否带电。但是一旦人接触到带电体,电流就有可能流经人体,从而对人体造成触电伤害。

一、职业安全

什么是安全？无危则安，无损则全。具体来说安全应该满足三个条件，就是多年来一直没有发生事故、不可接受的风险得到有效控制、基本达到法律法规要求。

安全生产具有重大的现实意义。首先，安全生产能确保广大员工的生命安全和身体健康；其次，安全生产是企业可持续发展的前提；第三，安全生产可以维护社会的安定；第四，良好的安全环境，可以为企业创造更好的经济效率；第五，安全生产是我国经济发展的迫切需要，也是参与世界竞争的需要。

我国的安全生产方针是：安全第一、预防为主、综合治理。所谓安全第一，是指在生产过程中把安全放在第一重要的位置上，切实保护劳动者的生命安全和身体健康。预防为主，就是把安全生产工作的关口前移，超前防范，建立预教、预测、预报、预警、预防的递进式、立体化事故隐患预防体系，改善安全状况，预防安全事故。综合治理，是指适应我国安全生产形势的要求，自觉遵循安全生产规律，正视安全生产工作的长期性、艰巨性和复杂性，抓住安全生产工作中的主要矛盾和关键环节，综合运用经济、法律、行政等手段，人管、法治、技防多管齐下，并充分发挥社会、职工、舆论的监督作用，有效解决安全生产领域的问题。

安全生产的最大敌人是各种危害的存在。所谓危害是指可能造成人身伤害、疾病、财产损失、作业环境破坏的根源或状态。职业活动中的危害主要包括以下几方面的内容：人的不安全行为、物的不安全状态、作业环境的不安全因素和管理缺陷。

人的不安全行为是指违反安全规则和安全操作规程，使事故有可能或有机会发生的行为。人的不安全行为可以归纳为 13 类，见表 1 - 1。

表 1 - 1　　　　　　　　　　人的不安全行为分类表

分类号	内　　容
01	操作错误、忽视安全警告
02	造成安全装置失效
03	使用不安全设备
04	手代替工具操作
05	物体（指成品、半成品、材料、工具、切屑和生产用品等）存放不当
06	贸然进入危险场所
07	攀、坐不安全位置（如平台护栏、汽车挡板、吊车吊钩等）
08	在起吊物下作业、停留
09	机器运转时进行加油、修理、检查、调整、焊接、清扫等工作
10	生产时分散注意力
11	在必须使用个人防护用具的作业或场所中，忽视其使用
12	穿戴不安全装束
13	对易燃、易爆等危险品处理错误

图 1-1 所示为某些生产现场中人的不安全行为。

图 1-1　人的不安全行为

物的不安全状态是指一切不符合安全规范、标准且可能导致事故的状态，可以归纳为 4 类，见表 1-2。

表 1-2 物的不安全状态分类表

分类号	内　　　容
01	防护、保险、信号等装置缺乏或有缺陷
02	设备、设施、工具、附件有缺陷
03	个人防护用品用具——防护鞋、手套、护目镜及面罩、呼吸器官护具、听力护具、安全带、安全帽、安全鞋等缺少或有缺陷
04	生产（施工）场地环境不良

图 1-2 所示为某些生产现场中物的不安全状态。

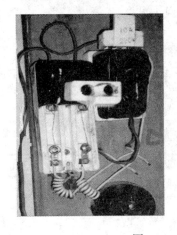

图 1-2　物的不安全状态

作业环境缺陷主要表现为作业场所的缺陷和环境因素的缺陷，见表 1-3。

表 1-3　　　　　　　　　　　　　　作业环境缺陷分类表

类型	内容
作业场所的缺陷	没有确保通路，工作场所间隔不足，机械、装置、用具配置缺陷，物体放置位置不当，物体堆积方式不当，对意外的摆动防范不够，信号、标志缺陷
环境因素的缺陷	采光不良或有害光照，通风不良或缺氧，温度过高或过低，压力过高或过低，湿度不当，给排水不良，外部噪声

管理缺陷的表现，见表 1-4。

表 1-4　　　　　　　　　　　　　　管理缺陷的表现

类型	内容
对物（含作业环境）性能控制的缺陷	设计、监测等不符合处置方式的缺陷
对人失误控制的缺陷	教育、培训、指示、雇用选择、行为监测方面的缺陷
工艺过程、作业程序的缺陷	工艺、技术错误或不当，无作业程序或作业程序有错误
用人单位的缺陷	人事安排不合理、负荷超限、无必要的监督和联络、禁忌作业等
对来自相关方（供应商、承包商等）的风险管理的缺陷	合同签订、采购等活动中忽略了安全健康方面的要求
违反工效学原理的缺陷	使用的机器不适合人的生理或心理特点

电力行业属于高风险行业，工作环境中有电力、转动机械、高温、高压、高空作业、化学有毒物质、锅炉压力容器、易燃易爆物品等危险源的大量存在，容易发生火灾、爆炸、触电、高处坠落、机械伤害、物体打击、泄漏、灼伤、电网故障、设备损害等危害事故。

俗话说：安全两天敌，违章和麻痹。造成事故发生的主要原因通常都是违章操作，而造成事故发生的常见心态有：侥幸心理、惰性心理、骄傲自大、争强好胜、情绪波动、思想反常、技术不熟、遇险惊慌、盲目自信、思想麻痹、盲目从众、逆反心理。只要克服侥幸心理、遵照操作规程执行，安全事故是完全可以避免的。

二、职业病和职业健康

职业病是指劳动者在职业活动中，因接触有毒有害物质、放射性物质、不良气候条件、生物因素，不合理的劳动组织以及其他毒害而引起的疾病。可能导致职业病的各种危害称为职业病危害。职业病危害因素包括：职业活动中存在的各种有害物理性、化学性、生物性、人体功效性、心理性等职业有害因素，见表 1-5。

表 1-5　　　　　　　　　　　　　　职业病危害因素分类表

分类	内容
物理性	噪声和振动、光线、温度、气压、非电离辐射、电离辐射
化学性	气体、液体、粉尘、烟雾
生物性	接触微生物
人体功效性	不良的人体功效
心理性	压力过大

图 1-3 所示为某些生产现场中不良的人体功效。

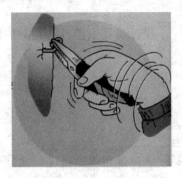

图 1-3 不良的人体功效

根据 2013 年新的《职业病防治法》，职业病共包括 10 类、130 项。这十类职业病包括尘肺、职业性放射性疾病、职业中毒、物理因素所致职业病、生物因素所致职业病、职业性皮肤病、职业性眼病、职业性耳鼻喉口腔疾病、职业性肿瘤和其他职业病。

职业健康关系到劳动者的基本人权和根本利益，工伤事故和职业病对人民群众生命与健康的威胁长期得不到解决，累积到一定程度和突发震动性事件时，可能成为影响社会安全、稳定的因素，因此，预防职业病具有非常重要的意义。预防职业病要做到以下几点：第一，坚持预防为主、防治结合的方针，实行分类、综合管理；第二，正确使用合格的职业病防护用品；第三，设置公告栏，公布职业病防治的规章制度、操作规程以及职业病危害的种类、后果、预防以及应急救治措施等内容；第四，有毒有害物质浓度较大的工作场所应设置报警装置，配置现场急救用品、冲洗设备、应急撤离通道和泄险区；第五，定期对职业病防护设备、应急救援设施和防护用品进行检查、维护检测，确保其处于正常状态，不得擅自拆除或停止使用；第六，采用新工艺、新材料、新技术逐步替代职业病危害严重的技术、工艺、材料；第七，定期检查身体，进行员工技能培训和教育宣传。

个人防护是避免职业危害的最后一道防线。当工程或行政控制措施不可行时，或未能将风险降至可接受水平，或在装设及维修工程设备时，便需要使用个人防护用具。个人防护用具必须选择适当，合乎标准及适用于当时的工作环境及针对的危害。劳动者应能正确地使用及保养用具，做到"我不伤害自己、我不伤害别人、我不被环境伤害"，如图 1-4 所示。

图 1-4 个人防护

【任务实施】

建立电工学习小组，观看电力安全生产教育片，小组针对片中涉及的案例加以讨论，最后写出学习总结和心得。

【一体化学习任务书】

任务名称：学习职业安全与健康知识

姓名＿＿＿＿＿　　　　所属电工活动小组＿＿＿＿＿　　　　得分＿＿＿＿＿

说明：请按照任务书的指令和步骤完成各项内容，课后交回任务书以便评价。

■ 破冰游戏。

全班同学分成5人或7人一组的学习活动小组，要求选出小组负责人，确立小组名称、LOGO，组员相互介绍，并完成表1-6。

表1-6　　　　　　　　　　　　电工活动小组情况表

小组名称		LOGO	
组长姓名			
成员姓名	兴趣爱好、特长	对本课程的要求和预期目标	

■ 观看电力安全生产教育片，小组针对片中涉及的案例加以讨论，找出不安全因素，并完成表1-7。

表1-7　　　　　　　　　　"安全第一，生命无价"案例讨论之一

分类	不安全因素描述
人的不安全行为	
物的不安全状态	
作业环境的不安全因素	
管理缺陷	

■ 观看电力安全生产教育片，小组针对片中涉及的案例加以讨论，找出潜在的职业病危险，说明判断理由，并完成表1-8。

表 1 - 8　　　　　　　　　　　**"安全第一，生命无价"案例讨论之二**

职业病危险	判　断　理　由

■　学习后的心得体会。

通过本任务的学习，我知道了＿＿＿＿＿＿＿＿＿＿＿＿＿＿＿＿＿＿＿＿＿

＿＿＿＿＿＿＿＿＿＿＿＿＿＿＿＿＿＿＿＿＿＿＿＿＿＿＿＿＿＿＿＿＿＿＿＿＿

＿＿＿＿＿＿＿＿＿＿＿＿＿＿＿＿＿＿＿＿＿＿＿＿＿＿＿＿＿＿＿＿＿＿＿＿。

■　刈任务完成的过程进行自评，并写出今后的打算。

自评标准	参与完成所有活动，自评为优秀；缺一个，为良好；缺两个，为中等；其余为加油
自评结果	
今后打算	

任务二　学习电力安全工作规程

【任务描述】

了解电力安全工作规程，并写出总结。

【相关知识】

电力行业虽然属于高风险行业，但电力安全生产是有客观规律可以遵循的。为保障电力生产工作人员的生命安全、保证电力系统的安全运行，必须把符合电力生产客观规律的有关安全措施、工作程序和操作程序，以规程的形式规定下来，以便共同遵照执行，这个规定就是《电力安全工作规程》，简称《安规》。

《安规》作为电力生产最基本的规程之一，是电力工作人员生产实践经验的高度总结。看似不起眼的一本小册子，它的每一条每一款都凝结着前辈们的智慧、鲜血和教训。作为即将从事电业工作的人员，应该明白，发生事故主要是没有把"安全第一"的思想放在心中。大量的事实证明，每一起事故的背后几乎都存在着严重的违章操作问题，80％以上的人身事故都是由于没有认真执行《安规》所致。人的主观因素是引发事故的重要原因，不能有百分之一的疏漏、千分之一的侥幸、万分之一的偶然，要时刻引以为戒。

几十年的实践表明，《安规》是电力生产过程中贯彻安全生产方针、防止人身伤亡事故、防止停电事故的有力武器，它是保障工作正常完成的基本条件，是呵护生命的守护神，是落实"保人身、保电网、保设备"的安全生产原则的有力武器，认真学习并严格执行《安规》能有效防止事故的发生，所以从事电力生产和运行的人员，应充分理解和严格执行《安规》。

《中华人民共和国国家标准电力安全工作规程（发电厂和变电站电气部分）GB 26860—2011》目录如下。

前言

1　范围

2　规范性引用文件

3　术语和定义

4　作业要求

5　安全组织措施

6　安全技术措施

7　电气设备运行

8　线路作业时发电厂和变电站的安全措施

9　带电作业

10　发电机和高压电动机的检修、维护

11　在六氟化硫（SF_6）电气设备上的工作

12　在低压配电装置和低压导线上的工作

13　二次系统上的工作

14　电气实验

15　电力电缆工作

16　其他安全工作

附录A（资料性附录）电气第一种工作票格式

附录B（资料性附录）电气第二种工作票格式

附录C（资料性附录）电气带电作业工作票格式

附录D（资料性附录）紧急抢修单格式

附录E（规范性附录）绝缘安全工器具试验项目、周期和要求

附录F（规范性附录）标示牌式样

附录G（资料性附录）操作票格式

【任务实施】

观看电力安全生产教育片，小组针对片中涉及的案例加以讨论；之后听老师宣讲《安规》，按小组选学《安规》，最后写出学习总结和心得。

【一体化学习任务书】

任务名称：学习《电力安全工作规程》

姓名_____　　所属电工活动小组_____　　　　得分_____

说明：请按照任务书的指令和步骤完成各项内容，课后交回任务书以便评价。

■　观看电力安全生产教育片，小组针对片中涉及的案例加以讨论，找出案例中的违章操作，并完成表1-9。

表 1 - 9   **"安全第一，生命无价"案例讨论之三**

案例描述	
违章操作分析	
如果我是当事人，我会……	

■ 听老师宣讲《安规》，之后按小组进行《安规》的学习，并完成表 1 - 10。

必学内容：目录，3.6，3.7，3.8，4.1，4.3，5.1，6.1，6.5。

表 1 - 10   **安全工作规程学习问答**

问 题	答 案
《安规》有什么作用？	
作业人员对《安规》考试有什么要求？	
根据目录，写出《安规》中的三个内容？	
电气工作人员必须具备什么条件？	
电气设备高压和低压是怎样划分的？	
何为运行中的电气设备？	
在电气设备上工作应有哪些保证安全的制度措施？	
电气设备上工作的安全组织措施包括哪些内容？	
什么是工作票？工作票上包含什么内容？	
保证安全的技术措施有哪些？	
"禁止合闸，线路有人工作！"的标示牌应悬挂在什么场合的哪个位置上？ 	

■ 写出记住的 5 条规程，并完成表 1 - 11。

表 1 - 11   **安全工作规程学习检查**

序号	内 容
1	
2	
3	
4	
5	

■ 学习后的心得体会。

通过本任务的学习，我知道了＿＿＿＿＿＿＿＿＿＿＿＿＿＿＿＿＿＿＿＿＿＿＿＿＿

＿＿＿＿＿＿＿＿＿＿＿＿＿＿＿＿＿＿＿＿＿＿＿＿＿＿＿＿＿＿＿＿＿＿＿＿＿＿＿

＿＿＿＿＿＿＿＿＿＿＿＿＿＿＿＿＿＿＿＿＿＿＿＿＿＿＿＿＿＿＿＿＿＿＿＿＿。

■ 对任务完成的过程进行自评，并写出今后的打算。

自评标准	参与完成所有活动，自评为优秀；缺一个，为良好；缺两个，为中等；其余为加油
自评结果	
今后打算	

任务三　认　识　触　电

【任务描述】

学习有关触电方面的知识，并通过问答测试。

【相关知识】

触电事故是电力生产和日常生活中最常见的恶性事件之一，它造成的伤害后果非常严重。为防止触电事故的发生，需要掌握有关触电的知识，并将防止触电的各项安全措施落实到实际工作和生活中去。

一、触电的概念

人体触及带电体并形成电流通路，或带电体与人体之间由于距离近、电压高产生空气击穿放电，或电弧烧伤人体表面对人体造成伤害，都称为触电。

大量研究表明，电对人体的伤害主要来自电流。多数触电是由于人体触及带电体并在人体中形成电流通路造成的，触电事故具有多发性、季节性、行业性等特点。

（1）触电事故具有多发性。据统计，我国每年因触电而死亡的人数，约占全国各类事故总死亡人数的 10%，仅次于交通事故。

（2）触电事故具有季节性。从统计资料来看，6～9 月触电事故多。这是因为夏、秋季节多雨潮湿，降低了设备的绝缘性能；人体多汗导致皮肤电阻下降，若工作服、绝缘鞋和绝缘手套穿戴不齐，触电概率就大大增加。

（3）触电事故具有行业特征。据国外资料统计，电业部门触电事故的死亡率为 30%～40%，重伤率高达 60%～70%，因此世界各国劳工部门都把电力生产工作列为高危工种。比较起来，触电事故多发生在非专职电工人员身上，而且农村多于城市，低压多于高压。这种情况显然与安全用电知识的普及程度、组织管理水平及安全措施的完善与否有关。

（4）触电事故的发生还具有很大的偶然性和突发性，令人猝不及防。

二、电流对人体的伤害

1. 电流对人体的伤害类型

电流对人体的伤害类型分为电伤和电击两类。

电伤是指电流的热效应、化学效应、机械效应及电流本身作用造成的人体伤害。电伤会在人体皮肤表面留下明显的伤痕，严重时也可导致死亡。常见的有灼伤、电烙伤和皮肤金属化等现象。电伤通常都是非致命的。

电击时，电流通过人体，对人体内部器官造成伤害。人能正常存活，必须有正常的呼吸和心跳。呼吸系统负责提供氧气，而心脏有节律地收缩，将氧气和营养物质输送给每一个细胞，同时将身体产生的废物传输到相应的器官进行处理。因此，必须保证心脏和肺能正常工作。而电击主要破坏人的心脏、呼吸和神经系统的正常工作，轻者肌肉痉挛，产生麻电感觉，重者造成呼吸困难、心脏麻痹、危及人的生命安全。多数触电死亡事故都是由电击造成的。

电击使人致死的原因有三个方面：第一，流过心脏的电流过大、持续时间过长，引起"心室纤维性颤动"，心脏不能有节律地收缩；第二，电流使人产生窒息；第三，电流使心脏停跳。

2. 电流对人体伤害程度的影响因素

电流对人体的伤害程度与电流的大小、电流通过人体的持续时间、电流的流通途径、电流频率、人体电阻及电压高低都有关系。

通过人体的电流越大，人体的生理反应越明显，对人体的伤害越严重。按照人体对电流的生理反应强弱和电流对人体的伤害程度，可将电流分为感知电流、摆脱电流和致命电流三级。感知电流是能引起人体感觉但无有害生理反应的最小电流；摆脱电流是指人体触电后能自主摆脱电源而无病理性危害的最大电流；致命电流是指能引起心室颤动而危及生命的最小电流。这几种电流的大小与触电者的性别、年龄及触电时间有关。一般使人体有麻电感觉的交流电流为 0.7～1.1mA，摆脱电流为 10～16mA，较短时间内的致命电流为 50～100mA。我国规定的安全电流为 30mA（触电时间不超过 1s），但在高度触电危险的场所，应取 10mA 为安全电流。表 1 - 12 列举了不同数值电流下人体的生理反应。

表 1 - 12　　　　　　　　　不同数值电流下人体的生理反应

电流数值（mA）	人体的生理反应	电流数值（mA）	人体的生理反应
<2	仅仅可感知	20～50	如通过胸部，呼吸有可能停止
2～8	有麻木、刺痛及不适感，甚至发生疼痛性休克	50～100	如接近心脏，易致心室纤维性颤动或心脏停搏
8～12	肌肉痉挛并剧烈疼痛	100～200	心脏停止跳动
12～20	肌肉产生剧烈收缩，不能自主摆脱电源	>200	严重烧伤

触电致死的生理现象是心室颤动。电流通过人体的持续时间越长，越容易引起心室颤动。另外，由于心脏在收缩与舒张的时间间隙（约 0.1s）内对电流最为敏感，通电时间越长，重合这段间隙的可能性越大，心室颤动的可能性也越大。常用电击能量来衡量电流对人体的伤害程度。所谓电击能量是指触电电流和触电持续时间的乘积。通电时间越长，电击能量就越大，电击能量超过 50mA·s 时，人就有生命危险。

电流的流通路径与触电伤害程度的联系很密切。电流通过头部可使人昏迷；通过脊髓可能导致瘫痪；通过心脏会造成心跳停止，血液循环中断；通过呼吸系统会造成窒息。图1-5所示是两个触电的场景。图1-5（a）中如果触电者背向大家，电流经由右手和前胸，不流过心脏，伤害较轻；如果触电者是面向大家的，电流将流过心脏，伤害严重；图1-5（b）中电流经双手并流过心脏，伤害也是严重的。

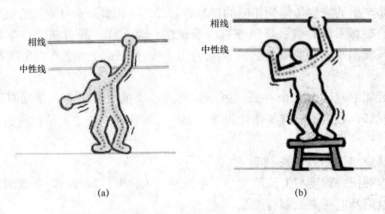

(a)　　　　　　　　　　(b)

图1-5　电流的流通路径与触电伤害程度的联系

　　一般来说，电流路径通过人体心脏时，伤害程度最大。左手至右脚的电流路径，心脏直接处于电流通路内，是最危险的。从手到手、从手到脚也是很危险的电流路径；从脚到脚是

图1-6　防止跨步电压触电

危险性较小的电流路径。尽管如此，也要避免脚到脚的触电。图1-6所示是一个在断落的高压线处触电的情形。当高压线断落时，通常要求不得进入落地点周围10m以内。这是因为当高压线断落接地时，电流经大地流走，接地中心附近的地面存在不同的电位。此时人若在接地点周围行走，两脚间会存在电位差，这个电位差称为跨步电压。由跨步电压引起的触电称为跨步电压触电。人与接地点越近，跨步电压触电越严重。如果有人触电，急救人员靠近时要采用单脚跳跃或双脚并拢跳跃的方法，以防跨步电压触电。

　　人体对不同频率电流的生理敏感程度是不同的，因而不同频率的电流对人体的伤害也不同。40～60Hz的交流电流对人体伤害最为严重，随着频率的增加或减小，危险性将降低。当电源频率大于2000Hz时，所产生的损害明显减小，但高压高频电流通常以电弧的形式出现，有灼伤人体的危险。医学上常利用高频电流做理疗，但电压过高也会致人危险。

　　当接触电压一定时，人体电阻越小，流过人体的电流越大，触电者的危险越大。而人体电阻是不确定的，它包括体内电阻和皮肤电阻。其中体内电阻较小且基本不变，约为500Ω；皮肤电阻与皮肤干燥程度、电极与皮肤的接触面积都有密切关系。皮肤干燥时一般为100kΩ左右，而一旦潮湿可降到1kΩ。

　　触电死亡的直接原因是人体电流，电流大小与作用在人体上的电压有关，而且人体电阻

随电压升高而呈非线性急剧下降，使通过人体的电流显著增大。如果以触电者人体电阻为 $1k\Omega$ 计，在 220V 交流电压下通过人体的电流是 220mA，能迅速致人死命。

三、安全电压

加在人体上一定时间内不使人直接致命或致残的电压称为安全电压。一般情况下，人体触电时，如果接触电压在 36V 以下，通过人体的电流就不会超过 30mA，故安全电压规定为 36V；但在潮湿闷热的环境中，安全电压则规定为 24V 或 12V。

四、防止触电的安全措施

产生触电事故主要有以下原因：第一，缺乏用电常识，触及带电的导线；第二，没有遵守操作规程，人体直接与带电体部分接触；第三，由于用电设备管理不当，使绝缘损坏，发生漏电，人体碰触漏电设备外壳；第四，高压线路落地，造成跨步电压引起对人体的伤害；第五，检修中，安全组织措施和安全技术措施不完善，接线错误，造成触电事故；第六，其他偶然因素，如人体受雷击等。

防止触电事故应综合采取以下一系列安全措施。

首先，工作人员思想上应高度重视、牢固树立并自觉贯彻"安全第一，预防为主，综合治理"的安全生产方针。

其次，要加强安全教育，认真学习并严格遵守《安规》。如上岗前必须戴好规定的防护用品，一般不允许带电作业；工作前认真检查所用工具是否安全可靠，了解场地、环境情况，选好安全位置工作；各项电气工作要严格执行"装得安全、拆得彻底、经常检查、及时修理"的规定；不准无故拆除电气设备上的安全保护装置；设备安装或修理后，在正式送电前必须仔细检查绝缘电阻及接地装置和传动部分的防护装置，使之符合安全要求等。

再次，要采取必要的技术防护措施。如电气设备的金属外壳要采取保护接地或接零，安装自动断电装置，尽可能采用安全电压，保证电气设备具有良好的绝缘性能，采用电气安全用具，设立保护装置，保证人或物与带电体的安全距离，定期检查用电设备等。

【任务实施】

观看有关触电方面的电力安全生产教学片，并按小组讨论。之后，学习触电相关知识，并在实训台上观察电流流过的路径、测量跨步电压，最后完成问答测试。

【一体化学习任务书】

任务名称：**认识触电**

姓名_____   所属电工活动小组_____   得分_____

说明：请按照任务书的指令和步骤完成各项内容，课后交回任务书以便评价。

■ 触电是日常生活和生产中都可能发生的紧急事件。认识触电，了解触电的规律，是采取正确、有效方法施救的基础。

■ 观看有关触电方面的电力安全生产教学片，按小组讨论并完成表 1-13。

表 1-13   "安全第一，生命无价"案例讨论之四

案例描述	
事故原因分析	

触电状态描述	手的状态： 脚的状态：
触电伤害后果分析	
小组得出的结论	
与个人预习案例分析的对比	

■ 实训台上，将图1-7所示人体电击模块通电，观察电流流过的路径，并完成表1-14所列问题。

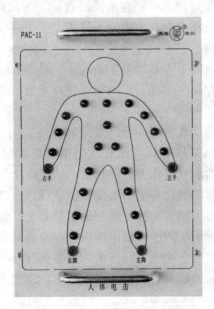

图1-7 人体电击实验图

表1-14   人 体 电 击

触电部位	电流流过的路径	触电后果和严重性
右手（或左手）		
右脚（或左脚）		
右脚和左脚		
右手和右脚		
右手和左脚		
左手和左脚		
左手和右脚		
左手和右手		

结论：以上触电方式中，以_____和_____两种情况下触电后果最严重，因为此时电
流流过_____。

■　实训台上,将图1-8所示跨步电压模块通电,测量导线落地点与各点间的跨步电压,并完成表1-15所列问题。

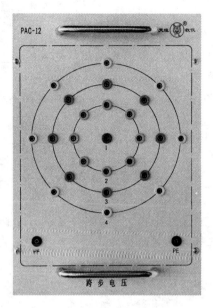

图1-8　跨步电压实验图

表 1-15　　　　　　　　　　　　　跨 步 电 压

测量位置	跨 步 电 压 大 小
3-4	
2-3	
1-2	
2-4	
1-3	
1-4	

结论:在越靠近_____点、空间距离越_____时,跨步电压越大

■　触电知识测验。

1. 触电是指_____

_____

_____。

2. 电流对人体的伤害分为_____和_____两类。

3. 电击是_____通过人体、对人体内部器官造成的伤害。多数触电死亡事故都是由_____造成的。

4. 电流对人体的伤害程度与电流的_____、电流通过_____的持续时间、电流的_____、电流_____、人体_____及电压_____都有关系。

5. 通过人体的电流越大,人体的生理反应越_____,对人体的伤害越_____。

6. 按照人体对电流的生理反应强弱和电流对人体的伤害程度，可将电流分为_____、_____和_____三级。

7. 感知电流是能引起人体_____但无有害生理反应的_____；摆脱电流是指人体触电后能自主摆脱电源而无病理性危害的_____；致命电流是指能引起_____而危及生命的最小电流。

8. 我国规定的安全电流为_____（触电时间不超过1s），但在高度触电危险的场所，应取_____为安全电流。

9. 电流通过人体的途径不同，对人体的伤害程度也不同。最危险的途径是从_____到_____、从_____到_____。

10. 安全电压规定为_____V，但在潮湿闷热的环境中，安全电压则规定为_____V或_____V。

11. 防止触电事故，首先工作人员思想上应高度重视，牢固树立_____的观念；还要加强安全教育，认真学习并严格遵守_____，采取必要的_____。

■ 学习后的心得体会。

通过本任务的学习，我知道了_____
_____
_____。

■ 对任务完成的过程进行自评，并写出今后的打算。

自评标准	参与完成所有活动，自评为优秀；缺一个，为良好；缺两个，为中等；其余为加油
自评结果	
今后打算	

任务四　实施触电急救

【任务描述】

学习触电急救的知识和技能，并实施触电急救。

【相关知识】

生产、生活、电力建设过程中，用电处处存在，触电事故也时有发生，因此，正确地对触电者进行施救就成为保障触电者生命的关键。掌握触电急救的方法，从表面看是为救助他人，实质上当每一位从业人员都具备急救能力时，大家的生命才能全部得到保障。

人触电后不一定会立即死亡，多数触电者出现神经麻痹、呼吸中断、心脏停跳等症状，外表呈现昏迷的状态，此时要看作是"假死"状态，如现场抢救及时、方法得当，人是可以获救的。

一、触电急救的原则
现场触电急救的原则是"迅速、就地、准确、坚持"。

"迅速"是指在发现触电者后，应该在第一时间将触电者脱离电源并开始抢救。此时时间就是生命，越早开始抢救，触电者生还的概率就越大。

"就地"是指将触电者脱离电源后，要在触电现场附近安全的地方立即开始急救，不能等待，也不要搬运送往医院，以节省时间。同时，应尽早与医疗部门联系，争取医务人员接替救治。只有条件不允许时，才可将触电者转移到可靠地方进行急救。

"准确"是指急救动作准确和急救程序正确。只有准确的动作和正确的程序，才能有效地促进触电者的心脏和呼吸系统恢复正常工作，才能救活触电者。

"坚持"就是胜利。对失去知觉的触电者进行抢救，一般需要很长时间，必须耐心持续地进行。曾经有经过近5h抢救后，触电者复活的先例，所以施救者必须坚持施救。只有当触电者面色好转、口唇潮红、瞳孔缩小、心跳和呼吸逐步恢复正常时，才可暂停数秒进行观察。如果触电者还不能维持正常心跳和呼吸，则必须继续进行抢救。在触电者未复活、医生未来接替抢救前，现场抢救人员不得放弃现场抢救，更不能只根据没有呼吸或脉搏擅自判定触电者死亡，放弃抢救。在运往医院途中，抢救工作也不能停止，直到医生宣布可以停止为止。只有医生才有权做出触电者死亡的诊断。抢救过程中不要轻易注射强心针，只有当确定心脏已停止跳动时，才可使用。

二、触电急救的程序

触电急救是有程序要求的。触电急救的程序如图1-9所示。

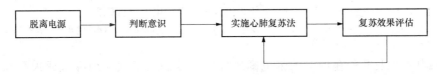

图1-9　触电急救的程序

1. 脱离电源

一般情况下，人触电后，由于痉挛或失去知觉等原因反而紧抓带电体，不能自主摆脱电源，所以首先要做的事是尽快帮助触电者脱离电源。

脱离电源就是设法将触电者与带电设备脱离。脱离电源有多种方式，但采取的方式应该是迅速的，同时也必须是安全的，以防救护人员触电。

发现有人触电后，应立即大叫呼救，并做好自身防护，准备施救。

如果触电者触及低压带电设备，拉开电源开关或刀开关、拔除电源插头等是最安全快捷脱离电源的方式。也可以使用绝缘工具、干燥木棒、木板、绳索等不导电的材料解脱触电者；还可以戴绝缘手套或将手臂用干燥衣物等包起绝缘后抓住触电者干燥而不贴身的衣服，将其拖开。如果电流通过触电者入地，并且触电者紧握电线，可设法用干木板垫到触电者身下，与地隔离；也可用干木把斧子或有绝缘柄的钳子等将电线切断。切断电线要分相进行，并尽可能站在绝缘物体或干木板上，如图1-10所示。切记救护人员应先把自己绝缘做好后再进行救护，并避免碰到金属物体和触电者裸露的身躯。

使触电者与带电体脱离时，救护人员最好用一只手进行，并避免重心偏斜。

如果触电者触及高压带电设备，救护人员应迅速切断电源，或用适合该电压等级的绝缘工具，如戴绝缘手套、穿绝缘靴，并用绝缘棒解脱触电者。救护人员在抢救过程中，应注意自身与周围带电体留有足够的安全距离。

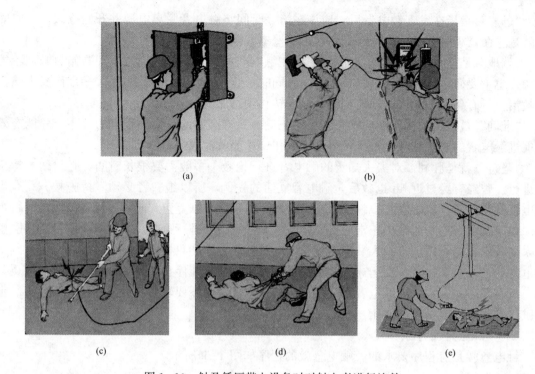

图 1-10　触及低压带电设备时对触电者进行施救

(a) 拉开电源开关；(b) 切断电源线（双手最好戴绝缘手套）；(c) 挑开电源线；(d) 拽开触电者；(e) 垫干木板

　　如果触电者触及断落在地上的带电高压导线，救护人员须穿绝缘靴或采用双脚并紧跳跃、单脚跳跃的方式接近触电者，以防跨步电压伤人。脱离带电导线后，救护人员要迅速将触电者带至 10m 以外，并立即开始触电急救。只有在确实证明线路已经无电，才可在触电者离开导线后，就地进行抢救。

　　触电者位于高处时，还应采取必要的防摔伤措施。

　　救护触电者切除电源时，有时会同时失去照明用电，因此应考虑事故照明、应急灯等临时照明措施。照明用电要符合使用场所防火、防爆的要求，但不能延误切除电源和进行抢救。

　　2. 脱离电源后的意识判断

　　帮助触电者脱离电源后，首先应将触电者安置在附近安全、平坦的地方，使其仰卧于硬板床或地上，头、颈、躯干平卧无扭曲，双手放于两侧躯干旁，并暴露胸腹部，松开腰带；之后呼叫 120，接着迅速判断触电者的具体情况，以便对症抢救。

　　若触电者脱离电源后意识清醒，应使其就地平躺，严密观察，暂时不要站立或走动。

　　若触电者触电后又摔伤，应使其就地平躺，保持脊柱处于伸直状态，不得弯曲；如需搬运，应用硬木板使其保持平躺姿势，并处于平直状态，避免脊柱受伤。

　　一般人触电后，会出现神经麻痹、呼吸中断、心脏停止跳动等征象，外表呈现昏迷不醒的状态，这时并非死亡，而是"假死"。此时，应采用轻拍、轻摇、大声呼叫的方法，用 5s 时间，呼叫触电者，以判定触电者是否意识丧失，如图 1-11 所示。禁止摇动触电者头部呼叫触电者。

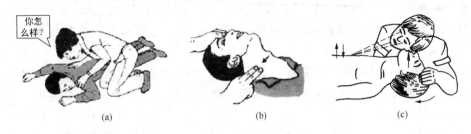

图 1-11　判断意识

（a）轻拍左肩听回应；（b）弱化脉搏检查；（c）取消"看、听、感觉呼吸"

如果触电者没有应答或反应，也没有明显的心跳或正常呼吸（终末叹气应看作无呼吸），应立即对其进行抢救。

3. 实施心肺复苏法

心肺复苏法，简称CPR，是对胸外按压和人工呼吸的合称。

一旦确认触电者无意识、无运动、无呼吸时，应立即按照心肺复苏法支持生命的三项基本措施，对其正确进行抢救。按照《2010美国心脏协会心肺复苏及心血管急救指南心肺复苏操作标准》，这三项基本措施是：C胸外按压→A开放气道→B人工呼吸（简称为C—A—B）。注意胸外按压和人工呼吸应交替进行。在双人抢救时，在第一个施救者进行胸外按压的同时，第二个施救者施行开放气道。如现场仅一人施救，可以两种方法交替使用。抢救要坚持不断，切不可轻率终止，即使运送途中也不能终止抢救。

（1）胸外按压。首先救护人员位于触电者一侧（如右侧），确定正确的按压位置并开始按压。

正确的按压位置是保证胸外按压效果的重要前提。按压位置如图1-12和图1-13（a）所示。其步骤如下：

1）救护人员用靠近触电者下肢的那只手（如右手）的食指和中指沿触电者同侧（右侧）的肋弓下缘向上，找到肋骨和胸骨接合处的切迹中点。

2）两手指并齐，中指放在切迹中点（剑突底部），食指平放在胸骨下部。

3）另一只手（左手）的掌根紧挨食指上缘置于胸骨上，即为正确的按压位置。

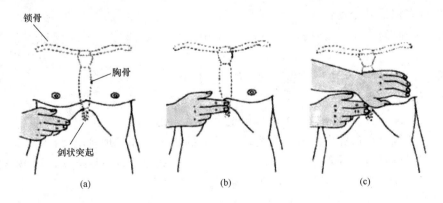

图 1-12　正确的按压位置

（a）找切迹中点；（b）手指位置；（c）掌根挨食指

　　如果习惯右手用力，救护人员只需移至触电者左侧，左右手替换即可。

　　正确的按压姿势是达到胸外按压效果的基本保证。正确的按压姿势如图 1-13（b）所示。

　　1）触电者仰面平躺，救护人员站立或跪在触电者一侧肩旁，两肩位于触电者胸骨正上方，两臂伸直，肘关节固定不屈，两手掌顺向相叠（不能十字交叠），手指翘起，不接触触电者胸壁。

　　2）以髋关节为支点，利用上身的重力，掌心用力，垂直将正常成人胸骨压缩至少 5cm（儿童和瘦弱者酌减）。

　　3）下压 5cm 后，迅速除去压力，使触电者胸部自主复原。注意抬手时手不离胸，以免移位。

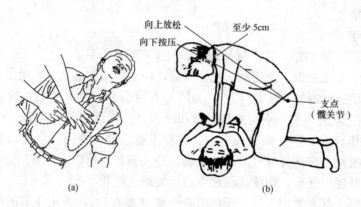

图 1-13　胸外心脏按压法
(a) 正确的按压位置；(b) 正确的按压姿势

　　对胸外按压的操作频率也有一定的要求。要求：

　　1）胸外按压要匀速进行，每分钟至少 100 次，每次按压和放松的时间相等。专业医务工作者按压可以达到每分钟 120 次，但不是越快越好；

　　2）胸外按压与口对口（鼻）人工呼吸同时进行时，无论是单人还是双人抢救，每按压 30 次后吹气 2 次（30：2），反复进行。

　　胸外按压有以下几个关键点：

　　(a) 要保证高质量的胸外按压，按压时要用力按、快速按，同时保证按压的频率和深度。

　　(b) 最大限度地减少中断，如需中断不应超过 10s。

　　(c) 保证胸廓完全回弹。

　　(2) 开放气道。在人工呼吸前要确保触电者气道通畅。

　　首先应清理触电者口腔中的异物。先取下活动的假牙，如发现触电者口内有异物，可将其身体及头部同时侧转，并迅速用一个手指或用两手指交叉从口角处插入，取出异物，如图 1-14（a）所示。注意防止将异物推入咽喉深部。

　　开放气道应采用仰头抬颏法，如图 1-14（b）所示。用一只手放在触电者前额，另一只手的手指将其下颌骨向上抬起，两手协同将头部推向后仰，使颏与耳连线垂直于地面，此时舌根随之抬起，气道即可通畅。严禁用枕头或其他物品垫在触电者头下。头部抬高前倾，会加重气道的阻塞，且使胸外按压时心脏流向脑部的血流减少。

（3）口对口（鼻）人工呼吸。在保持触电者气道通畅的同时，救护人员用手指捏住触电者的鼻翼，深吸气后，与触电者口对口紧合，在不漏气的情况下，连续吹气两次，每次 5s。口对口呼吸的吹气量不需过大，避免过度通气。吹气和放松时要注意触电者头部应有起伏的呼吸动作。图 1-14（c）、（d）所示为口对口人工呼吸。

如果触电者牙关紧闭，可采用口对鼻人工呼吸。口对鼻人工呼吸时，要将触电者嘴唇闭合，防止漏气。

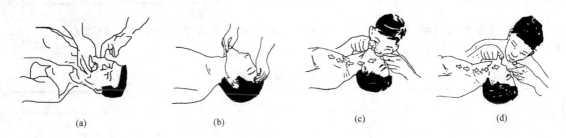

图 1-14　开放气道和人工呼吸

（a）清理口腔防阻塞；（b）鼻孔朝天头后仰；（c）贴嘴吹气胸扩张；（d）放开口鼻好换气

4. 心肺复苏效果评估

实施 CPR 5 个循环后，进行复苏效果评估，如未成功则继续进行 CPR，评估时间不超过 10s。

若判定触电者已有心跳但仍无呼吸，则暂停胸外按压，继续进行人工呼吸；若触电者呼吸已恢复但仍无心跳，则只进行胸外按压；若心跳和呼吸均未恢复，则继续坚持 CPR 抢救。

触电急救是一项非常辛苦的工作，可能需要较长时间抢救后触电者才能苏醒。所以施救者必须坚持施救，只有当触电者同时出现下列五个死亡现象，并经医院做出无法救治的死亡诊断后，方可停止抢救。这五个死亡现象是：心跳及呼吸停止；瞳孔散大，对强光无任何反应；出现尸斑；身体僵硬；血管硬化或肛门松弛。

【任务实施】

首先，观看触电急救的录像教学片，讨论并总结实施急救的步骤和要点；之后，理解并背诵触电急救口诀；最后，用橡皮人模拟触电者，对触电者实施急救，并进行全过程考核。

【一体化学习任务书】

任务名称：**实施触电急救**

姓名＿＿＿＿＿＿　　所属电工活动小组＿＿＿＿＿＿　　　　　得分＿＿＿＿＿

说明：请按照任务书的指令和步骤完成各项内容，课后交回任务书以便评价。

触电是日常生活和生产中都可能会发生的紧急事件。如果在现场的人能正确实施触电急救，触电者的生命就有挽回的希望。因此，正确掌握触电急救的方法，对我们每个人都是非常必要的。

■　小组汇总，将预习问题的答案填入表 1-16 中。

表 1 - 16　　　　　　　　　　预 习 问 题

问题	设想你看到有人触电，你将如何去救助触电者？	
答案	方法一：	
	方法二：	
	方法三：	
	方法四：	
	方法五：	

■ 观看触电急救的录像教学片，讨论并总结实施急救的步骤和要点，分别填入表 1 - 17 和表 1 - 18 中。

表 1 - 17　　　　　　　　　　触 电 急 救 步 骤

步骤	内 容 描 述

表 1 - 18　　　　　　　　　　触 电 急 救 要 点

要点	内 容 描 述

■ 记忆口诀。

1. 触电急救口诀。

有人触电莫手牵，伤员脱电最关键。确认环境要安全，平放伤者快求医。松衣松裤松鞋袜，轻拍左肩听回音。如果意识不清醒，胸外按压莫迟疑。掌根下压不冲击，突然放松手不离。下压至少五厘米，每分至少一百次。清口捏鼻手抬颌，深吸缓吹口对紧；张口困难吹鼻孔，五秒一次不放松；按压吹气循环做，三十比二莫忘记。触电急救贵坚持，医生未到莫放弃！

2. 胸外按压法口诀。

松领扣，解衣裳，跨腰跪，双手叠。挤压位置要正确，心口窝的稍上方。掌根用力压胸腔，力量轻重看对象。用力轻，效果差，过分用力会压伤。慢点压，快点放，掌根不要离胸腔。下压至少五厘米，每分至少一百次。

3. 口对口（鼻）人工呼吸口诀。

呼吸停，人缺氧。松领扣，解衣裳。清理口腔防阻塞，鼻孔朝天头后仰。捏紧鼻孔掰开嘴，贴嘴吹气胸扩展。吹气量，看对象，小孩肺小少量吹，吹两秒放三秒，五秒一次最恰当。

■ 用橡皮人模拟触电者，要求对触电者实施急救，并进行全过程考核。

1. 器材。

交流电源，刀开关，模拟复苏人，绝缘手套，线手套，木棍，铁棍，导线，地毯，木板。

2. 要求。

(1) 采取正确的方法迅速使触电者脱离电源。

(2) 在5s之内迅速判明触电者呼吸、心跳及伤势情况。

(3) 根据触电者的具体情况实施有效的触电急救。

3. 考核和评分标准。

触电急救考核和评分标准见表1-19。

表 1 - 19　　　　　　　　　　　**触电急救考核和评分标准**

姓名		考核时间	年　月　日　时　分至　时　分		累计用时	
序号	项目名称	配分	扣　分　标　准		扣分	扣分原因
1	施救准备 (10s)	8	1. 施救人员行为不敏捷，反应迟钝，超过2s扣3分 2. 施救人员不具备自身安全防护条件，如绝缘鞋、绝缘手套等，每缺一项扣5分 3. 未进行示警和求助，扣2分 4. 呼救声音小或不规范，扣1分			
2	脱离电源 (10s)	10	1. 施救时思想不集中，动作迟缓，扣3分 2. 使用安全器具不正确，扣5分 3. 防护不全面、不准确，一项扣2分 4. 任何使施救者或触电者处于不安全状况的行为均不得分 5. 操作时间超过10s不得分			
3	脱离电源后的处理	8				
3.1	判断触电者 意识及呼叫 (5s)	4	1. 未操作，一项扣2分 2. 操作不规范，一项扣1分 3. 操作时间超过5s，扣2分			
3.2	摆好触电者体位 (5s)	4	1. 未摆好体位、未解松衣物，各扣2分 2. 操作不规范，扣1分 3. 操作时间超过5s，扣1分			
4	现场心肺复苏 CPR (150s)	70	在150s内未完成5个循环动作，本项不得分			
4.1	CPR操作	10	1. 按压频率不符合要求，每个循环扣2分 2. 压吹循环比例不正确，每个循环扣2分			

续表

序号	项目名称	配分	扣 分 标 准	扣分	扣分原因
4.2	胸外按压 （人工循环）	30	1. 胸外按压位置明显不正确，扣 10 分 2. 按压错误，一次扣 1 分 3. 操作不规范，一个循环一项扣 2 分（最多扣 4 分） 4. 按压力量过大，致使模拟人损坏，扣 30 分		
4.3	清理口腔	4	1. 未清理口中异物，扣 2 分 2. 操作不规范或时间过长，扣 1 分		
4.4	开放气道	6	1. 未操作或气道未开放扣 6 分 2. 操作不规范扣 1～2 分 3. 操作时间过长扣 1～2 分		
4.5	口对口 人工呼吸	20	1. 人工呼吸动作不正确，每次扣 2 分 2. 未吹进气，每次扣 3 分 3. 吹气量不足或过量，每次扣 1 分 4. 操作不规范，一项扣 2 分 5. 撕裂模拟人面罩或使模拟人气囊损坏，扣 20 分		
5	复苏评估 （10s）	4	1. 操作完毕后未进行心跳、呼吸观察，各扣 2 分 2. 观察动作不正确，每项扣 2 分		
总配分		100	总扣分	总得分	

注　1. 在 150s 内完成 5 个循环动作、抢救成功者总得分不低于 60 分；
　　 2. 第二次才救活的，多扣 20 分。

■　学习后的心得体会。

通过本任务的学习，我知道了 _____

_____

_____ 。

■　对任务完成的过程进行自评，并写出今后的打算。

自评标准	参与完成所有活动，自评为优秀；缺一个，为良好；缺两个，为中等；其余为加油
自评结果	
今后打算	

习 题 一

A 类（难度系数 1.0 及以下）

1-1　电气工作人员必须具备什么条件？

1-2　作业人员对安规考试有什么要求？

1-3　何为运用中的电气设备？

1-4　电气设备高压和低压是怎样划分的？

1-5　"禁止合闸，有人工作"牌挂在什么地方？

1-6　对"在此工作"和"禁止攀登"标示牌的悬挂有什么规定？

1-7　什么叫触电？

1-8　人体的电阻一般是多少？

1-9　什么是感知电流？数值是多大？

1-10　什么是摆脱电流？数值是多大？

1-11　什么是致命电流？数值是多大？

1-12　什么是安全电压？

1-13　触电者脱离电源后怎样处理？

1-14　电流通过人体造成危害的三个主要因素是什么？

1-15　现场工作人员应经过紧急救护法培训，要学会什么？

1-16　触电急救原则是什么？

1-17　进行触电急救的第一步骤是什么？

1-18　如果触电人已失去知觉，但呼吸尚存在，应怎样对触电人进行紧急进行救护？

1-19　在什么情况下用心肺复苏法？

1-20　心肺复苏法的三项基本措施是什么？

1-21　心肺复苏法操作频率是多少？

1-22　通畅气道采用什么方法和严禁怎么做？

1-23　进行触电急救后，对恢复心跳及呼吸的触电者应如何处理？

B 类（难度系数 1.0 以上）

1-24　电气设备上安全工作的组织措施有哪些？

1-25　保证安全的技术措施有哪些？

1-26　停送电的操作顺序有何规定？

1-27　怎样正确使触电者从低压线路或设备上脱离电源？

1-28　叙述触电急救的全过程。

1-29　怎样使触电者从高压设备上脱离电源？

1-30　描述举头仰颏法的操作步骤。

1-31　描述胸外按压位置确定的步骤。

项目二
使用电工工器具和仪表

【项目描述】

认识常用电工工具和仪表，学会使用常用电工工具和仪表。

【知识目标】

(1) 了解验电器的分类；
(2) 了解螺钉旋具的种类和构造；
(3) 熟悉活络扳手的构造和使用方法；
(4) 了解钳子的种类及用途；
(5) 熟悉电工刀的用途及使用方法；
(6) 熟悉电烙铁的结构和使用注意事项；
(7) 熟悉仪表的分类和选用原则；
(8) 理解万用表、电流表、电压表、钳形电流表、功率表、兆欧表的结构和工作原理。

【能力目标】

(1) 会使用低压验电器验电；
(2) 能正确选择和使用螺钉旋具；
(3) 能正确使用活络扳手；
(4) 能正确选择和使用钳子；
(5) 能正确使用电工刀；
(6) 能使用电烙铁进行简单的焊接；
(7) 能正确选用仪表；
(8) 能熟练使用万用表、电流表、电压表进行测量；
(9) 能正确使用钳形电流表、功率表、兆欧表进行测量。

【教学环境】

电工实训室或电工教学车间，配备相关工器具和仪表。

任务一 学习使用常用工具

【任务描述】

学习使用常用电工工具，并完成相应的任务。

【任务准备】

相关工具资料和使用方法的收集。

【相关知识】

一、验电器

验电器是检验电气设备、导线是否带电的一种电工常用工具。验电器分为高压验电器和低压验电器两类，通常高压的称验电器，低压的称为验电笔，如图 2-1 所示。

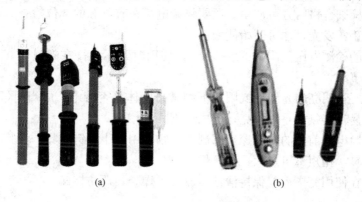

图 2-1　验电器

（a）高压验电器；（b）低压验电器（验电笔）

验电笔用于测定 60~500V 的低压线路和电气设备是否带电，也可用来区分相线（俗称火线）和中性线（俗称零线）；还可区分交流或直流电及判断电压的高低。它具有体积小、质量轻、携带方便、用法简单等优点，是电工必备的工具之一，有钢笔式、螺钉旋具式（又称起子式）和数字显示式三种。

验电笔的结构如图 2-2 所示，它的前端为金属探头，后部塑料外壳内装有氖管、电阻和弹簧，上部有金属端盖或钢笔形挂鼻，作为使用时手触及的金属部分。

用验电笔测试带电体时，带电体通过电笔、人体与大地之间形成回路，当带电体与大地之间的电压超过 60V 时，验电笔中的氖管在电场作用下便会发光，指示被测带电体有电。

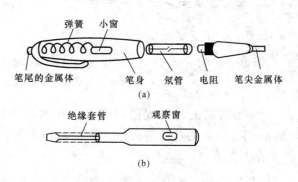

图 2-2　验电笔的结构

（a）钢笔式验电笔；（b）螺钉旋具式验电笔

使用验电笔时，必须按照图 2-3 所示的正确握法把笔握妥，手指触及笔尾的金属体，氖管小窗口或液晶显示器背光朝向自己，以便验电时观察氖管辉光情况。图 2-4 所示的验电笔握法是错误的。

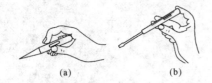
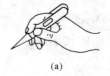
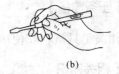

图 2-3　验电笔的正确握法　　　图 2-4　验电笔的错误握法

使用验电笔要注意以下几个事项：

（1）使用之前，首先要检查验电笔里面有无安全电阻，并直观检查验电笔是否损坏、有无受潮或进水，检查合格后方可使用。还要将验电笔在有电源的部位检查一下氖管是否能正常发光，如果能正常发光，才可开始使用。

（2）验电笔的检测电压范围为 60～500V，使用时绝不允许在超过 500V 的电气设备上测试，以防触电事故。

（3）如果需要在明亮的光线下或阳光下测试带电体是否带电，应当使氖管朝向避光侧，以防光线太强不易观察氖管是否发亮，造成误判。

（4）大多数验电笔前面的金属探头都制成一物两用的小螺钉旋具，将验电笔当螺钉旋具使用时，用力要轻，扭矩不可过大，以防损坏。

（5）验电笔在使用完毕后要保持清洁，放置干燥处，严防摔碰。

二、旋具

1. 螺钉旋具

螺钉旋具俗称旋凿、螺丝刀、起子或改锥，用来紧固和拆卸各种螺钉。

螺钉旋具由刀柄和刀体组成。刀柄有木柄、塑料柄和有机玻璃柄三种。刀体的刀口形状通常有一字形和十字形两种，如图 2-5 所示。电工螺钉旋具金属部分带有绝缘管套。

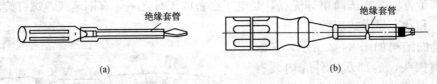

图 2-5　螺钉旋具

(a) 一字形螺钉旋具；(b) 十字形螺钉旋具

一字形螺钉旋具的规格用柄部以外的刀体长度表示，常用的规格有 50、100、150、200mm 等，电工必备的是 50mm 和 150mm 两种。十字形螺钉旋具常用的规格有 Ⅰ、Ⅱ、Ⅲ和Ⅳ四种，其中Ⅰ号适用于直径为 2～2.5mm 的螺钉，Ⅱ号适用于直径为 3～5mm 的螺钉，Ⅲ号适用于直径为 6～8mm 的螺钉，Ⅳ号适用于直径为 10～12mm 的螺钉。

螺钉旋具的正确使用方法如图 2-6 所示。使用时应注意以下几点：

（1）电工不可使用金属杆直通柄顶的螺钉旋具，否则易造成触电事故。

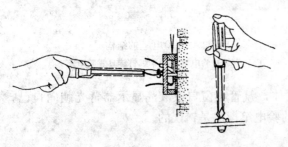

图 2-6　螺钉旋具的正确使用方法

（2）使用螺钉旋具紧固或拆卸带电螺钉时，手不得触及螺钉旋具的金属杆，并应在金属杆套上绝缘套管，以免发生触电事故。

（3）操作螺钉旋具时，用力方向不能对着别人或自己，以防脱落伤人。

（4）螺钉旋具放入螺钉槽内，操作时用力要适当，不能打滑，否则会损坏螺钉的槽口。

（5）不允许用螺钉旋具代替凿子使用，以免手柄破裂。

2. 活络扳手

活络扳手是用来紧固和松开螺母的一种常用工具，由头部和柄部组成，如图 2-7 所示。活络扳手的头部由活络扳唇、呆扳唇、扳口、蜗轮和轴销组成。活络扳手的钳口可以在规定的范围内任意调整大小，其规格是用长度乘以最大开口宽度表示（单位均为 mm）。电工常用的有 150×19（6in，1in＝2.54cm）、200×24（8in）、250×30（10in）和 300×36（12in）四种。

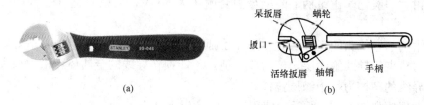

(a)　　　　　　　　　　　　(b)

图 2-7　活络扳手的外形及结构

（a）外形；（b）结构

活络扳手的使用方法如图 2-8 所示。使用时应注意以下几点：

（1）根据螺母的大小，用两手指旋动蜗轮以调节扳口的大小，将扳口调到比螺母稍大些，卡住螺母，再用手指旋动蜗轮使扳口紧压螺母。扳动大螺母时力矩较大，手要握在近柄尾处，如图 2-8（a）所示；扳动小螺母时，为防止钳口处打滑，手应握在近头部的地方，如图 2-8（b）所示，旋转时手指可随时旋调蜗轮，收紧活络扳唇防止打滑。

（2）使用活络扳手时，不可反方向用力，以免损坏活络扳唇，如图 2-8（c）所示。也不可用钢管接长手柄来加力，更不能当做撬杆或手锤使用。

（3）旋动螺杆螺母时，必须把工件的两侧平面夹牢，以免损坏螺杆螺母的棱角。

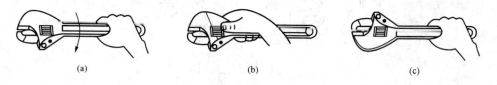

(a)　　　　　　　　　(b)　　　　　　　　(c)

图 2-8　活络扳手的使用方法

（a）扳动大螺母；（b）扳动小螺母；（c）错误握法

三、钳子

1. 钢丝钳

钢丝钳由钳头和钳柄两部分组成，如图 2-9 所示，其钳头包括钳口、齿口、刀口、铡口。

钢丝钳功能较多，钳口用来弯铰或钳夹导线线头，齿口用来旋紧或拧松螺母，刀口用来

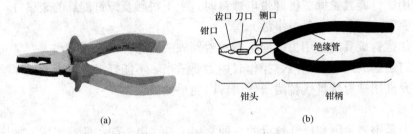

图 2-9　钢丝钳及其结构
(a) 外形；(b) 结构

剪切导线或剖切导线，铡口用来铡切导线线芯、钢丝、铝丝等较硬的金属。

　　钢丝钳的规格用全长表示，常用的有 150、175mm 和 200mm 三种。电工应选用带绝缘手柄的钢丝钳。一般钢丝钳钳柄上的绝缘护套耐压为 500V，所以只适合在低压带电设备上使用。

　　用钢丝钳剖削导线头的绝缘层时，用左手抓紧导线，右手握住钢丝钳，取好要剖削的绝缘层长度，刀口夹住导线绝缘层，施力要合适，不能损伤导线的金属体，沿钳口夹压的痕迹靠绝缘层和导线的摩擦力将绝缘层拉掉。

　　钢丝钳的使用如图 2-10 所示。使用时应注意以下几点：

　　(1) 使用钢丝钳时，必须检查绝缘手柄的绝缘是否良好；使用过程中切勿碰伤、损伤或烧伤绝缘手柄，并注意防潮。

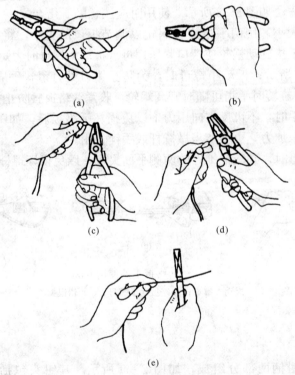

图 2-10　钢丝钳的使用
(a) 握法；(b) 紧固螺母；(c) 钳夹导线头；(d) 剪切导线；(e) 铡切钢丝

（2）使用钢丝钳剪切带电导线时，不得用刀口同时剪两根或两根以上导线，以免发生短路故障。

（3）要保持钢丝钳清洁，带电操作时手与钢丝钳的金属部分保持 2cm 以上的距离。

（4）使用钢丝钳时，刀口面向操作者一侧，钳头不可代替锤子用作敲打工具。

（5）钳轴要经常加润滑油作防锈维护。

2. 尖嘴钳

尖嘴钳由尖头、刀口和钳柄组成，如图 2-11 所示，其头部细小，适用于狭小空间的操作。主要用来夹持较小的螺钉、垫圈、导线等元件，钳断细小的金属丝，将导线弯成一定圆弧的接线端环。

尖嘴钳的规格用全长表示，常用的有 130、160、180mm 和 200mm 四种。电工用尖嘴钳钳柄上套有耐压为 500V 的绝缘护套。

3. 断线钳

断线钳也称斜口钳，电工用断线钳钳柄上套有耐压为 1000V 的绝缘护套，如图 2-12 所示。

图 2-11　尖嘴钳　　　　　　　图 2-12　断线钳

断线钳专供剪断较粗的电线、电缆和金属丝，其规格用全长表示，常用的规格有 130、160、180mm 和 200mm 四种。

4. 剥线钳

剥线钳由刀口、压线口和钳柄组成，如图 2-13 所示。

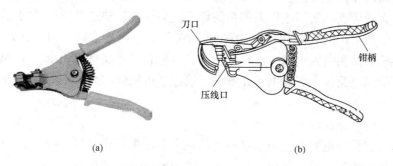

图 2-13　剥线钳外形及其结构
（a）外形；（b）结构

剥线钳用于剥除小直径塑料导线或橡胶绝缘线的绝缘层。剥线钳的刀口有 0.5～3mm 直径的切口，以适应不同规格的线芯。剥线钳的规格用全长表示，常用的规格有 140mm 和 180mm 两种。柄上套有耐压为 500V 的绝缘套管。

使用剥线钳剥去绝缘层时，定好剖削的绝缘层长度后，左手持导线，右手向内紧握钳柄，导线绝缘层被剥断自由飞出。注意应将导线放在大于芯线直径的切口上切削，以免切伤芯线。剥线钳一般不在带电场合使用。

四、电工刀

电工刀分为普通式和三用式两种。普通式电工刀如图 2 - 14 所示，有大号和小号两种，用来剖削导线绝缘层、削制木榫、切割木台缺口等。

使用电工刀剖削绝缘层时，应左手持导线，右手握刀柄，刀口稍倾斜向外，以 45°角倾斜切入，25°角倾斜推削，如图 2 - 15 所示。使用时应注意如下事项：

（1）刀口应向人体外侧用力，避免伤手。

（2）电工刀用完后，应将刀身折入刀柄内。

（3）电工刀的刀柄是无绝缘保护的，不能在带电体或带电器材上剖削，以免触电。

（4）不允许用锤子敲打刀片进行剖削。

图 2 - 14　普通式电工刀　　　　　　　　　图 2 - 15　电工刀的使用

五、电烙铁

电烙铁是用来焊接导线接头、电气元器件接点的焊接工具，它利用电流的热效应对焊锡加热并使之熔化后进行焊接。

电烙铁的形式较多，有外热式、内热式、吸锡式和恒温式等多种。电烙铁的规格用其消耗的电功率表示。

外热式电烙铁常用的规格有 25、45、75、100W 和 300W，结构如图 2 - 16（a）所示，其特点是传热筒内部固定烙铁头，外部缠绕电阻丝，并将热量传到烙铁头上。它具有耐受振动、机械强度大的优点，适用于较大体积的导线接头焊接，缺点是预热时间长、效率较低。

内热式电烙铁常用的规格有 20、30W 和 50W 等，其结构如图 2 - 16（b）所示，其特点是烙铁芯装置于烙铁头空腔内部，具有发热快、热量利用率高且体积小、质量轻、省电等优点，适用于在印制电路板上焊接电子元器件，缺点是机械强度差、不耐受振动，不适合大面积焊接。

电烙铁使用时应注意以下几点：

（1）使用前应检查电源电压与电烙铁上的额定电压是否相符（一般为 220V），检查电源和接地线接头是否相符，不要接错，而且电烙铁金属外壳必须接地。

（2）新电烙铁应在使用前先用砂纸把烙铁头打磨干净，然后在焊接时和松香一起在烙铁头上沾上一层锡（称为搪锡）。

（3）电烙铁不能在易爆场所或腐蚀性气体中使用。

（4）电烙铁在使用时一般用松香作焊剂，特别是导线接头、电子元器件的焊接，一定要用松香焊剂，电烙铁在焊接金属铁等物质时，可用焊锡膏焊接。

（5）如果在焊接中发现纯铜的烙铁头氧化不易沾锡时，可将铜头用锉刀锉去氧化层，在酒精内浸泡后再用，切勿浸入酸液中浸泡以免腐蚀烙铁头。

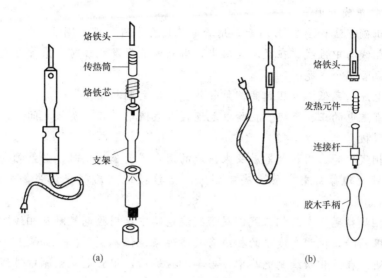

图 2-16　电烙铁

(a) 外热式电烙铁的结构；(b) 内热式电烙铁的结构

（6）焊接电子元器件时，最好选用低温焊丝，头部涂上一层薄锡后再焊接。

（7）使用外热式电烙铁还要经常将铜头取下，清除氧化层，以免日久造成铜头烧死。

（8）电烙铁通电后不能敲击，以免缩短寿命；不准甩动使用中的电烙铁，以免锡珠溅击伤人。

（9）电烙铁使用完毕，应拔下插头，待冷却后放置于干燥处，以免受潮漏电。

【任务实施】

采用"做学教合一"的一体化教学，通过教师示范、学生阅读学习资料，要求学生边学边做，按照指令完成常用电工工具的使用练习，并在"完成情况一览表"中相应的项目后打"√"。

【一体化学习任务书】

任务名称：学习使用常用工具

姓名　　　　　　　　　所属电工活动小组　　　　　　　　　得分

说明：请按照任务书的指令和步骤完成各项内容，课后交回任务书以便评价。

生产和生活中，都离不开各种工具。从事电气运行和设备维护工作，更离不开各种电工工具。不同工具的使用方法不同，要学会正确使用工具，这样才能保障工作安全、顺利地进行。

在国家《维修电工》职业标准中，各级别的"专业知识要求"中都要求掌握电工工具使用知识，同时"技能要求"中要求能使用电工工具按图进行安装和通电调试。可见，掌握常用工具的使用是对从事电业工作的基本要求。

■　教师示范，学生跟做，完成常用电工工具的使用练习，并在表 2-1"完成情况一览表"中相应的项目后打"√"。

1. 验电笔的正确使用。

验电笔的正确握法如图 2-3 所示，用验电笔按要求进行下列测试。

（1）区别相线与中性线。在交流电路中，当验电笔触及相线时，氖管会发亮；验电器触及中性线时，氖管不会发亮。

（2）区别电压的高低。电压越高，氖管越亮，反之则越暗。

（3）区别直流电的正、负极。把验电笔连接在直流电的正、负极之间，氖管发亮的一端即为直流电的负极。

（4）识别相线碰壳。用验电笔触及未接地的用电器金属外壳时，若氖管发亮强烈，则说明设备有碰壳带电现象；若氖管发亮不强烈，搭接接地线后亮光消失，则该设备存在感应电。

（5）识别相线接地。在三相三线制星形交流电路中，用验电笔触及相线时，有两根比通常稍亮，另一根稍暗，说明亮度暗的相线有接地现象，但不太严重。如果有一根不亮，则这一相已完全接地。在三相四线制电路中，当单相接地后，用验电笔检测中性线，验电笔也可能发亮。

2. 螺钉旋具的正确使用。

螺钉旋具的正确使用方法如图 2-6 所示。

选用合适的螺钉旋具在木板上拧长短不等的木螺钉 5 个，在灯口或插座上松紧螺钉 5 个。

3. 活络扳手的正确使用。

扳手的正确使用方法如图 2-8 所示，用 M10～M16 的螺栓紧固相应的器件。

注意事项：不可用扳手旋转带电的螺栓或螺母。

4. 钢丝钳的正确使用。

按下面的方法进行练习。

（1）按图 2-10（b）方法紧固或起松螺母。

（2）按图 2-10（c）方法弯绞导线。

（3）按图 2-10（d）方法剪切 8～12 号铅丝。

（4）按图 2-10（e）方法铡切钢丝。

5. 尖嘴钳的正确使用。

将截面积为 1.5～4mm^2 的单股导线弯成 $\phi 4 \sim \phi 6$ 的圆圈形接线端环。

6. 剥线钳的正确使用。

用剥线钳剥除截面积为 1.5～4mm^2、长度为 1～3cm 铜导线的绝缘层。

7. 电工刀的正确使用。

电工刀的正确使用方法如图 2-15 所示。

用电工刀剖削 1.5～4mm^2 单股导线的绝缘层。

注意：用电工刀剖削导线的绝缘层时不得损伤线芯，不允许用电工刀剖削带电导线的绝缘层。

■ 电烙铁焊接练习

在印制电路板上焊接铜丝，在保持印制电路板表面干净的情况下清除铜丝表面的氧化层，然后搪锡，并在印制电路板上焊接。

将完成情况填入表 2-1 中。

表 2-1 **完成情况一览表**

项 目		完成情况
使用验电笔	区别相线与零线	
	区别电压的高低	
	区别直流电的正负极	
	识别相线碰壳	
	识别相线接地	
使用螺钉旋具	在木板上拧长短不等的木螺钉 5 个	
	在灯口或插座上松紧螺钉 5 个	
使用活络扳手	用 M10~M16 的螺栓紧固相应的器件	
使用钢丝钳	按图 2-10 (b) 方法紧固或起松螺母	
	按图 2-10 (c) 方法弯绞导线	
	按图 2-10 (d) 方法剪切 8~12 号铅丝	
	按图 2-10 (e) 方法铡切钢丝	
使用尖嘴钳	将单股导线弯成 $\phi4$~$\phi6$ 的圆圈形接线端环	
使用剥线钳	用剥线钳剥除铜导线绝缘层	
使用电工刀	用电工刀剖削 1.5~4mm^2 单股导线的绝缘层	
电烙铁焊接	在印制电路板上焊接铜丝	

■ 学习后的心得体会。

通过本任务的学习，我知道了 _____

_____。

■ 对任务完成的过程进行自评，并写出今后的打算。

自评标准	参与完成所有活动，自评为优秀；缺一个，为良好；缺两个，为中等；其余为加油
自评结果	
今后打算	

任务二 学习使用电工仪表

【任务描述】

学习使用常用电工仪表，并完成相应的任务。

【任务准备】

相关仪表资料和使用方法的收集。

🔍 【相关知识】 ⊙

　　测量各种电学量和磁学量的仪表统称为电工测量仪表。仪表在各类实验或实际测量中直接或间接使用，不仅适用于电磁测量，而且通过适当的变换器可用来测量非电量，如温度、压力、速度等各种物理、化学量，成为工程上必不可少的工具。电工测量仪表的种类繁多，最常用的是测量基本电学量的仪表，如图 2-17 所示。

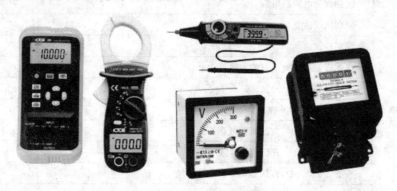

图 2-17　常见电工仪表

一、电工仪表的基本知识

　　电工仪表的相关信息，包括仪表的种类、工作原理、准确度等级、使用条件等都可以通过仪表的面板得到。表 2-2 所示为电工仪表面板常用符号，掌握这些符号的含义，有助于正确选择和使用仪表，从而保证测量结果的正确性。

　　电工仪表的等级是仪表准确度等级。电工仪表分为 0.1、0.2、0.5、1.0、1.5、2.5 和 5.0 七个准确度等级，通常 0.1 级和 0.2 级的仪表用作标准表，0.5 级和 1.0 级的仪表用于试验，1.5～5.0 级的仪表用于工程实践。

　　所谓仪表的准确度等级是指在规定条件下使用时，可能产生的误差占满刻度的百分数。数字越小，准确度越高。如用 0.1 级和 5.0 级两只同样 10A 量程的电流表分别去测 5A 的电流，0.1 级的表可能产生的误差为 10A×0.1%＝0.01A，而 5.0 级的表产生的误差为 10A×5%＝0.5A。

　　另外，同一只仪表使用量程恰当与否也会影响测量的准确度。对同一只仪表，在满足测量要求的前提下，用小的量程测量比用大的量程测量准确度高。通常选择量程时应使读数占满刻度的 2/3 以上为宜。

二、电工仪表的选择

1. 仪表类型的选择

　　根据被测量是直流还是交流选用仪表。测量交流电量时，有效值可用交流电表直接测出，而瞬时值可用示波器观察或用照相方法获得波形，然后通过图形分析可求出各点的瞬时值及最大值。

表 2 - 2　　　　　　　　　　　电工仪表面板常用符号

符号	名称	符号	名称	符号	名称
测量单位符号		电表和附件工作原理符号		工作位置符号	
A	安培	[铁磁电动式比率表符号]	铁磁电动式比率表	[符号]	标度尺位置为垂直
mA	毫安				
μA	微安	[感应式仪表符号]	感应式仪表	[符号]	标度尺位置为水平
kA	千安				
V	伏特	[静电式仪表符号]	静电式仪表	$\angle 60°$	标度尺与水平倾角为 60°
mV	毫伏				
kW	千瓦	电流种类及不同额定值标准符号		绝缘等级符号	
W	瓦特	$\overline{}$	直流		
kvar	千乏	$\sim$	交流	[星形符号]	不进行绝缘耐压试验
var	乏	$\overline{\sim}$	交、直流		
kHz	千赫	$3\sim$	三相交流	[星形符号]	绝缘强度试验电压为 500V
Hz	赫兹	$U_{max}-1.5U_N$	最大允许电压为额定电压的 1.5 倍		
MΩ	兆欧			[星形内 2 符号]	绝缘强度试验电压为 2kV
kΩ	千欧	$I_{max}=2I_N$	最大允许电流为额定电流的 2 倍		
Ω	欧姆	R_d	定值导线	端钮、转换开关、调零器和止动器符号	
cosφ	功率因数	$\dfrac{I_1}{I_2}=\dfrac{500}{5}$	接电流互感器 500A：5A	$+$	正端钮
μF	微法			$-$	负端钮
pF	皮法	$\dfrac{U_1}{U_2}=\dfrac{3000}{100}$	接电压互感器 3000V：100V	$*$	公共端钮（变量限或复用表用）
电表和附件工作原理符号		准确度符号			
[磁电式仪表符号]	磁电式仪表	1.5	以标度尺量程百分数表示的准确度等级，例如 1.5 级	$\sim$	交流端钮
[磁电式比率表符号]	磁电式比率表	$\underset{1.5}{\vee}$	以标度尺长度百分数表示的准确度等级，例如 1.5 级	[接地符号]	接地端钮（螺钉和螺杆）
[电磁式仪表符号]	电磁式仪表				
[电磁式比率表符号]	电磁式比率表	$\textcircled{1.5}$	以指示值的百分数表示的准确度等级，例如 1.5 级	$\frown$	调零器
[电动式仪表符号]	电动式仪表				
[电动式比率表符号]	电动式比率表			$\uparrow$	止动方向
[铁磁电动式仪表符号]	铁磁电动式仪表				
仪表按外界条件分组的符号		仪表按外界条件分组的符号		仪表按外界条件分组的符号	
[符号]	Ⅰ级防外磁场（如磁电式）	[符号]	Ⅰ级防外电场（如静电式）	Ⅱ　[Ⅱ]	Ⅱ级防外磁场及电场

2. 仪表准确度等级的选择

仪表准确度等级越高，基本误差越小，测量误差也越小。但仪表的准确度等级越高，量程越小，同时价格越贵，使用条件、要求也越严格。因此，选择仪表的准确度等级要从实际出发，兼顾经济性，不可片面追求高准确度。

3. 仪表内阻的选择

选择仪表还应根据被测量阻抗的大小来选择仪表的内阻。内阻的大小反映了仪表功率的消耗，为了使仪表接入测量电路后，不至于改变测量电路原有工作状态，并能减小表耗功率，要求电压表内阻或功率表的并联线圈电阻尽量大些，而电流表内阻或功率表的串联线圈电阻应尽量小，且量限越大，内阻应越小。

4. 仪表绝缘强度的选择

为保证人身安全、防止测量时损坏仪表，在选择仪表时，还应注意被测量电路电压的高低，应选择相应绝缘强度仪表的附加装置，仪表的绝缘强度在仪表标度盘上用"☆"标记。

总之，在选择仪表时必须有全局观念，不可盲目追求仪表的某一项指标，要根据仪表和被测量的具体要求进行选择，统筹考虑；还应从测量实际出发，凡是一般仪表能达到测量要求的，就不要用精密仪器；既要考虑实用性，还要考虑经济性。

三、电工测量的方法

电工测量就是通过物理实验的方法，将被测量与其同类的单位进行比较的过程，比较的结果一般分为两部分，一部分为数值，另一部分为单位。目前各国广泛采用国际单位制作为法定的计量单位制度。

电工测量常用的有直接测量法和间接测量法。

1. 直接测量法

直接测量法是指测量结果可以从一次测量的实验数据中得到。如用电流表测电流、用电压表测电压等都属于直接测量法。直接测量法具有简便、读数迅速等优点。但是它的准确度除受到仪表的基本误差的限制外，还由于仪表接入测量电路后，仪表的内阻被引入测量电路中，使电路的工作状态发生了改变，导致测量准确度降低。

2. 间接测量法

间接测量法是指测量时，只能测出与被测量有关的量，必须经过计算才能求得被测量。例如用伏安法测电阻，先用电压表和电流表测出电阻两端的电压和电阻上的电流，再利用欧姆定律算出电阻值。

四、常用电工仪表

（一）万用表

万用表是一种可测量多种物理量的多量程便携式仪表。它具有测量种类多，测量范围宽，使用和携带方便，价格低等优点，因此应用十分广泛。一般万用表可用于测量交流电压，直流电流、电压，电阻和音频电平等量；有的万用表还可测量电容、电感、功率、电动机转速和晶体管的某些参数。

万用表的基本原理是欧姆定律和电阻串并联分流、分压规律。万用表主要是由表头、转换开关、分流和分压电路、整流电路等组成的。在测量不同的电量或使用不同的量程时，可通过转换开关进行切换。

万用表的型式很多，功能齐全。目前除传统的模拟式（指针式）万用表外，还有晶体管式万用表和数字式万用表。数字式万用表由于其测量准确度高、消耗功率小、过载能力强、读数迅速直观、测量功能更多得到了越来越多的应用。

1. 模拟式万用表的使用方法

模拟式万用表是一种整流式仪表，由表头（磁电式测量机构）、测量线路和功能与量限选择开关组成。图 2-18 所示为 MF30 型万用表的外形图，其使用方法如下：

（1）万用表表笔的插接。测量时将红表笔插入"＋"插孔，黑表笔插入"－"插孔。

（2）交流电压的测量。测量前将转换开关转到对应的交流电压量程挡；测量时表笔不分正、负，将两表笔并联在被测电路或被测元器件两端，观察指针偏转，读数。

（3）直流电压的测量。测量前将万用表的转换开关转到对应的直流电压量程挡；测量时用红表笔接触被测电压的正极，黑表笔接触被测电压的负极，观察指针偏转，读数。测量时表笔不能接反，否则表头指针反方向偏转易撞弯指针。

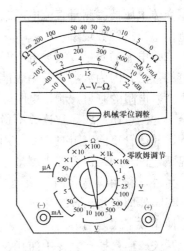

图 2-18　MF30 型万用表外形

（4）直流电流的测量。测量前将万用表的转换开关转到对应的直流电流量程挡；测量时电流从红表笔流入，黑表笔流出，将两表笔串联接入被测电路中，观察指针偏转，读数。

（5）电阻的测量。将万用表的转换开关转到对应的欧姆量程挡，测量前或每次更换倍率挡时，都应重新调整欧姆零点，即将两表笔短接，调节调零旋钮，使指针指在欧姆标度尺"0"位上；测量时用两表笔接触被测电阻的两端，观察指针偏转，读取欧姆标度尺上的数，将读取的数乘以倍率数就是被测电阻的电阻值。

使用模拟式万用表的注意事项如下：使用前观察表头指针是否处于零位，若不在零位则先机械调零；测量前一定要注意正确选择测量项目和量程，量程最好选择在使指针在量程的 1/2～2/3 范围内；测量中严禁旋转转换开关；电阻测量必须在断电状态下进行；读数时要认清所对应的读数标尺，眼睛位于指针正上方；使用后要将转换开关旋至交流电压最高量程上。

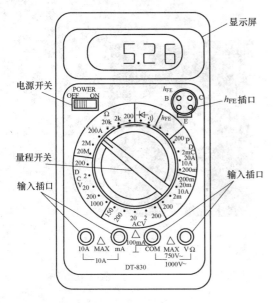

图 2-19　DT830 型数字式万用表

2. 数字式万用表的使用方法

数字式万用表采用运算放大器和大规模集成电路，通过模/数转换将被测量值用数字形式显示出来，读数直观、准确，性能稳定，可用作多种用途的数字测量，也可用作较低等级数字式电压表、数字式面板表的校验用标准表。图 2-19 所示为 DT830 型数字式万用表，其使用方法如下：

（1）电压的测量。测量电压时，数字式万用表应与被测电路并联，仪表具有自动转换并显示极性的功能。在测量直流电压时，可不必考虑表笔的接法；测量交流电压时，应用黑表笔接触被测电压的低电位端（如公共接地端、220V 交流电源的零线端等），以消除仪表输入端对地分布电容的影响，减小测量误差。如果误用交流电压挡去测量直流电压或误用直流电压挡测量交流电压，仪表将显示"000"，或在低电位上出现跳数现象。

（2）电流的测量。测量电流时，应把数字式万用表串联到被测电路中。此时可不必考虑表笔的接法，因为数字式万用表能自动判定并显示出被测电流的极性。

（3）电阻的测量。测量电阻，特别是低电阻时，测试插头与插座之间必须接触良好，否则会引起测量误差或导致读数不稳定；数字式万用表电阻挡所提供的测试电流很小，测量二极管、晶体管正向电阻时，要比用模拟式万用表电阻挡的测量值高出几倍甚至几十倍，这种情况下建议改用二极管挡去测量 PN 结的正向压降，以获得准确结果。

另外，利用蜂鸣器挡可快速检查线路的通断。当被测线路电阻小于发声阈值电阻 R_0 时，蜂鸣器即会发出音频振荡声。改变电压比较器的参考电压，可调整蜂鸣器的发声阈值。

使用数字式万用表的注意事项：使用前仔细阅读使用说明书，熟悉电源开关功能及量限转换开关、输入插孔、专用插孔及各种功能键、旋钮、附件的作用；还应了解万用表的极限参数、出现过载显示、极性显示、低电压显示及其他标志符显示和报警的特征、掌握小数点位置的变化规律；测量前检查万用表是否完好；每次测量前，应再次核对测量项目及量限开关位置、输入插孔是否选对；刚开始测量时数字会出现跳跃现象，需要等到显示值稳定后再读数；使用时注意避免误操作，以免损坏万用表；若使用时仅最高位显示"1"，其他位均消隐，说明仪表过载，应选择更高的量限；禁止在测量 100V 以上电压或 0.5A 以上电流时拨动转换开关，以免产生电弧烧坏转换开关的触点；测量完毕，应将量限开关拨至最高电压挡，防止下次开始测量时不慎损坏仪表。

（二）兆欧表

兆欧表也称为绝缘电阻表，是用来测量高电阻的便携式仪表，一般用来测量电路和电气设备的绝缘电阻，具有体积小、重量轻、携带方便的特点。传统指针式兆欧表俗称摇表，其外形如图 2-20（a）所示。近年来出现了功能强大的手持式数字兆欧表（又名绝缘测试仪），其应用范围广、使用便捷、安全性更高，因此在生产现场得到了广泛使用，如图 2-20（b）所示。

(a)　　　　　　　　　　(b)

图 2-20　兆欧表

(a) 摇表；(b) 数字兆欧表

兆欧表中的手摇直流发电机可以发出较高的电压，通常按其额定电压分为100、250、500、1000V和2500V等几种。使用时应根据被测设备的额定电压来选择兆欧表，额定电压过高，可能在测试中损坏被测设备的绝缘层。一般情况下，测量额定电压在500V以下的设备或线路的绝缘电阻时，可选用500V或1000V的兆欧表；测量额定电压在500V以上的设备或线路的绝缘电阻时，应选用1000～2500V的兆欧表。

兆欧表对外有三个接线柱，分别是接地（E）、线路（L）、保护环（G）。一般测量时，只需把被测绝缘电阻接在L与E之间即可；而测量电缆芯线的绝缘电阻时，就要用L接芯线，E接电缆绝缘外层，G接电缆绝缘包扎物。

（1）测量照明及动力线路的对地绝缘电阻时，按图2-21（a）所示接线：将兆欧表E接线柱可靠接地，L接线柱与被测线路连接。按顺时针方向摇动兆欧表发电机手柄，转速由慢变快，一般1min后发电机转速稳定（120r/min）时，兆欧表指针也稳定下来，这时兆欧表指针指示的数值就是所测的线路对地的绝缘电阻。

（2）测量电机绕组的绝缘电阻时，按图2-21（b）所示接线：将兆欧表E接线柱接电机壳上的接地螺钉或机壳上（勿接在有绝缘漆的地方），L接线柱接电机绕组上。按顺时针方向摇动兆欧表发电机手柄，待发电机转速稳定（120r/min）时读数，这时兆欧表指针指示的数值就是电机绕组对地的绝缘电阻值。若拆开电机绕组的星形或三角形的连线，用兆欧表的两接线柱E和L分别接电机两相绕组，摇动兆欧表发电机手柄，待指针稳定后，读数，这时兆欧表指针指示的值就是电机绕组间的绝缘电阻值。

（3）测量电缆的绝缘电阻时，按图2-21（c）所示接线：将兆欧表E接线柱接电缆绝缘外层，G接线柱接电缆线芯与外层之间的绝缘层上，L接线柱接电缆线芯。按顺时针方向摇动兆欧表发电机手柄，待发电机转速稳定（120r/min）时，读数，这时兆欧表指针指示的数值就是电缆线芯与外层之间的绝缘电阻值。

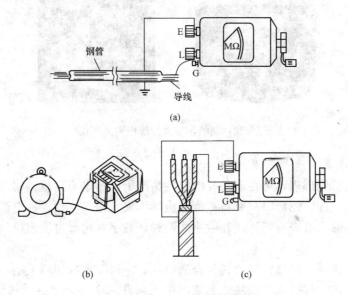

图2-21　兆欧表测量接线

（a）测量照明及动力线路的绝缘电阻；（b）测量电机绝缘电阻；（c）测量电缆绝缘电阻

使用兆欧表要注意以下事项：

（1）测量电气设备的绝缘电阻时，必须先断开设备的电源，并将设备对地短路放电后才能进行摇测，以保证人身和设备的安全及测量准确。

（2）测量前先检查兆欧表：将兆欧表放在水平位置，先不接被测物，摇动兆欧表发电机手柄至额定转速（120r/min），指针应指在"∞"，再将 L 和 E 两个接线柱短接，慢慢转动发电机手柄，指针应指在"0"，说明兆欧表完好。

（3）兆欧表的引线要用绝缘良好的多股软线，且两根引线切忌绞在一起，以免造成测量误差。

（4）使用时兆欧表应放在平稳的水平位置，远离大电流导体和有外磁场的地方，以免影响读数。对储能设备如电容器，在测量取得读数后，应先将接线柱 L 的连线断开，再将发电机减速至停止转动，以防储能设备放电将兆欧表的指针打坏。

（5）兆欧表使用后应立即使被测物放电，在兆欧表未停止转动和被测物没有放电前，不可用手拆除引线或触及被测物的测量部分，以防触电。

手持式数字兆欧表测量范围为 $0.01M\Omega\sim10G\Omega$，绝缘测试电压有 50、100、250、500V 和 1000V 等级别，具有 LCD 显示屏，测量准确度高，适用于多种场合应用，包括测试电缆、电动机和变压器等。

图 2-22 所示为在更高电压等级的设备上使用的新型数字式绝缘电阻测试仪。该测试仪可进行高达 10kV 的数字式绝缘测试，这使得它们非常适合广泛的高压设备，如开关柜、电动机、发电机和电缆等。

图 2-22　新型数字式绝缘电阻测试仪

（三）钳形电流表

钳形电流表简称钳形表，可在不断开电路的情况下进行电流测量。钳形电流表是根据电流互感器的原理制成的，测量时只要将被测载流导线夹入钳口，便可从电流表上直接读出被测电流的大小。钳形电流表有指针式和数字式两种，数字式钳形电流表应用较多，其外形如图 2-23（a）所示。

使用钳形电流表时，将量程开关转到合适位置，手持胶木或塑料手柄，用食指勾紧铁芯开关，便可打开铁芯，将被测导线从铁芯缺口引入到铁芯中央，然后放松铁芯开关的食指，铁芯就自动闭合，被测导线的电流就在铁芯中产生交变磁力线，表头上感应出电流，即可直接读数，如图 2-23（b）所示。

(a)　　　　　　　　　(b)

图 2-23　钳形电流表外形及其使用

(a) 外形；(b) 使用方法

使用钳形电流表应该注意以下几点：

(1) 不得用钳形电流表测高压线路的电流，被测线路的电压不能超过钳形表所规定的使用电压，以防绝缘击穿和人身触电。

(2) 测量前应估计被测电流的大小，选择合适的量程挡，不能用小量程挡去测量大电流。如果被测电流太小，读数不明显，可将载流导线多绕几圈再放进钳口测量，此时实际的电流值等于读数除以缠绕的圈数。

(3) 测量时应将被测导线置于钳口中央部位，并注意铁芯缺口的接触面无锈斑且接触牢靠，以提高测量准确度。

(4) 不要在测量过程中切换量程挡，测量后应将量程开关放在最大量程位置，以便下次安全使用。

（四）电流表和电压表

电流表和电压表的种类很多，按工作电流和电压分为交流和直流两种；按工作原理分为磁电式、电磁式和电动式三种。直流电流表、电压表用来测量直流电路的电流和电压，交流电流表和电压表用来测量交流电路的电流和电压。磁电式仪表刻度均匀、准确度高、灵敏度高、功率消耗小、构造精细、阻尼良好，但过载能力小，只能测量直流，主要用于直流电路中测量电流和电压。电磁式仪表可直接测量较大电流和电压、过载能力强、结构简单、牢固且价格低，但标尺刻度不均匀，测量直流时有磁滞误差，测量中受外磁场影响大，既可测量直流也可测量交流。电动式仪表消除了磁滞和涡流影响，灵敏度和准确度高，但过载能力差，读数受外磁场影响大，可用来测量非正弦电流的有效值，适用于交流精密测量。

根据被测对象选择电流表或电压表，按要求接线进行测量。若选用多量程的电流表或电压表时，应将转换开关置于高量程位置，逐步减小直到合适的量程时读数并记录。

【任务实施】

先阅读相关仪表知识，之后教师示范、学生测量、小组评价，总结仪表使用的要点；接着开始使用练习，最后通过实际使用进行考评。

【一体化学习任务书】

任务名称：学习使用电工仪表

姓名_____　　**所属电工活动小组**_____　　　**得分**_____

说明：请按照任务书的指令和步骤完成各项内容，课后交回任务书以便评价。

电工测量仪表是电气工程实践中必不可少的工具。电工测量仪表的种类繁多，常用的有电流表、电压表、功率表、万用表等。国家"维修电工"职业标准各级别的"专业知识要求"中，都要求掌握常用电工仪表的结构、原理及万用表、兆欧表、钳形电流表、功率表、电能表的选用及操作方法，同时"技能要求"中要求能根据测量要求正确选用电工仪表、能对电工仪表进行调整和校正、能使用电工仪表对电压、电流、电阻、功率、电能进行测量。可见，正确掌握电气测量技术和技能是从事电业工作必备的能力之一。

■　万用表的正确使用

1. 器材。

指针式万用表一块、交直流电源一个、电阻若干、交流线圈一只、直流线圈一只、二极管两支、三极管两支、带开关的交直流电路各一个。

2. 万用表使用和抄读示范。

（1）万用表的转换装置。

（2）万用表的量程选用。

（3）调零。

（4）抄读方法。

（5）安全事项。

3. 阅读表2-3所示考评标准。

表2-3　　　　　　　　　　　　　　　　考　评　标　准

序号	评　分　标　准	扣分值
1	测较高电压或大电流时带电转动开关，每次扣10分	
2	换电阻挡时没有调零，每次扣5分	
3	选错挡位，每次扣20分	
4	量程数值切换方法不对，扣10分	
5	量程选择不当，每次扣10分	
6	测量时造成万用表损坏，扣30分	
7	测量时万用表直立使用，每次扣5分	
8	抄读数值不准确，每次扣5分	
9	有不安全的测量方法，扣5分	
说明	满分为100分，得分在80分及以上为合格	总得分

4. 记录数据。

按要求进行测量和抄读，并将测量数值记录在表2-4中，同时按表2-3评分标准打分。

表 2-4 测量方法和读取的数值记录表

内容＼项目	电阻器电阻值	交流电源电压	直流电源电压	交流回路电流	直流回路电流	交流线圈电阻	直流线圈电阻	二极管 $R_正$、$R_反$	晶体管 R_{be}、R_{bc}、R_{ce}
转换装置位置									
量程									
测量数值									
得分									

■ 兆欧表的正确使用

1. 内容。

测量低压电缆的绝缘电阻。

2. 器材。

兆欧表一块（1000V）、低压电缆一根、短接线一组。

3. 使用和抄读示范。

(1) 使用兆欧表测量低压电缆组间、相对地间的绝缘电阻。

(2) 不当的测量方法。

(3) 电缆的绝缘状况分析。

4. 阅读表 2-5 所示考评标准。

表 2-5 测量低压电缆绝缘电阻的评分标准

考核项目		配分	评 分 标 准	扣分	备注说明
主要项目	准备工作	20	工具、材料准备不齐全，每缺一项扣 2 分		
			测量前没有对电缆进行清洁，扣 5 分		
			测试前没有对电缆放电，扣 5 分		
	仪器使用	10	测量前没有对兆欧表进行开路和短路试验检查，扣 10 分		
	绝缘电阻测量	60	兆欧表的 E、L、G 端子与电缆连接的方法不对，每处扣 5 分		
			测试时兆欧表放置歪斜，扣 5 分		
			转动兆欧表手柄时太快、太慢或不均匀，扣 10 分		
			抄读数据方法不正确，扣 10 分		
			在短路状况下仍然长时间转动兆欧表手柄，扣 10 分		
			抄读完毕，先停表后断开测量回路，扣 10 分		
			测量完毕未对电缆进行放电，扣 10 分		
	文明生产	6	作业时言语、行为不文明，扣 3 分		
			作业完毕未清理现场，扣 3 分		
	作业时限	4	考核时限（20min）内完成不加分；每超 1min 扣 1 分		
总得分					

5. 记录数据。

按要求进行测量和抄读，并将电缆参数和测量出的绝缘电阻值记录在表 2-6 中。

表 2 - 6　　　　　　　　　　　　电缆参数和绝缘电阻数值表

抄读测量参数	兆欧表型号	兆欧表规格	电缆型号	电缆额定电压（V）	电缆截面积（mm²）	电缆绝缘等级
	绝缘电阻值（MΩ）					
	R_{UV}	R_{VW}	R_{WU}	R_{UN}	R_{VN}	R_{WN}
厂方数值						
分析结论						

■　学习后的心得体会。

通过本任务的学习，我知道了 _____

_____。

■　对任务完成的过程进行自评，并写出今后的打算。

自评标准	参与完成所有活动，自评为优秀；缺一个，为良好；缺两个，为中等；其余为加油
自评结果	
今后打算	

习 题 二

A 类（难度系数 1.0 及以下）

2 - 1　什么叫电工仪表？

2 - 2　什么是电工仪表的准确度等级？

2 - 3　电工仪表按准确度等级可分为哪几个等级？

2 - 4　什么是直接测量法？什么是间接测量法？

2 - 5　如何使用万用表测量交流电压？

2 - 6　如何正确使用电流表进行测量？

2 - 7　仪表的准确度与测量结果的准确度意义是否相同？

2 - 8　测电压时，应该如何连接电压表？

2 - 9　测电流时，应该如何连接电流表？

2 - 10　对电流表的内阻有何要求，对电压表的内阻有何要求？

2 - 11　钳形电流表有什么用途？

2 - 12　使用钳形电流表时应注意什么问题？

2 - 13　怎样用万用表测量二极管的正向电阻？

2 - 14　如何对万用表的电阻挡"调零"？

2 - 15　如何正确使用万用表测量电阻？

2 - 16　如何用兆欧表测量绝缘电阻？

B 类（难度系数 1.0 以上）

2-17　电工仪表按使用条件分类，各类在什么条件下使用？

2-18　如何选择电工仪表？

2-19　电流表、电压表的结构和工作原理分别是怎样的？

2-20　测量电流时电流表为什么要与负载串联，测量电压时电压表为什么要与负载并联，如果接错了有什么后果？

2-21　万用表主要由哪几部分组成？

2-22　试述钳形电流表的基本工作原理。

2-23　使用模拟式万用表时要注意哪些事项？

2-24　使用数字式万用表时要注意哪些事项？

2-25　用兆欧表测量绝缘电阻时受哪些主要因素影响？

项目三
拆装、测量和计算无分支电路

【项目描述】

通过拆装手电筒电路和安装白炽灯电路，认识电路的组成和功能；通过测量白炽灯电路，加深对电路物理量的认识并学会电压、电流、电位的测量方法，以及功率、电能的计算方法；通过剖析灯泡和干电池，认识电阻和电源的性质；通过剖析无分支电路的规律，掌握全电路欧姆定律，进而掌握无分支电路的分析计算方法。

【知识目标】

（1）理解电路的组成和功能；
（2）理解电压、电流、电位、功率、电能的概念；
（3）熟悉电压与电位的关系；
（4）理解电压、电流与功率的关系；
（5）熟悉功率与电能的关系；
（6）熟悉电阻和电源的特性；
（7）理解全电路欧姆定律的内容。

【能力目标】

（1）能正确拆装手电筒；
（2）能正确安装白炽灯电路；
（3）会正确使用仪表测量电压和电流；
（4）能根据二端网络的电压、电流计算功率，并判断其性质；
（5）能熟练应用欧姆定律求解电阻的电压或电流；
（6）能熟练计算电阻的功率；
（7）能说出全电路欧姆定律的内容；
（8）能熟练应用全电路欧姆定律求解无分支回路的电流。

【教学环境】

电工实训室、仿真实训室或电工教学车间，具备相关仪器仪表、元器件、操作台和应用软件。

任务一　拆装手电筒电路

【任务描述】

拆装手电筒电路，学画手电筒电路的电路图，完成手电筒的制作，并掌握电路的组成及功能。

【相关知识】

一、认识电路

由金属导线和电气设备或电子部件按一定方式连接起来而组成的导电回路，称为电路。

电路的类型多样，按其传输电流的频率可以将其分为直流电路和交流电路；按其组成的繁简程度可以将其分为简单电路和复杂电路。

手电筒使用干电池作为其能量的来源，是最简单的直流电路之一，因其电路没有分支，故称为无分支电路，如图3-1所示。

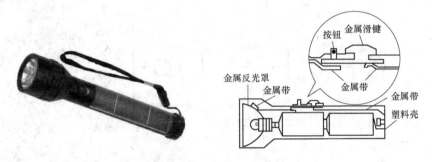

图3-1　手电筒及其剖面图

二、电路的组成和功能

1. 电路的组成

手电筒电路虽然简单，但却包含了电路全部的基本要素，即由电源、负载和中间环节组成，如图3-2所示。

（1）电源。干电池是手电筒的电源。电源是产生电能的装置，它把其他形式的能量转换为电能，作为电流流通的动力。常见的电源有干电池、蓄电池、交流发电机等。电池将储存的化学能转换为电能，而交流发电机将原动机的机械能转换为电能。电路是属于交流电路还是直流电路，仅取决于电源的变化规律。如果电源电压或电流的方向始终保持不变，则称为直流；如果电源的大小和方向按时间交替变化，则称为交流。一般用DC表示直流，用AC表示交流。

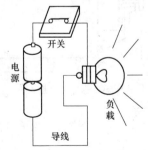

图3-2　手电筒实体电路图

（2）负载。传统手电筒的负载是小电珠，新型手电筒大量使用LED灯，不仅使用寿命可高达10万小时，而且亮度提高，更加节能环保。负载是使用电能的装置，它把电能转换成其他形式的能量。常见的负载有工厂的电动机、各类家用电器如灯泡、电风扇等。电动机将电能转换为机械能、灯泡将电能转换为光能和热能。需要指出的是，在电路中能量是在各种形式之间转换的，绝对不存在减少的情况。通常所说的"消耗电能"是指将电能转换成其他形式的能量。

（3）中间环节。手电筒的中间环节主要有开关、金属带，金属带的作用如同导线。电路的中间环节连接电源和负载，起着传输、分配和控制电能的作用，一般包含各种开关电器、输电导线、各种测量设备等。

电路要发挥正常效应，上述三部分必须良好，任一部分出现故障，电路都不能正常工作。

2．电路的作用

一般来说，电路主要有以下两个方面的作用：

（1）实现电能的产生、传输、分配与转换。电力系统就是一个典型的例子。发电机在汽轮机或水轮机带动下旋转，将机械能转换为电能，发出来的电能经过变压器升压后，再经输电线路传输到用户所在地，经变压器降压后送给用户，供用户的电动机、电灯、电炉、空调器、电冰箱等负载使用，如图 3-3 所示。

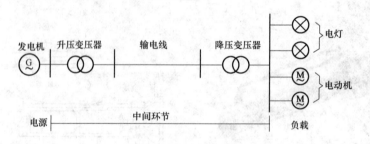

图 3-3　电力系统示意图

（2）实现信号的产生、传递与处理。如电话主要由话筒和听筒组成，话筒由振动的膜片和随话音跳动的碳粒组成，听筒由电磁铁和膜片组成。话筒和听筒串联，话筒是信号源，讲话者的声音在话筒中转换为强弱变化的电信号，经无线或有线线路传输到听者所在地后，再由听筒将变化的电信号还原成声音，如图 3-4 所示。

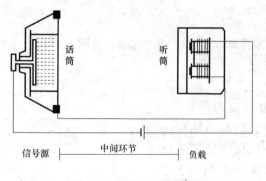

图 3-4　电话的工作原理

三、电路模型

构成电路的实际元器件，在通电时其电磁现象并不是单一的。如灯泡通电时，既要发光、发热，也会产生微弱的磁场。为了方便对电路进行分析和计算，在一定条件下，通常将实际元器件近似化和理想化，仅考虑其主要电磁特性，而忽略其次要电磁特性。将这些仅反应单一电磁现象的元件称为理想电路元件。

理想电路元件中最常见的是电阻元件和理想电源。电阻元件反映元件将电能转化为光、热的特性，而理想电源反映元件将其他形式的能量转换成电能的性质。上述理想元件的图形符号如图3-5所示。

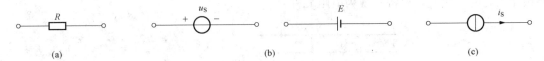

图3-5 部分理想元件的图形符号
(a) 电阻元件；(b) 电压源；(c) 电流源

将实际电路元件用理想电路元件或其组合替代，并用规定的图形符号表示的电路称为实际电路的电路模型，也叫原理电路图，简称电路图。如果忽略不计金属带的电阻，则手电筒电路可用图3-6所示的电路模型来表示。

在图3-6中，E 和 R_0 分别表示电池的电动势和内阻，R 表示小电珠的电阻，S代表开关，金属带的电阻较小可忽略不计（当电路中有连接导线时通常也视其电阻为零）。

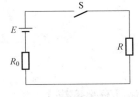

图3-6 手电筒电路的
电路模型

例题和实践应用 **认识室内照明电路**

常见的室内照明灯具有白炽灯、荧光灯和节能灯，室内照明电路一般由电源、导线、开关和照明灯具组成。图3-7和图3-8分别为常见的室内照明电路示意图和电路图。

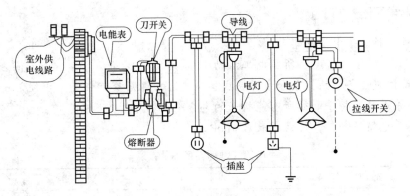

图3-7 室内照明电路示意图

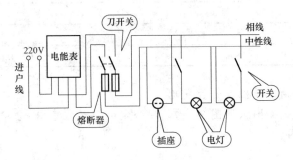

图3-8 室内照明电路图

图 3-9（a）所示为白炽灯电路的接线图，在中性线和相线之间接入白炽灯和开关，注意开关的刀闸要接在相线一侧。图 3-9（b）所示为白炽灯的电路模型，因白炽灯将电能主要转化为光能、热能，故将其视为电阻元件。

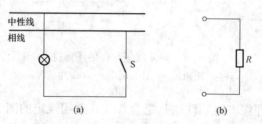

图 3-9　白炽灯电路的接线及其电路模型
(a) 白炽灯接线；(b) 电路模型

【任务实施】

首先拆分手电筒，将手电筒所有能拆开的部分全部拆下，观察手电筒的部件，并记录于表中。之后，观察手电筒的剖面图，学画手电筒各部件的连接图——电路模型，最后在实训台上用给定的导线、电珠、干电池和开关制作手电筒，使电珠发光，并总结电路的组成、功能和特点。

【一体化学习任务书】

任务名称：拆装手电筒电路
姓名＿＿＿＿＿＿＿　　　　所属电工活动小组＿＿＿＿＿＿＿＿＿　　　　得分＿＿＿＿＿
说明：请按照任务书的指令和步骤完成各项内容，课后交回任务书以便评价。

■ 拆分手电筒，将手电筒所有能拆开的部分全部拆下。
■ 观察手电筒的部件，记录于表 3-1 中。

表 3-1　　　　　　　　　　手电筒关键部件名称及数量

元 件 名 称	数 量

■ 重新装好手电筒，并检查是否发光。
■ 观察手电筒的剖面图（见图 3-1），用给定的符号在表 3-2 中画出手电筒各部件的连接图——电路模型图。

表 3 - 2　　　　　　　　　　　　　　　手电筒电路模型图

手电筒元件		手电筒电路模型图
元件名称	符号	
干电池	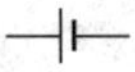 —|⊢—	
电珠	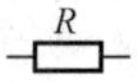 —[R]—	
开关	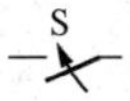 —/ S —	
金属带	——	

■ 观察手电筒的实体电路图（见图3-2），并与画出的电路模型图比较，说出各自的优缺点，填入表3-3中。

表 3 - 3　　　　　　　　　　　　　两种图形的比较

图形名称	优点	缺点
实体电路图		
电路模型图		

■ 在实训台上，用给定的导线、电珠、干电池和开关连接成手电筒电路，并使电珠发光。

■ 总结手电筒电路的组成、功能和特点，填入表3-4中。

表 3 - 4　　　　　　　　　　手电筒电路的组成、功能和特点

手电筒电路	
组　成	
功　能	
特　点	

■ 学习后的心得体会。

通过本任务的学习，我知道了 _____

_____ 。

■ 对任务完成的过程进行自评，并写出今后的打算。

自评标准	参与完成所有活动，自评为优秀；缺一个，为良好；缺两个，为中等；其余为加油
自评结果	
今后打算	

任务二　测量和安装白炽灯电路

【任务描述】

测量白炽灯电路的电压、电流，计算其电位、功率、电能，并总结电压与电位以及电压、电流与功率的关系，学习白炽灯电路的安装。

【相关知识】

一、电路中的基本物理量

（一）电流

1. 电流的定义

按下手电筒的开关，电珠就会发光，说明灯泡得到了电能，它将电能转变成光能散发了出来，而电能是靠电流传递的。

电流是由电荷在导体中定向移动形成的，如图 3-10 所示。如果移走手电筒的电池，或者不按下控制开关 S，则电珠不发光，这是因为此时电路中没有电荷的定向移动，也就无法传递电能。所以，电路中产生电流，必须有两个条件：一是电路中有电源供电，二是电路必须是闭合的。

电流的形成与水流的形成很相似，可以与图 3-11 相类比。

图 3-11（a）中水流的形成是由于抽水机给水流提供了势能，抽水机的工作使水路存在一个稳定的水压，从而保证水流得以持续。图 3-11（b）中电源的作用与图 3-11（a）中的抽水机作用类似。电源的作用是给电路中的电流提供电能，使电路存在一个稳定的电压，从而保证电流得以持续。电源两端有电压是金属导体中存在电流的必要条件。

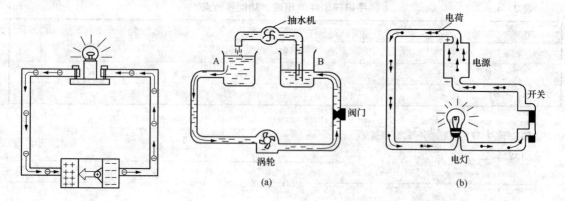

图 3-10　电流的形成　　　　图 3-11　电流的形成与水流的形成类同
　　　　　　　　　　　　　　　　　（a）水流的形成；（b）电流的形成

表示电流强弱的物理量称为电流强度，简称电流。定义电流为单位时间内通过导体横截面的电荷量，用符号 I（或 i）表示。

在直流电路中，电流定义式为

$$I = \frac{q}{t}$$

（3-1）

在交流电路中，电流定义式为

$$i = \frac{\mathrm{d}q}{\mathrm{d}t} \tag{3-2}$$

式中　I（或 i）——电流，安培（简称安）（A）；

　　　　t——时间，秒（s）；

　　　　q——电荷量，库仑（C）。

电流的单位安是七个基本国际单位之一。常用的电流单位除安（A）外，还有千安（kA）、毫安（mA）、微安（μA）等。表 3-5 是常见用电器的电流值。

表 3-5		常见用电器的电流值		单位：A
40W 白炽灯	约 0.2	空调器、电饭锅、电磁灶、微波炉、电水壶（800～1000W）		4～5
电风扇、电视机、电冰箱（100～200W）	0.5～1	全自动滚筒洗衣机、电热水器（约 1500～2000W）		7～10
微型计算机、电熨斗（约 500W）	约 2.5			

2. 电流的方向

电流尽管是标量，但既有大小又有方向。规定电流的实际方向为正电荷定向运动的方向，通常用虚线箭头表示。但在复杂的电路中，电流的实际方向很难判断，为了计算和分析电路方便，可先假设某一方向为电流的方向，人为假设的这个方向称为电流的参考方向或正方向。参考方向可以用实线箭头表示，也可以用双下标表示，如图 3-12（a）中 i_{ab} 表示电流的参考方向由 a 指向 b。规定：电流的参考方向与其实际方向相同时，电流为正值；电流的参考方向与其实际方向相反时，电流取负值，表示方法如图 3-12（b）所示。

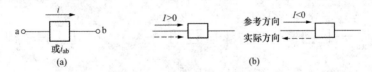

图 3-12　电流的参考方向

（a）电流参考方向的表示；（b）电流参考方向与实际方向的关系

需要说明的是：

（1）电流的参考方向是任意假设的，但只能设一次，在整个分析过程中不得改变。

（2）如果不标明电流的参考方向，电流的正、负无任何意义。参考方向与电流的正、负号相配合，才能反映电流的实际方向。

（二）电压

1. 电压的定义

电压是描述电场力做功大小的物理量。在电场中，电荷在电场力作用下，从一点移动到另一点时，其所具有的能量的改变量仅与这两点的位置有关，而与移动的路径无关。电荷具有的能量称为电势能，根据能量守恒，其能量的改变量等于电场力对其所做的功。定义电场

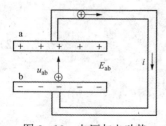

图 3-13　电压与电动势

力对单位电荷所做的功为两点间的电压，如图 3-13 所示。

在直流电路中，a、b 两点之间的电压为

$$U_{ab} = \frac{W_{ab}}{q} \qquad (3-3)$$

在交流电路中，a、b 两点之间的电压为

$$u_{ab} = \frac{dW_{ab}}{dq} \qquad (3-4)$$

式中　U_{ab}（或 u_{ab}）——a、b 两点间的电压，伏特（简称伏）（V）；

　　　W_{ab}——电场力将电荷从 a 点移动到 b 点所做的功，焦耳（J）；

　　　q——电荷量，库仑（C）。

在国际单位制中，电压的单位还有千伏（kV）、毫伏（mV）、微伏（μV）。表 3-6 是常见的一些电压值。

表 3-6		常 见 的 电 压 值	单位：V
一节普通干电池	1.5	家庭照明电路	220
一粒纽扣电池	1.5	电动机正常工作电压	380
单体铅酸蓄电池	2	大型发电机	$(0.63 \sim 1.8) \times 10^4$
人体的安全电压	≤36	闪电时云层间的电压	达 10^9

2. 电压的方向

与电流相似，电压也有方向。规定电压的实际方向为正电荷移动时能量减少的方向。电压的参考方向也是可以任意选定的，既可用实线箭头表示，也可用双下标或正（＋）、负（－）极性表示，如图 3-14 所示。图中，用"＋"、"－"号表示时，假定的电压方向由"＋"号端指向"－"号端；用实线箭头表示时，箭头方向为假定的电压方向；用双下标表示时，假定的电压方向由第一个字母指向第二个字母。

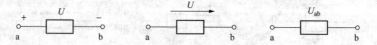

图 3-14　电压的参考方向表示

规定：电压的实际方向与参考方向一致时，电压为正值，如图 3-15（a）所示；当电压的实际方向与参考方向相反时，则电压为负值，如图 3-15（b）所示。

当某元件的电流、电压参考方向选择一致时，称为关联参考方向，此时电流的参考方向是从电压的"＋"端流入、"－"端流出，如图 3-16（a）所示。电流、电压参考方向选择不一致的参考方向时，称为非关联参考方向，如图 3-16（b）所示。电路分析时，通常都选择关联参考方向。

（三）电位

1. 电位的定义

为了描述电路中两点之间的电压，在电路中一般设定一个基准点，称为参考点，通常用 o 表示，并将各点相对参考点的电压定义为该点的电位，用 v 表示，其单位与电压的单位相同。如 a 点的电位用 v_a 表示，则

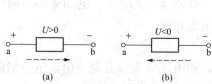

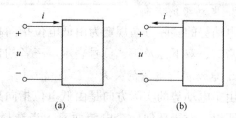

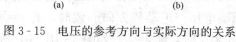

图 3-15 电压的参考方向与实际方向的关系　　图 3-16 关联参考方向与非关联参考方向

(a). 电压为正；(b) 电压为负　　　　　　　　(a) 关联参考方向；(b) 非关联参考方向

$$v_a = U_{ao} \tag{3-5}$$

电路中，某点的电位如果高于参考点的电位，则该点的电位为正，反之为负。参考点的电位 $v_o = U_{oo} = 0$，故也称为零电位点。

2. 电位与电压的关系

电位与电压的关系类似于相对高度和绝对高度的关系。例如一个身高 180cm 的人，其绝对高度是 180cm，若标准高度是 175cm，则其相对高度为 5cm；若标准高度是 185cm，则其相对高度为 −5cm。

由电位的定义可知，电路中某点的电位实际上是该点相对参考点的电压。可以证明，电路中任意两点的电压等于这两点的电位之差，即

$$U_{ab} = U_{aob} = U_{ao} + U_{ob} = U_{ao} - U_{bo} = v_a - v_b \tag{3-6}$$

当 a 点电位高于 b 点电位，即 $v_a > v_b$ 时，$U_{ab} > 0$。此时电压方向由 a 到 b，即电压的方向为高电位指向低电位，也就是电位降落方向，故称电压为电位降。

参考点发生变化后，a、b 两点的电位也发生了变化，但 a、b 两点间电压的大小并没有变化。关于电位有以下结论：

(1) 电位参考点可以任意选择，但在一个电路中，只能选择一个参考点。

(2) 参考点选定后，电路中各点的电位是唯一的。

(3) 参考点不同，各点的电位不同，即电位与参考点的选择有关，是相对的。

(4) 参考点不同，虽然各点的电位不一样，但任意两点的电压不变，即电压的大小与参考点的选择无关，是绝对的。

（四）电动势

1. 电动势的定义

我们知道，电源是提供电能的设备，电源提供电能是通过电源内部的电源力对运动电荷做功来实现的。在电源内部，电源力将正电荷从电源的负极移至电源的正极，在这个过程中，电源力克服电场力做功，从而将其他形式的能量转变为电能。电源的类型不同，电源力的来源也不同。在干电池、蓄电池中，电源力是由于化学作用产生的；在光电池中，电源力是由于光电作用产生的；在普通的发电机中，电源力是由电磁感应作用产生的。

为了表征电源力做功的大小，引入了电动势的概念。定义电动势是电源力将单位正电荷从电源负极经电源内部移到电源正极时所做的功，用符号 E（或 e）表示，其定义式为

$$E = \frac{W}{q} \text{（直流）} \quad \text{或} \quad e = \frac{dW}{dq} \text{（交流）}$$

电动势是仅针对电源而言的。

2. 电动势的方向

电动势的实际方向规定为由低电位指向高电位，如图 3-17 所示。电动势的方向同样可以用箭头、双下标及正、负号表示，三者的含义与电压相同。

3. 电动势与电压的关系

由于电动势的实际方向是由低电位指向高电位，而电压的实际方向是由高电位指向低电位，所以，对于任何一个电源而言，当选择电源端电压与电动势方向一致时，有 $e=-u$，如图 3-18（a）所示；当选择端电压与电动势方向相反时，则 $e=u$，如图 3-18（b）所示。

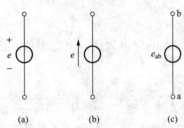

图 3-17　电动势的方向及表示
（a）用正、负极性表示；（b）用箭头表示；
（c）用双下标表示

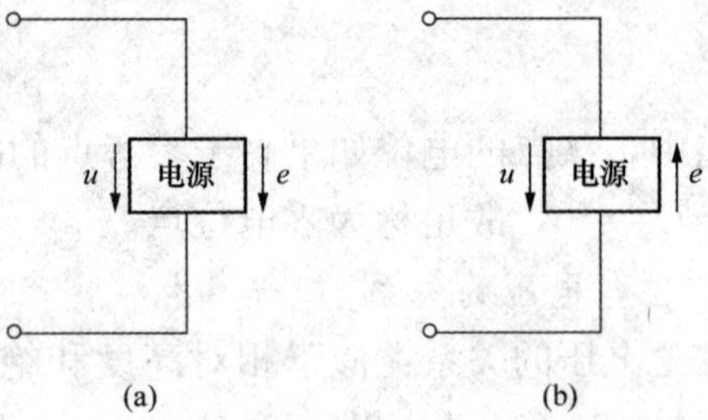

图 3-18　电源端电压与电动势的关系
（a）端电压与电动势方向一致；
（b）端电压与电动势方向相反

（五）电功率

在电路中，单位时间内电流流过某一电路元件电场力所做的功，就是元件的电功率（简称功率）。功率的符号用 P（或 p）表示。

在交流电路中，功率 $p=\dfrac{\mathrm{d}W}{\mathrm{d}t}$。根据电压、电流的定义 $u=\dfrac{\mathrm{d}W}{\mathrm{d}q}$、$i=\dfrac{\mathrm{d}q}{\mathrm{d}t}$，所以，功率为

$$p=\frac{\mathrm{d}W}{\mathrm{d}t}=\frac{\mathrm{d}W}{\mathrm{d}q}\cdot\frac{\mathrm{d}q}{\mathrm{d}t}=ui \tag{3-7}$$

直流电路中，功率为

$$P=\frac{W}{t}=UI \tag{3-8}$$

功率的单位为瓦特，简称瓦，用 W 表示。常用的单位还有 kW（千瓦）、MW（兆瓦）、mW（毫瓦）。各单位的换算关系为 $1\mathrm{kW}=10^3\mathrm{W}$、$1\mathrm{MW}=10^3\mathrm{kW}$、$1\mathrm{W}=10^3\mathrm{mW}$。

当某一元件或某电路部分的电压、电流取关联参考方向时，如图 3-16（a）所示，电路的功率有以下几种情况：

（1）$p=ui>0$，说明该元件吸收功率，为负载；

（2）$p=ui<0$，说明该元件发出功率，为电源。

同理，某一元件的电压、电流取非关联参考方向时，如图 3-16（b）所示，电路的功率也有以下两种情况：

（1）$p=ui<0$，说明该元件吸收功率，为负载；

（2）$p=ui>0$，说明该元件发出功率，为电源。

根据能量守恒定律，在任何一个电路中，所有电源发出的功率等于所有负载吸收的功率，即功率是平衡的。

（六）电能

电流流过元件时，在一段时间内所做的功，称为电能。电能用 W 表示，直流电路中，其表达式为

$$W = Pt \tag{3-9}$$

或

$$W = UIt \tag{3-10}$$

如果功率的单位为瓦，时间的单位为秒，则电能的单位为焦耳，用 J 表示；实用中，功率的单位常用千瓦表示，时间的单位用小时表示，此时电能的单位为千瓦时（kWh），俗称度，即 $1\mathrm{kWh}=1000\mathrm{W}\times3600\mathrm{s}=3.6\times10^6\mathrm{J}$。

二、电气设备的铭牌和额定参数

铭牌是固定在电气设备上向用户提供厂家商标识别、品牌区分、产品参数铭记等信息的标牌，主要用来记载额定工作情况下的一些技术数据，以供正确使用而不致损坏设备。图 3-19 所示为某三相异步电动机的铭牌，其中 2.2kW、380V、6.4A 分别是电气设备在安全工作时所允许的最大电功率、电压和电流，叫做该设备的额定功率（用 P_N 表示）、额定电压（用 U_N 表示）和额定电流（用 I_N 表示）。如电机在 380V 的电压下运行，其工

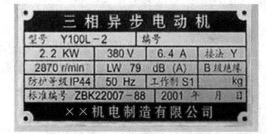

图 3-19　铭牌

作电流为 6.4A，工作功率为 2.2kW。如果电压高于 380V，不仅会缩短电动机的使用寿命，还可能会烧毁电动机。因此，要使设备长期、正常、安全地工作，必须满足额定条件。

额定值同时也是选择电气设备的重要依据，如熔断器的选择必须使熔断器的额定电流高于它所保护线路可能通过的最大工作电流。

例题分析

例 3-1　电路中有 a、b、c、d、e 五点，以 e 为参考点。已知 $v_\mathrm{a}=2\mathrm{V}$，$v_\mathrm{b}=-3\mathrm{V}$，$U_\mathrm{ac}=-5\mathrm{V}$，$U_\mathrm{dc}=-3\mathrm{V}$。求 v_c，v_d 和 U_ad。

解　$U_\mathrm{ac}=v_\mathrm{a}-v_\mathrm{c}$

所以　　　　$v_\mathrm{c}=v_\mathrm{a}-U_\mathrm{ac}=2-(-5)=7(\mathrm{V})$

$$U_\mathrm{dc}=v_\mathrm{d}-v_\mathrm{c}$$

所以　　　　$v_\mathrm{d}=U_\mathrm{dc}+v_\mathrm{c}=-3+7=4(\mathrm{V})$

所以　　　　$U_\mathrm{ad}=v_\mathrm{a}-v_\mathrm{d}=2-4=-2(\mathrm{V})$

例 3-2　在图 3-20 所示的电路中，各元件电流相等，均为 $I=0.2\mathrm{A}$，各元件电压分别为 $U_1=10\mathrm{V}$，$U_2=6\mathrm{V}$，$U_3=4\mathrm{V}$。求各元件的功率，并验证电路的功率平衡关系。

解　元件 A 电压、电流为非关联方向，此时 $P_1=U_1I=10\times0.2=2(\mathrm{W})>0$，发出 2W 功率，为电源。

元件 B 电压、电流为关联方向，此时 $P_2=U_2I=6\times0.2=1.2(\mathrm{W})>0$，吸收 1.2W 功率，为负载。

元件 C 电压、电流为关联方向，此时 $P_3=U_3I=4\times0.2=0.8(\mathrm{W})>0$，吸收 0.8W 功率，为负载。

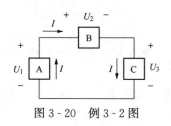

图 3-20　例 3-2 图

电路发出的总功率为 2W，吸收的总功率为 $1.2+0.8=2$（W），功率平衡。

例 3-3 某个标有"220V 40W"的白炽灯，如果每天在 220V 电压下连续使用 3h，问一个月（30 天）消耗多少电能？若电价按 0.5 元/（kWh）计，每月应付多少电费？

解 30 天消耗的电能为 $W=Pt=40\times3\times30=3600$（Wh）$=3.6$kWh

每月应付电费 $3.6\times0.5=1.8$（元）。

【任务实施】

准备万用表（或交流电压表和交流电流表），测量电路的电流、各元件的电压，自学相关资料后，根据测量数据计算各元件的功率；选择不同的点为参考点，测量各点电位及电压，总结电压与电位的关系；安装白炽灯电路。

【一体化学习任务书】

任务名称：测量和安装白炽灯电路

姓名_____   所属电工活动小组_____   得分_____

说明：请按照任务书的指令和步骤完成各项内容，课后交回任务书以便评价。

切记：注意安全！禁止带电操作！须经教师检查电路后才允许合上总开关。小组成员要有明确分工。

一、测量白炽灯的电压、电流，并计算功率

■ 准备标有"220V 25W"灯泡一只。其中，220V 称为其额定电压，25W 称为其额定功率。额定电压是指灯泡的正常工作电压，在额定电压下工作的功率为额定功率。

■ 准备万用表一只（或交流电压表、交流电流表各一只）。

■ 在实训台上，将 220V 交流电源与灯泡连成一个回路，如图 3-21（a）所示。

■ 经教师检查同意后，合上电源开关，观察灯泡的发光情况。

■ 断开开关，将电流表和电压表接入电路中，如图 3-21（b）所示。

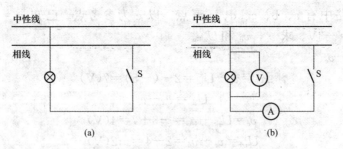

图 3-21 测量白炽灯的电压、电流
(a) 原电路；(b) 测量电路

要点：

（1）电压表应与灯泡并联，电流表应与灯泡串联；

（2）选择电压表和电流表的量程时，先根据所学知识，估算被测量的范围，确定所需量程；若无法估算，则应从大量程开始试测。

■ 再次检查电路后，合上开关。读取电压表和电流表的读数，填入表 3-7 中。

■ 测量完毕，断开开关。

■ 根据测量数据计算白炽灯的功率，填入表3-7中，并将计算值与额定值进行比较。

要点：某元件功率等于该元件的电压与电流乘积，即功率 $P=UI$。

表3-7　　　　　　　　　　　测 量 白 炽 灯

元件名称	电压测量值 U_R（V）	电流测量值 I_R（A）	功率计算值 $P=UI$（W）	功率计算值与额定值相同吗？
"220V 25W" 的灯泡				
结论：白炽灯在额定电压下工作的功率＿＿＿＿＿＿＿＿＿（等于或不等于）其额定功率。				

二、安装白炽灯电路

■ 在表3-8中，作出白炽灯电路的电路原理图。（可参考图3-9）

■ 在操作台上，拆分白炽灯电路的元件，观察各部件之间的连线方式，并画出连接简图，填入表3-8中。

注意：尽可能详细地记录每根导线、每个元件的连接情况。

■ 在操作台上，拆除所有元件和导线，按照画出的连接简图重新接线，并装上白炽灯。

■ 经教师检查同意后，合上电源开关，观察灯泡的发光情况。

表3-8　　　　　　　　　　　安 装 白 炽 灯 电 路

电路原理图	电路连接简图	自行安装白炽灯电路
		灯亮了吗？ 答：＿＿＿＿＿＿＿。
思考： 为什么开关要接在靠近相线一侧，而不是接在靠近零线一侧？ 提示：若接在靠近零线一侧，断开开关后，电灯不亮，但若误碰触灯口处，会发生什么？这样安全吗？ 答：＿＿＿。		

三、测量无分支电路的电流、元件电压和各点的电位

■ 按图3-22接线。选择电路参数：$E=6V$，$R_0=5\Omega$，$R=45\Omega$。

■ 测量电路的电流和各元件的电压，并填入表3-9中。测量时，要注意直流电压表和电流表的极性。

■ 根据测量数据计算各元件的功率，并填入表3-9中。

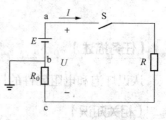

图3-22　电位测量电路

表3-9　　　　　　　　　无分支电路的电流、元件电压

测 量 值				计算功率 $P=UI$		
电动势 E（V）	电流 I（A）	R_0 的电压 U_{R_0}（V）	R 的电压 U_R（V）	电源功率 P_S（W）	R_0 的功率 P_{R_0}（W）	R 的功率 P_R（W）

■ 分别选择 a、b、c 为参考点，测量各点电位及电压 u_{ab}、u_{bc}，并填入表 3-10 中。

要点：各点的电位等于该点到参考点之间的电压，如以 a 点为参考点时，a 点的电位 $v_a=u_{aa}$，b 点的电位 $v_b=u_{ba}$。

表 3-10　　　　　　　　　　　　电位及电压测量

各点电位和元件电压（V）														
a 点为参考点					b 点为参考点					c 点为参考点				
v_a	v_b	v_c	u_{ab}	u_{bc}	v_a	v_b	v_c	u_{ab}	u_{bc}	v_a	v_b	v_c	u_{ab}	u_{bc}

■ 总结电压与电位的关系，并填入表 3-11 中。

表 3-11　　　　　　　　　　　　电压与电位的关系

某点电位与该点到参考点的电压之间的关系	
两点的电位差与这两点间电压的关系	
参考点的电位	

■ 学习后的心得体会。

通过本任务的学习，我知道了 _____

_____ 。

■ 对任务完成的过程进行自评，并写出今后的打算。

自评标准	参与完成所有活动，自评为优秀；缺一个，为良好；缺两个，为中等；其余为加油
自评结果	
今后打算	

任务三　认识灯泡和电阻元件

📋 【任务描述】

认识灯泡和电阻元件的性能和特点，能识别数码电阻和色环电阻的阻值。

🔍 【相关知识】

实际的电路元件按是否能给电路提供能量，分为无源元件和有源元件，其中无源元件中最常见的是灯泡、电阻箱、电炉等。这些元件的共同特点是：当有电流流过时，元件会将电能转变为光能、热能、机械能等，而这个转变是不可逆的，定义具有这样电磁特性的元件为电阻元件。

一、认识灯泡

灯泡（或称电灯泡，电球），技术术语为白炽灯，是一种利用电阻把钨丝加热至白炽状态并发光的照明灯具，如图 3 - 23 所示。白炽灯外围由玻璃制造，让灯丝保持在真空或低压的惰性气体之中，作用是防止灯丝在高温下氧化。

图 3 - 23　白炽灯

一般认为白炽灯是由美国人爱迪生所发明。实际上，在爱迪生之前很多人也对白炽灯的发明作出了不少贡献。爱迪生的最大贡献是使用钨代替碳作为灯丝。在 1906 年，通用电气公司发明一种制造白炽灯钨丝的方法，最终实现钨丝的廉价制造，因此钨丝白炽灯被使用至今。

白炽灯的最大问题是灯丝的升华。因为钨丝上细微的电阻差别造成温度不一，在电阻较大的地方，温度上升较高，钨丝升华得较快，于是造成钨丝变细、电阻进一步增大的循环，最终令钨丝烧断。后来人们发现以惰性气体代替真空可以减慢钨丝的升华。今天多数的白炽灯内都是注入氮、氩或氪气等惰性气体。现代的白炽灯一般寿命为 1000h 左右。

小知识

我们见到的灯泡通常都是梨形，这是因为电灯点亮后，灯泡里的钨丝能达到 2500℃ 左右的高温，会使钨丝表层蒸发出一部分钨的微粒。灯泡做成梨形，灯泡内的惰性气体对流时，钨的微粒大部分随热气流被卷到上方，沉积在灯泡的颈部，这就能减轻对灯泡周围和底部的影响，保持它的亮度。

白炽灯没有特制的铭牌，其额定电压和额定功率是直接刻在玻璃外壳上的。如某 "220V 40W" 的白炽灯，额定电压为 220V，额定功率为 40W，说明当施加到灯泡上的电压为 220V 时，灯泡能正常发光，消耗的功率为 40W，此时灯泡发出黄白色的光。如果电压高于 220V，因实际功率大于额定值，发热量过大，灯泡会发出刺眼的白光，甚至会烧毁灯泡，这就是我们平常所说的 "灯泡吹了"；如果电压低于 220V，则灯泡不能正常发光，当电压过低时，灯泡发出偏红色的光。

白炽灯的能效较低，大部分白炽灯会把消耗能量的 90％ 以上转化成热能，只有不大于 10％ 的能量会转变成光，许多国家与地区已经开始淘汰白炽灯，按照规划，我国将于 2017 年彻底淘汰白炽灯。相比之下，荧光灯的效率较高，接近 40％，所产生的热也只是相同亮度的白炽灯的六分之一，因此又称为节能灯。现在，能效更高的节能灯被广泛使用，可以大量节省电能。

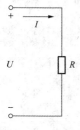

图 3 - 24　电阻的
电气图形符号

一、电阻元件

1. 电阻元件及电阻的定义

电路模型中的电阻元件描述的是将电能转换为其他形式能量的元件。从数学关系上讲，如果一个二端元件，在任意时刻，其电压和电流成代数关系，则称其为电阻元件，简称电阻，用字母 R 表示。电阻的电气图形符号如图 3-24 所示。

2. 电阻和电导

表现导体对电流阻碍作用的物理量称为电阻。在国际单位制中，电阻的单位为欧姆（简称欧），用符号 Ω 表示。数值较大时，也用千欧（kΩ）或兆欧（MΩ）作为单位。若在任意时刻电阻的阻值为常数，即不随电路的电压、电流而变化，则将这类电阻称为线性电阻。电阻的倒数称为电导，用大写字母 G 表示，单位为西门子（简称西），符号为 S。

　　导体电阻的大小，通常由导体的材料、尺寸及导体工作的环境温度来决定。在一定温度下，一段均匀长直金属导线的电阻为

$$R = \rho \frac{L}{S} \tag{3-11}$$

式中　L——导线的长度，m；

　　　　S——导线的截面积，mm^2；

　　　　ρ——导体的电阻率，其大小受导体材料的性质及温度的影响，$\Omega \cdot mm^2/m$。

表 3-12 为部分导体材料的电阻率。

表 3-12　　　　　　　　　　部分导体材料的电阻率

材料名称	银	铜	铝	低碳钢	铅	铸铁
电阻率（$\Omega \cdot mm^2/m$）（20℃）	0.0165	0.0175	0.0283	0.13	0.20	0.50

　　3. 线性电阻的电压、电流关系

线性电阻的电压与电流的关系符合欧姆定律。

　　（1）当线性电阻的电压和电流取关联参考方向时，如图 3-25 所示，此时该电阻的电压、电流关系表示为

$$U = RI \ 或 \ I = GU \tag{3-12}$$

式中　R——电阻，Ω；

　　　　G——电导，S。

　　式（3-12）反映了电阻电压、电流和电阻三者间的关系，称为欧姆定律。

　　（2）当线性电阻的电压和电流取非关联参考方向时，其关系式表示为

$$U = -RI \ 或 \ I = -GU \tag{3-13}$$

　　4. 电阻的伏安特性

电阻的电压、电流关系曲线称为伏安特性曲线，简称为伏安特性。在关联参考方向下，线性电阻的电压、电流成正比，其伏安特性是一条过原点的直线，如图 3-26 所示。

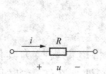
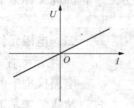

图 3-25　关联参考方向的电阻元件　　　　图 3-26　线性电阻的伏安特性

　　5. 电阻的功率与电能

根据功率关系，直流电路中，关联参考方向下电阻的功率为

$$P = UI = RI^2 = \frac{U^2}{R} = GU^2 \geqslant 0 \tag{3-14}$$

即功率恒为正，表明电阻始终是在吸收电能，因此称电阻为耗能元件。

电阻在时间 t 内消耗的电能为

$$W = Pt = UIt \qquad (3-15)$$

6. 电阻的识别

电路中实际应用的电阻很多，包括线绕电阻、薄膜电阻、贴片电阻和敏感电阻等。图3-27所示为一些常见的电阻元件。

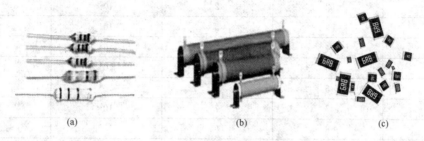

图 3-27 常见电阻元件
(a) 金属氧化膜色环电阻；(b) 线绕电阻；(c) 贴片电阻

电阻阻值标示方法有以下几种：

(1) 直标法。用数字和单位符号在电阻表面标出阻值，其允许误差直接用百分数表示，若电阻上未注，则允许误差均为±20%。线绕电阻体积较大，故采用直标法。

(2) 文字符号法。用阿拉伯数字和文字符号有规律的组合来表示标称阻值，其允许误差也用文字符号表示，符号前面的数字表示整数阻值，后面的数字依次表示第一位小数阻值和第二位小数阻值，见表3-13。

表 3-13　　　　　　　　表示允许误差的文字符号

文字符号	D	F	G	J	K	M
允许误差	±0.5%	±1%	±2%	±5%	±10%	±20%

(3) 数码法。在电阻上用三位数码表示标称值的标示方法。数码从左到右，第一、二位为有效值，第三位为倍率，即"0"的个数，单位为Ω。允许误差通常采用文字符号表示。

贴片电阻通常采用数码法。图3-28（a）所示为一个三位数电阻，上标字样102，其电阻的阻值是这样读出的：第一、二位为有效值10，第三位为倍率，即2是幂指数，故它的阻值是 $10 \times 10^2 = 1000$，单位为Ω。若是四位数电阻，则前三位为有效数，第四位为倍率，计算方法同上。

有些贴片电阻含有字母，如 R39、3R3、33R 等，R 在这里是小数点的意思，如果 R 在第一位则去掉 R，按三位计算，如图3-28（b）所示。

(a)　　　　(b)

图 3-28 数码法

(4) 色标法。用不同颜色的带或点在电阻表面标出标称阻值和允许偏差的方法，称为色标法。

读取色环电阻的数值时，要注意不同的颜色代表不同的数字，而不同位置的色环表示的意义也不尽相同，表 3-14 列出了色环颜色的意义。

表 3-14   **色环颜色的意义**

色环环数	第一环	第二环	第三环	第四环
黑	0	0	10^0	
棕	1	1	10^1	$\pm 1\%$
红	2	2	10^2	$\pm 2\%$
橙	3	3	10^3	
黄	4	4	10^4	
绿	5	5	10^5	
蓝	6	6	10^6	
紫	7	7	10^7	
灰	8	8	10^8	
白	9	9	10^9	
金	-1	-1	10^{-1}	$\pm 5\%$
银	-2	-2	10^{-2}	$\pm 10\%$
无色				$\pm 20\%$

普通色环电阻有四个环：前两个色环表示有效数字；第三个色环是倍率环；第四个色环是误差环，必为金色或银色，表示允许误差。图 3-29 所示色环电阻四个环的颜色依次是棕、黑、红、银，前两个色环对应表示有效数字 1 和 0，第三个色环是倍率环，红色对应数字 2，表示倍率为 10^2，因此电阻的数值为 $10 \times 10^2 = 1000$，单位为 Ω。

当色环电阻为五环时，前三位为有效数字，第四位为倍率，第五位为允许误差，如图 3-30 所示。

无论四环或五环电阻，误差环总是与前面几环保持较大的间距。

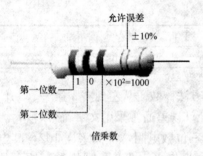

图 3-29 五环色环电阻

图 3-30 五环电阻

例题分析

例 3-4 有一电磁铁的铜质线圈有 5000 匝，每一匝线圈的平均长度为 0.108m，导线的直径为 0.16mm，求线圈 20℃时的电阻值。

解 （1）导线的长度为

$$L = 0.108 \times 5000 = 540 \, (\text{m})$$

（2）导线的截面积为

$$S = \frac{\pi d^2}{4} = \frac{3.14 \times 0.16^2}{4} = 0.02 \, (\text{mm}^2)$$

（3）铜导线的电阻率为

$$\rho = 0.0175 \, (\Omega \cdot \text{mm}^2 / \text{m})$$

（4）导线的电阻为

$$R=\rho\frac{L}{S}=\frac{0.0175\times540}{0.02}=472.5(\Omega)$$

例 3-5　一只标有"220V 60W"的白炽灯，接到 220V 电源上，求其电阻和工作电流、工作功率。如果将其接入 110V 电源上，试问灯泡能否正常发光？如果把该灯泡接入 380V 电源上，情况又会怎样？

解　（1）灯泡电阻为

$$R=\frac{U_{\mathrm{N}}^2}{P_{\mathrm{N}}}=\frac{220^2}{60}=806.67(\Omega)$$

正常工作电流

$$I=\frac{U}{R}=\frac{220}{806.67}=0.2727(\mathrm{A})$$

工作功率为

$$P=UI=220\times0.2727=60(\mathrm{W})$$

可见，在额定电压下工作时，其工作功率等于额定功率。

（2）灯泡接到 110V 电源上，工作功率为

$$P=\frac{U^2}{R}=\frac{110^2}{807}=15(\mathrm{W})$$

表明灯泡不能按额定功率工作，发光强度不足。

（3）灯泡接到 380V 电源上，工作功率为

$$P'=\frac{U'^2}{R}=\frac{380^2}{807}=179(\mathrm{W})$$

很显然，灯泡的工作功率远大于额定功率，所以灯泡会烧毁。

实践应用　导体电阻的应用

金属电阻一般随温度的升高而增大，所以灯丝的热态电阻比刚刚点亮时要大得多；半导体与电解液的电阻通常随温度的升高而下降，在应用时要注意这一点。

银的电阻率最小，导电性能最好，但价格昂贵，所以只用于继电器和接触器的触头等关键电器上；铜、铝电阻率也很小，可作为一般的导电材料，如绕制电动机、变压器的绕组，或作为导线；而一些电阻率较大的如铁-铬-铝、康铜等合金材料，则可作为电阻丝，用作电阻、电炉等；受温度影响较小的康铜、锰铜可用于制作精密测量元件的电阻；对温度敏感的铂可做感温元件等。

 【任务实施】

用伏安法测量灯泡的电压、电流值；用万用表直接测量灯泡的电阻；识读电阻，再用伏安法测量电阻箱电阻的电压、电流值，找出该电压、电流值与万用表直接测量所得电阻的关系，从而得出电阻的伏安特性。

【一体化学习任务书】

任务名称：**认识灯泡和电阻元件**

姓名_____　　　　所属电工活动小组_____　　　　得分_____

说明：请按照任务书的指令和步骤完成各项内容，课后交回任务书以便评价。

一、认识灯泡

■　准备万用表一只（或万用表、交流电压表、交流电流表各一只），"220V 25W"和"220V 100W"的灯泡各一只。

1. 测量灯泡的电阻。

■　用万用表的欧姆挡分别测量两只灯泡的电阻，填入表 3-15 中。

要点：

（1）欧姆挡测量电阻，必须在元件与电源断开的情况下进行。

（2）测量前，万用表必须先调零，即将万用表两个表笔短接，调节调零旋钮，使指针指示值为零。更换电阻挡位后，应重新调零。

表 3-15　　　　　　　　　　　　　　灯 泡 的 电 阻

元件名称	万用表直接测量值 R（Ω）	据表 3-16 计算额定电压下的电阻 $R_1 = \dfrac{U_{R1}}{I_{R1}}$（Ω）	据表 3-17 计算非额定电压下的电阻 $R_2 = \dfrac{U_{R2}}{I_{R2}}$（Ω）
"220V 25W" 的灯泡			
"220V 100W" 的灯泡			

思考：

（1）R_1、R_2 二者关系如何？

答：　　。

（2）万用表测得的电阻值 R 是否与 R_1 相等？试分析原因。

提示：白炽灯的正常工作时温度约为 2500℃，而不带电的灯泡处于 20℃ 左右的室温下，温度对电阻值是否有影响呢？

答：　　。

2. 测量额定电压下灯泡的电压、电流，并计算功率。

■　在实训台上，将 220V 交流电源与一只灯泡连成一个回路，经教师检查同意后，合上电源开关，观察灯泡的发光情况。（可参考图 3-9）

■　断开开关，将电流表和电压表（或用万用表的电流挡和电压挡分别测量）接入电路中。再次检查电路无误后，合上开关。读取电压表和电流表的读数，填入表 3-16 中。

■　断开开关，换另一只灯泡，重复之前的步骤，测出灯泡的电压和电流，记于表 3-16 中。

■　测量完毕，断开开关。

■　根据测量数据计算白炽灯的功率，填入表 3-16 中，并将计算值与额定值进行比较。

表 3-16　　　　　　　　　　　　　额定电压下测量白炽灯

元件名称	发光情况	电压测量值 U_{R1}（V）	电流测量值 I_{R1}（A）	功率计算值 $P = UI$（W）	功率计算值与额定值的关系
"220V 25W" 的灯泡					
"220V 100W" 的灯泡					

续表

要求：计算 $R_1 = \dfrac{U_{R1}}{I_{R1}}$，并填入表 3-15 中。

思考：

功率计算值与额定值的关系如何？该关系说明了什么？

答：_____。

3. 测量非额定电压下灯泡的电压、电流，并计算功率。

■ 在实训台上，将 220V 交流电源经由一个调压器输出 110V 电压后，与"220V、25W"的灯泡连成一个回路（若没有调压器，可以将两个相同的灯泡与 220V 交流电源连成一个回路）。重复以上步骤 2，将测量值记于表 3-17 中。将灯泡换成"220V 100W"的那个，重复步骤 2，将测量值填入表 3-17 中。

表 3-17　　　　　　　　　　　非额定电压下测量白炽灯

元件名称	发光情况	电压测量值 U_{R2} (V)	电流测量值 I_{R2} (A)	功率计算值 $I'-UI$ (W)	功率计算值与额定值的关系
"220V 25W"的灯泡					
"220V 100W"的灯泡					

要求：计算 $R_2 = \dfrac{U_{R2}}{I_{R2}}$，并填入表 3-15 中。

思考：

功率计算值与额定值的关系是怎样的吗？试找出其规律。

提示：此时，灯泡的电压、电流分别与额定电压、额定电流的关系如何？

答：_____。

二、识读电阻

■ 请按照教师介绍的电阻阻值的标示方法，读出表 3-18 中各电阻的阻值。

表 3-18　　　　　　　　　　　识　读　电　阻

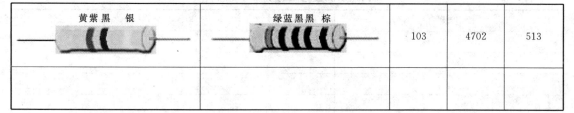

黄紫黑　银	绿蓝黑黑　棕	103	4702	513

三、伏安法测量电阻值

■ 准备数字式万用表一只（或直流电压表和直流电流表各一只），电阻箱一只，干电池四节（或直流稳压电源一个）。

■ 用万用表的欧姆挡测量电阻值，并填入表 3-19 中。

■ 适当选定电源电压和电阻值，并按图 3-31 所示电路接线。

■ 在图 3-31 (a)、(b) 所示电路中，用万用表（或电压表、电流表）测量电路的电压和电流，并填入表 3-19 中。

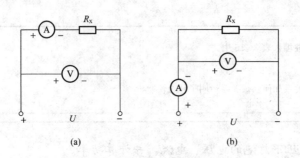

图 3-31　伏安法测电阻
(a) 电流表内接法；(b) 电流表外接法

■ 根据电压、电流的测量值计算电阻的大小，并填入表 3-19 中。

■ 重新选定电源电压和电阻值，重复以上过程，将测量和计算结果填入表 3-19 中。

表 3-19　　　　　　　　　　　　　　测 量 电 阻 箱

万用表测电阻 R（Ω）	电流表内接法			电流表外接法		
	电压 U（V）	电流 I（A）	计算电阻值 $R=U/I$（Ω）	电压 U（V）	电流 I（A）	计算电阻值 $R=U/I$（Ω）

结论：
(1) 电流表内接法与外接法测同一电阻的结果一样吗？
答：_____。
(2) 同一电阻的直接测量值与计算值一样吗？
答：_____。

■ 总结用万用表测量电阻的步骤与注意事项，并填入表 3-20 中。

表 3-20　　　　　　　　　用万用表测量电阻的步骤与注意事项

步骤	要　点

■ 总结用伏安法测量电阻的适用范围，并填入表 3-21 中。

表 3-21　　　　　　　　　用伏安法测量电阻的适用范围

方法	适 应 范 围
电流表内接法	
电流表外接法	

四、用电路仿真软件测量电阻的伏安特性

所谓电阻的伏安特性，就是电阻的电压、电流关系曲线。

1. 教师引领下，学生两人一组跟着做。

■ 打开电路仿真软件 Multisim，简单介绍用户界面。

■ 拖出一个直流电压源（默认 12V）和一个虚拟电阻（默认 1kΩ），将两者串联形成一个回路，并串联一块电流表、在电阻两端并联一块电压表，得到测量电路图，如图 3 - 32 所示。

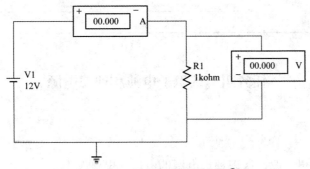

图 3 - 32　测量伏安特性曲线❶

■ 闭合开关，观察电压表、电流表，将读数填入表 3 - 22 中。

■ 断开开关。

■ 双击直流电压源，在电压值标签中将电压改为 6V，单击"OK"，返回到电路窗口，闭合开关，读取电压表、电流表读数，并记于表 3 - 22 中。

2. 学生独立完成。

■ 改变电压源电压的数值，再测量 3～5 组电压和电流，填入表 3 - 22 中。

■ 将电压源电压的数值取为负值，测量 2～3 组电压和电流，填入表 3 - 22 中。

■ 根据表 3 - 22 中记录的数据，作出电阻的伏安特性。

表 3 - 22　　　　　　　　测量电阻的伏安特性曲线

序号	电压源电压	电压测量值 U（V）	电流测量值 I（mA）	伏安特性曲线
1	12V			
2	6V			
3				
4				
5				
6				
7				
8				
9				
10				

❶　Multisim 软件包含两套符号标准，ANSI（美标）和 DIN（德标），这里选用 ANSI，图中符号不符合最新国家标准，但为了对应，这里不做修改。

■ 学习后的心得体会。

通过本任务的学习，我知道了 ＿＿＿＿＿＿＿＿＿＿＿＿＿＿＿＿＿＿＿＿＿＿＿＿＿＿

＿＿。

■ 对任务完成的过程进行自评，并写出今后的打算。

自评标准	参与完成所有活动，自评为优秀；缺一个，为良好；缺两个，为中等；其余为加油
自评结果	
今后打算	

任务四　认识干电池和理想电源

【任务描述】

认识干电池及理想电源，认识理想电源的电压、电流关系。

【相关知识】

电源是将其他形式的能转换成电能的装置。根据本身是否消耗能量，电源可分为实际电源和理想电源，其中实际电源中最常见的是干电池和发电机，后者将在交流电路中介绍；理想电源根据提供稳定的电压还是电流，分为理想电压源和理想电流源两类。图 3-33 所示为几种常用的电源。

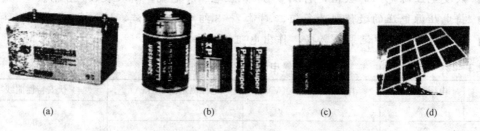

图 3-33　常用的电源

（a）蓄电池；（b）干电池；（c）手机电池；（d）太阳能电池

一、干电池

干电池是一种以电解液来产生直流电的化学电池，其电解质是一种不能流动的糊状物。干电池不仅适用于手电筒、半导体收音机、收录机、照相机、电子钟、玩具等，而且也适用于国防、科研、电信、航海、航空、医学等国民经济中的各个领域，应用十分广泛。

普通干电池大都是锌锰电池，其结构如图 3-34 所示。中间是正极碳棒，外包石墨和二氧化锰的混合物，再外是一层纤维网，网上涂有很厚的电解质糊，最外层是金属锌皮做的筒，也就是负极。

普通锌锰电池虽然价格低廉，但性价比不高，同时低档的普通锌锰电池还会漏液损坏电器，因此在国际上认为普通锌锰电池是过时的产品。除此之外，普通锌锰电池还严重污染环境，一节电池可以污染数十立方米的水，一节 5 号废电池就可以使 $1m^2$ 土地荒废。所以目前许多地区对干电池单独回收，集中处理。

碱性电池是高容量干电池，也是性价比较高的电池之一。碱性电池以二氧化锰为正极，锌为负极，氢氧化钾为电解液。在结构上与普通锌锰电池相反，如图 3-35 所示，这样增大了正、负极间的相对面积，而且用高导电性的氢氧化钾溶液替代了氯化铵、氯化锌溶液，负极锌也由片状改变成粒状，增大了负极的反应面积，加之采用了高性能的电解锰粉，所以电性能得以很大提高。一般地，同等型号的碱性电池是普通锌锰电池容量和放电时间的 3～7 倍，低温性能两者差距更大，碱性电池更适用于大电流连续放电和工作电压要求高的用电场合，特别适用于照相机、闪光灯、剃须刀、电动玩具等。

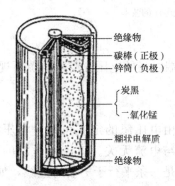

图 3-34　锌锰电池的结构

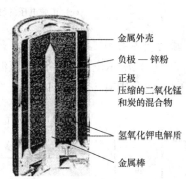

图 3-35　碱性电池

在 1996 年前生产的碱性电池可能含有微量汞（俗称水银，是一种有害元素），现在的碱性电池已能做到不含汞。在一些地区可以随意弃置碱性电池，也有些地区不可。由于碱性电池多是一次性使用，所以相对新一代的蓄电池（例如镍氢电池）较不环保。

二、理想电压源

1. 理想电压源的定义

电压源是从电池、发电机、信号发生器等实际电源抽象出来的理想化电路模型。如果一个二端元件与任一电路连接后，其两端的电压总能保持确定值 u_S，而与通过它的电流大小无关，则称该二端元件为理想电压源，简称电压源。

电压源具有两个基本特性：

（1）电压源的端电压是由它本身确定的，与流过它的电流无关，即与其所接的外电路无关。

（2）电压源的电流是随其所接外电路的变化而变化的。

2. 电压源的分类

根据电压源电压 u_S 与时间 t 之间的变化关系，可将电压源分为两类。

（1）如果电压源的电压 u_S 随时间变化，则该电压源称为时变电压源，其图形符号如图 3-36（a）所示。例如，某电压源的电压 u_S 随时间按正弦规律变化，其电压 u_S 与时间 t 的关系曲线就是一条正弦函数曲线，如图 3-36（c）所示。

（2）如果电压源的电压是一个与时间无关的常数，则该电压源称为恒定电压源，也称为直流电压源，其图形符号如图 3-36（b）所示。直流电压源的电压 U_S 与时间 t 的关系曲线是一条直线，如图 3-36（d）所示，图中 U_S 为常数。

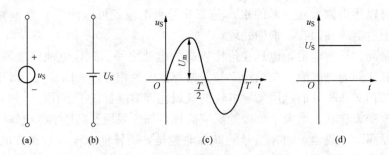

图 3-36　电压源的图形符号及电压波形

（a）时变电压源图形符号（也为一般电压源图形符号）；（b）直流电压源的图形符号；
（c）正弦电压的波形；（d）直流电压的波形

3. 电压源的伏安关系

在图 3-37（a）所示电路中，设电压源两个引出端之间的电压 u 与电压源所规定的电压 u_S 的参考方向一致，则有

$$u = u_S \tag{3-16}$$

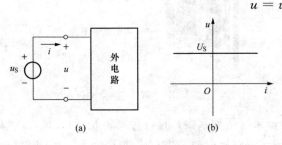

图 3-37　电压源的伏安特性

（a）电路图；（b）直流电压源的伏安特性

由电压源的定义可知，电压源两端的电压与电流无关。直流电压源的伏安特性曲线是一条平行于 i 轴的直线，如图 3-37（b）所示。

若电压源电压 $u_S = 0$，则电压源的伏安特性与 i 轴重合，说明不管通过电压源的电流大小如何，电压源的端电压恒等于零，实际上这个电压源处于短路状态。

三、理想电流源

1. 电流源的定义

如果一个二端元件与任一电路连接后，不论其端电压的大小如何，总能够对外电路提供确定的电流 i_S，则该二端元件称为理想电流源，简称电流源。电流源的图形符号如图 3-38（a）所示。

由电流源的定义可知，电流源具有下述两个特性：

（1）电流源的电流是由电流源本身决定的，大小和方向与电流源的端电压无关，即与电流源所接的外电路无关。

（2）电流源的电压与其所接的外电路有关，即随外电路的变化而变化。

2. 电流源的分类

根据电流源的电流是否随时间变化，可将电流源分为恒定电流源和时变电流源。如果电流源所规定的电流 i_S 随时间而变，则该电流源称为时变电流源；如果电流源所规定的电流 i_S 是一个与时间无关的常数，则该电流源称为恒定电流源，或直流电流源。

3. 电流源的伏安关系

在图 3-38（b）所示电路中，设通过电流源引出端的电流 i 的参考方向和电流源所规定的电流 i_S 的参考方向一致，则有

$$i = i_\mathrm{S} \tag{3 - 17}$$

由电流源的定义可知电流源的电流不随外加电压的变化而变化，直流电流源的伏安特性曲线是一条平行 u 轴的直线，如图 3-38（c）所示。

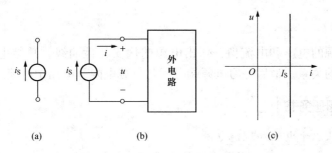

图 3-38　电流源的伏安特性

(a) 电流源的图形符号；(b) 电路图；(c) 直流电流源的伏安特性

如果电流源的电流为零，则电流源的伏安特性曲线与 u 轴重合。说明不管电流源两端的电压大小和方向如何，其电流恒等于零，电流源实际上处于开路状态。

四、理想电源的功率

电压源和电流源是理想电源，它们在电路中既可能作电源使用，也可能作负载使用。作电源使用时，它们向外电路发出功率，输出电能；作负载使用时，它们从外电路吸收功率，吸取电能。在电压源和电流源所在支路的电压和电流取非关联参考方向时，直流电压源或直流电流源的功率为

$$P = UI \tag{3 - 18}$$

时变电压源或时变电流源的功率为

$$p = ui \tag{3 - 19}$$

在式（3-18）及式（3-19）中，如果

（1）$P>0$（或 $p>0$），则向外电路发出功率，输出电能，作电源使用。

（2）$P<0$（或 $p<0$），则从外电路吸收功率，吸收电能，作负载使用。

若手电筒采用充电电池，手电筒在使用时，电池起电源作用；而充电电池在充电过程中，要从电源吸收电能，所以起负载的作用，说的就是这个道理。

例题分析

例 3-6　电路如图 3-39 所示，电压源、电阻和电流源三个元件的电流相等，试求电路中各元件的功率。

解　（1）求电阻、电压源的功率。

电压源电流、电阻电流和电流源电流相等，而电流源电流为 1A，所以

$$P_\mathrm{R} = 1^2 \times 3 = 3(\mathrm{W})$$

即 3Ω 电阻吸收 3W 的功率。

2V 电压源的电压与电流为非关联参考方向，即

$$P_\mathrm{U} = 2 \times 1 = 2(\mathrm{W})$$

2V 电压源吸收 2W 的功率。

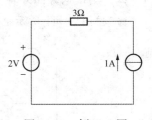

图 3-39　例 3-6 图

（2）求电流源的功率。

因为电阻和电压源共吸收功率 $3+2=5$（W），根据功率平衡，电流源的功率为发出 5W。

【任务实施】

通过测量电源的电压和电流值，作出电源的伏安特性曲线，总结电源端电压与负载电阻、电路中电流的关系。最后练习电源端电压与负载电阻、电路中电流的关系。

【一体化学习任务书】

任务名称：认识干电池和理想电源

姓名_____　　　所属电工活动小组_____　　　得分_____

说明：请按照任务书的指令和步骤完成各项内容，课后交回任务书以便评价。

一、认识干电池

■ 准备万用表一只（或直流电压表、直流电流表各一只），电阻箱一个，将四节干电池串联起来。

■ 用万用表直接测量干电池的电压，记于表 3-23 中。

■ 按图 3-40 所示电路接线，适当选定电阻值，测量电阻的电压和电流，记于表 3-23 中。

■ 改变电阻值，测量电阻的电压和电流，记于表 3-23 中。

表 3-23　　　　　　　　　测 量 干 电 池

干电池电压 U（V）	电阻 R（Ω）	电阻电压 U（V）	电流 I（A）

思考：

（1）干电池接负载和不接负载时的电压一样吗？

答：_____。

（2）干电池接不同负载时的电压一样吗？

答：_____。

（3）干电池接不同负载时的电流一样吗？

答：_____。

二、测试电源的外特性

■ 按图 3-41 所示电路接线。

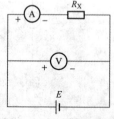

图 3-40　测量干电池

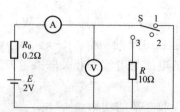

图 3-41　电源的外特性测试电路

■ 将开关分别拨到1、2、3的位置，测量电路中的电压和电流，并填入表3-24中。

■ 根据测得的电压和电流值，在表3-24中作出电源端电压与电流的关系曲线。

表3-24　　　　　　　　　　　　　　电源的外特性测试

开关S的位置	电压U（V）	电流I（A）	电源端电压与电流的关系曲线
1			
2			U 轴（纵），I 轴（横），原点 O
3			

■ 总结电源端电压与负载电阻、电路中的电流的关系，填入表3-25中。

表3-25　　　　　　　　　电源端电压与负载电阻、电路中的电流的关系

负载变化情况	电源端电压的变化
负载电阻增加	
负载电阻减小	
电路中电流增大	
电路中电流减小	

■ 学习后的心得体会。

通过本任务的学习，我知道了 _____

_____。

■ 对任务完成的过程进行自评，并写出今后的打算。

自评标准	参与完成所有活动，自评为优秀；缺一个，为良好；缺两个，为中等；其余为加油
自评结果	
今后打算	

任务五　剖析无分支电路的规律

【任务描述】

剖析无分支电路的规律，学习并使用全电路欧姆定律。

【相关知识】

在电路分析中，常常要求求出某个电流、电压或功率。因此，掌握电路中各元件电流间的关系、各元件电压间的关系就显得非常必要了。无分支电路各元件电流间的关系、各元件电压间的关系虽然简单，但对我们分析计算电路却是很重要的。

一、剖析无分支电路的规律

图 3-42 (a) 所示为手电筒的电路模型，它是由电源、电源内阻和负载组成的闭合电路。在该电路中，每个元件串联一块电流表，如图 3-42 (b) 所示，就可以测出各元件的电流值。这时三个元件的电流是相等的，也就是说无分支电路中电流处处相等。这是因为流经一个元件的电流在没有分支的情况下，将全部流过下一个元件，因此，各元件的电流是共同的，称此电流为无分支电路的电流，通常在该电路中仅标注一个电流即可，如图 3-42 (c) 所示。

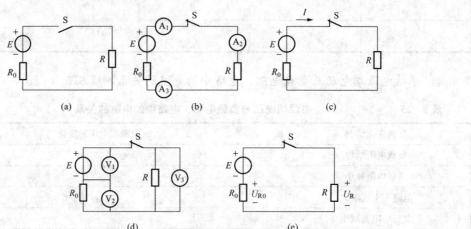

图 3-42　手电筒电路及其电流、电压的测量与标注

(a) 手电筒的电路模型；(b) 电流的测量；(c) 无分支电路电流的标注；
(d) 电压的测量；(e) 无分支电路电压的标注

在图 3-42 (a) 中，如果将每个元件两端并联一块电压表，如图 3-42 (d) 所示，可以测出各元件的电压值［各电压标注见图 3-42 (e)］，结果我们发现三个元件的电压存在如下关系：

$$E = U_{R0} + U_R \qquad (3-20)$$

也就是说无分支电路中电源电动势（或电源电压）等于其余电阻电压之和。

二、全电路欧姆定律

根据式 (3-20)，可以这样求出无分支电路中的电流。

选择电流参考方向与电动势一致，可列写出各元件电压关系：$E = RI + R_0 I$

整理得

$$I = \frac{E}{R + R_0} \qquad (3-21)$$

式 (3-21) 称为全电路欧姆定律，它适用于仅由单一回路构成的电路。若回路中有多个电阻和电源，可把式 (3-21) 推广为一般形式，即

$$I = \frac{\sum E}{\sum R} \qquad (3-22)$$

式 (3-22) 中，当电动势的方向与电流的方向一致时，电动势前加"＋"号；反之，加"－"号。全电路欧姆定律表明，电路中的电流与电源电动势成正比，与整个电路的总电阻（电源内阻和电源外部电路电阻之和）成反比。

三、电路的运行状态

在前面的任务中，已经认识了手电筒电路及其电路模型。将手电筒的开关 S 断开或闭合时，手电筒灯泡不亮或发光，说明手电筒处在不同的运行状态。通常情况下，根据不同的需要或不同的负载情况，电路可能工作在不同的状态，如电路的通电状态或断开状态，甚至由于某些原因使电路处于短路状态。在这些状态中，有些是电路的正常工作状态，有些则可能是电路发生了事故。对于事故状态，应尽量避免，以免发生人身或设备事故。因此，了解电路处于不同状态的条件和特点，对于保证人身和设备安全，意义非常重大。

1. 工作状态

在图 3-43 所示电路中，电源与负载接通，电路中产生电流，电源向负载电阻 R 输出功率，这种状态称为电路的负载状态或工作状态。

工作状态的电路有以下特征：

（1）电路中有电流产生，其大小为

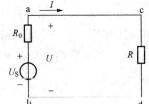

图 3-43　工作状态

$$I = \frac{U_S}{R_0 + R} \qquad (3-23)$$

当电源的电动势和内阻一定时，电路中电流的大小取决于负载的大小，因此负载的大小通常是指负载电流（或功率）的大小。

（2）负载电阻的电压与电源的端电压相等，其大小为

$$U = U_S - R_0 I = IR \qquad (3-24)$$

电路中电流越大，电源内部的电压降越大，电源的端电压就越低。只有当内阻可以忽略不计时，电源的端电压才与电源的电压 U_S 相等。

（3）电源传输给负载的功率等于电源的功率与内阻消耗的功率之差，即

$$P = UI = RI^2 = U_S I - R_0 I^2 \qquad (3-25)$$

电源传输给负载的功率 $P = RI^2$，其大小取决于负载电阻 R。可以证明，当 $R = R_0$ 时，负载从给定电源获得最大功率，称为功率匹配。但在负载获得最大功率时，传输的效率只有 50%，所以电力系统一般不在功率匹配的情况下工作。

为了保证电气设备正常安全运行，通常对其功率、电压、电流等规定了额定值。如果设备参数均为额定值，则称该设备工作在额定工作状态。

2. 开路状态

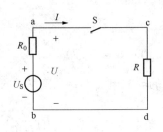

图 3-44　开路状态

开路状态简称开路，又称为断路，图 3-44 所示的电路中，开关 S 未闭合，电源与负载处于断开状态，电路未形成闭合的回路，电路中无电流，这种状态称为电路的开路状态或空载状态。

电路开路时具有以下特征：

（1）开路时，外电路的电阻可视为无穷大，即 $R = \infty$。

（2）未形成闭合回路，电路中的电流为零，即 $I = 0$。

（3）开路时，电源的端电压等于电源的电动势，该电压称为空载电压或开路电压，用 U_0 或 U_{OC} 表示，即 $U_0 = U_{OC} = U_S - IR_0 = U_S$。

（4）电源的输出功率和负载所消耗的功率均为零，即 $P = UI = 0$。

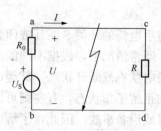

图 3-45　短路状态

3. 短路状态

由于某种原因（如绝缘损坏、接线错误等），使电路中任何一部分被电阻等于零的导线直接连接起来，这一部分两端的电压为零，这种状态叫做电路的短路状态，简称短路，如图 3-45 所示。

电源两端发生短路时，电路具有以下特征：

（1）电流不流过负载，即负载电流等于零。

（2）流过电源本身的电流最大。如果是电流源，流过本身的电流等于 I_S；如果是电压源，流过本身的电流为 $\dfrac{U_S}{R_0}$。

（3）电源和负载的端电压都为零，即 $U = U_S - R_0 I_S = 0$。这说明电源的电动势全部降落在电源的内阻上，所以无输出电压。

（4）电源的输出功率和负载所消耗的功率都为零，即 $P = UI = 0$，此时，电源产生的功率为 $P_S = \dfrac{U_S^2}{R_0} = R_0 I^2$。

电源短路时，将形成很大的短路电流，电源产生的能量全部消耗在内阻上，可能引起电源过热，甚至引发事故。所以，在实际电路中，必须设置保护装置，如在电路中接入熔断器或断路器（俗称空气开关）等，当电路发生短路时，保护装置使故障电路与电源自动切断，避免发生严重的后果。

例题分析

例 3-7　在图 3-46 所示电路中，分别求开关合上和断开时各点的电位。

解　开关合上时，

$$v_o = U_{oo} = 0$$
$$v_a = U_{ao} = 10V$$
$$v_b = U_{bo} = 0$$
$$v_c = U_{co} = -5V$$

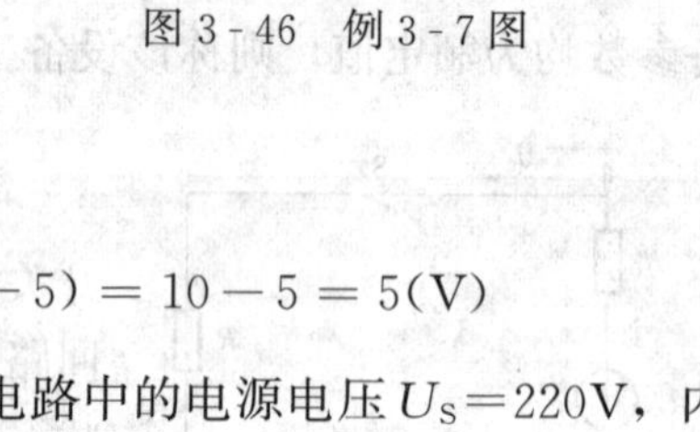

开关断开时，

$$v_o = U_{oo} = 0$$
$$v_a = U_{ao} = 10V$$
$$v_c = U_{co} = -5V$$

图 3-46　例 3-7 图

$$v_b = U_{bo} = U_{bc} + v_c = 2000 \times \frac{10 - (-5)}{1000 + 2000} + (-5) = 10 - 5 = 5(V)$$

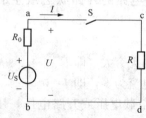

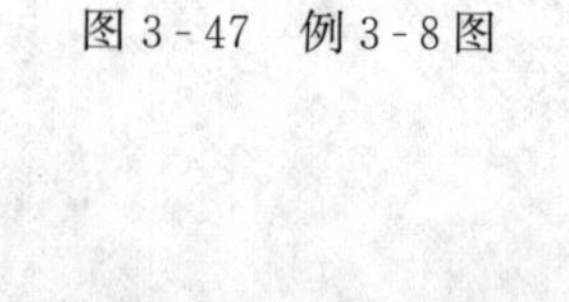

图 3-47　例 3-8 图

例 3-8　设图 3-47 所示电路中的电源电压 $U_S = 220V$，内阻 $R_0 = 0.2\Omega$，负载电阻 $R = 10\Omega$。

试求：（1）开路电压 U_{OC}；（2）负载发生短路时的短路电流 I_{SC}。

解　（1）电源的开路电压为

$$U_{OC} = U_S = 220V$$

（2）电路的短路电流为

$$I_{SC} = \frac{U_S}{R_0} = \frac{220}{0.2} = 1100A$$

可见，短路时电路中电流很大，容易烧毁电源与设备，同时还会产生强大的电磁力，进而造成机械上的损坏。

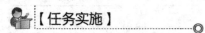【任务实施】

1. 学习并掌握无分支电路中各元件电流间、电压间的关系

（1）选定电路参数，并用电流表测量各元件电流，观察总结各电流的关系，总结出无分支电路中电流间的关系。

（2）用电压表测量电路中各元件的电压，判断回路的元件数，并沿顺时针方向写出各元件的电压，计算回路各元件的电压和 $\sum U$，总结出无分支电路中各元件电压间的关系。

2. 学习并使用全电路欧姆定律

选定无分支回路的电路参数，用万用表测量回路电流及电源电动势、各电阻的电压，计算回路电流，并总结出全电路欧姆定律。最后练习全电路欧姆定律的应用。

【一体化学习任务书】

任务名称：剖析无分支电路的规律

姓名_____　　　　所属电工活动小组_____　　　　得分_____

说明：请按照任务书的指令和步骤完成各项内容，课后交回任务书以便评价。

一、无分支电路电压间的规律、电流间的规律

■ 打开电路仿真软件 Multisim，拖出一个直流电压源，将其电压改为 3V；拖出一个 10Ω 的实际电阻，将两者串联形成一个回路，如图 3-48（a）所示。

■ 在电压源和电阻所在处各串联一块电流表，如图 3-48（b）所示，测出两个元件的电流，将测量结果记于表 3-26 中。

■ 在电压源和电阻两端各并联一块电压表，如图 3-48（c）所示，测出两个元件的电压，将测量结果记于表 3-26 中。

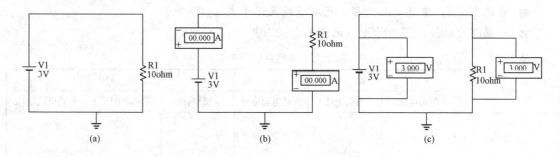

图 3-48　剖析无分支电路的规律 1

■ 自选电压（U）和电路电阻（R），重复以上过程，将测量结果记于表 3-26 中。

■ 根据测量数据，得出结论，记于表 3-26 中。

表 3 - 26　　　　　　　　　　剖析无分支电路的规律 1

电路	电　流		电　压	
	电源电流	电阻电流	电源电压	电阻电压
$U=3V$，$R=10\Omega$				
自选 U、R				
结论： 提示问题：电源电流与电阻电流是否相等？电源电压与电阻电压是否相等？				

■　新建一个仿真文件，拖出一个直流电压源，将其电压改为 3V；拖出一个 0.5Ω 的实际电阻，模拟电源内阻，拖出一个 10Ω 的实际电阻作负载，将三个元件串联形成一个回路，如图 3 - 49（a）所示。

■　将各元件各串联一块电流表，如图 3 - 49（b）所示，测出三个元件的电流，将测量结果记于表 3 - 27 中。

■　在各元件两端各并联一块电压表，如图 3 - 49（c）所示，测出三个元件的电压，将测量结果记于表 3 - 27 中。

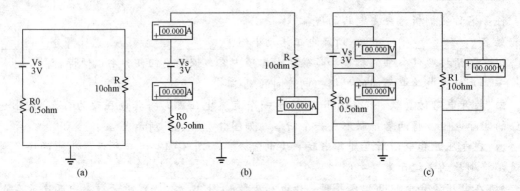

图 3 - 49　剖析无分支电路的规律 2

■　自选 E、R，重复以上过程，将测量结果记于表 3 - 27 中。

■　根据测量数据，得出结论，记于表 3 - 27 中。

表 3 - 27　　　　　　　　　　剖析无分支电路的规律 2

电路	电　流			电　压		
	电源电流	内阻电流	负载电阻电流	电源电压	内阻电压	负载电阻电压
$U=3V$， $R_0=0.5\Omega$， $R=10\Omega$						
自选 U、R_0、R						
结论： 提示问题：电源电流、内阻电流与负载电阻电流是否相等？两电阻电压之和与电源电压是否相等？						

二、学习全电路欧姆定律

■　准备数字万用表一只（或直流电压表、直流电流表各一只）；干电池 4 节（或直流稳压电压一个）；电阻箱两个。

■　选定电路参数，并按图 3-50 所示电路接线。

■　闭合开关 S，用万用表测量电流 I 及电动势 E、电压 U、内阻 R_0 的电压和负载 R 的电压，并填入表 3-28 中。

■　计算电流 I，并填入表 3-28 中。

■　断开开关 S，重复以上计算和测量，并填入表 3-28 中。

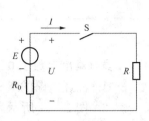

图 3-50　全电路欧姆定律测试电路

表 3-28 　　　　　　　　　　　**全电路欧姆定律测试**

开关位置	电压 U（V）	R_0 的电压（V）	R 的电压（V）	电流 I（A）	
				测量值	计算值
开关 S 闭合					
开关 S 断开					

观察电路电流的求解表达式，判断正确与否。

(1) 根据测量结果可知电阻电压 $U=E-U_{R0}$

(2) 根据欧姆定律可知电阻电压 $U=RI$，内阻电压 $U_{R0}=R_0 I$

(3) 电路电流 $I=\dfrac{E}{R+R_0}$

结论：

提示问题：对无分支回路，电流 I 的大小与哪些因素有关？

■　上述反映无分支回路电流大小的关系称为全电路欧姆定律。总结全电路欧姆定律，并填入表 3-29 中。

表 3-29 　　　　　　　　　　　**全电路欧姆定律**

内容	
表达式	

■　学习后的心得体会。

通过本任务的学习，我知道了 ＿＿＿＿＿＿＿＿＿＿＿＿＿＿＿＿＿＿＿＿＿

＿＿＿＿＿＿＿＿＿＿＿＿＿＿＿＿＿＿＿＿＿＿＿＿＿＿＿＿＿＿＿＿＿＿＿

＿＿＿＿＿＿＿＿＿＿＿＿＿＿＿＿＿＿＿＿＿＿＿＿＿＿＿＿＿＿＿＿＿。

■　对任务完成的过程进行自评，并写出今后的打算。

自评标准	参与完成所有活动，自评为优秀；缺一个，为良好；缺两个，为中等；其余为加油
自评结果	
今后打算	

习 题 三

A 类（难度系数 1.0 及以下）

3-1　简述电路的组成及各部分的作用。

3-2　图 3-51 所示为照明电路示意图，请将图中各电气设备按照明电路要求用笔划线代替导线正确连起来。

3-3　白炽灯的接线图中，为什么开关要接在相线一侧，而不是零线一侧？

3-4　图 3-52 中接线有几处错误？请逐一指出并加以说明。

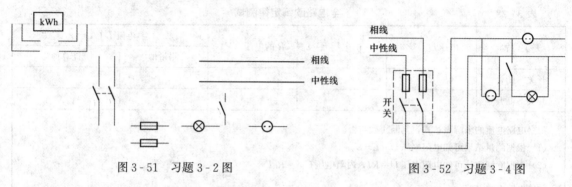

图 3-51　习题 3-2 图　　　　　　　　　　图 3-52　习题 3-4 图

3-5　什么是电流？它是如何形成的？

3-6　电流是如何定义的？电流的方向是如何规定的？

3-7　什么是电压？什么是电位？电位与电压的关系是怎样的？

3-8　已知电路中 $U_{ab} = -5V$，说明 a、b 两点中哪点电位高。

3-9　已知电路中 a、b 两点的电位分别为 $V_a = 3V$，$V_b = 6V$，求 U_{ba} 和 U_{ab}。

3-10　什么是电动势？电动势与电压的关系是怎样的？

3-11　什么是电功率？电功率与哪些物理量有关？

3-12　试求图 3-53 所示各元件吸收或发出的功率，并说明元件是电源还是负载。

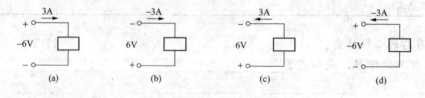

图 3-53　习题 3-12 图

3-13　什么是电能？影响电能的因素有哪些？

3-14　一座教学楼，共 22 间教室，每个教室里装 40W 荧光灯 10 盏，当这些灯全点亮时，总电流多大？总熔断器应选用额定电流多大的熔丝？

3-15　某居民家电能表的规格是 5（20）A、220V，他家已有 40W 灯 2 盏，100W 彩电 1 台，800W 洗衣机一台，当这些电器同时使用时，能否再接一只 1000W 的电磁炉使用？

3-16　某家庭有 40W 灯泡两盏，每天平均使用 4h；有 200W 电视机一台，每天平均使用 2h；有 1200W 电磁炉一台，每天平均使用 2h；每月（按 30 天计）共用多少电能？电价按 0.50 元/(kWh) 计，每月应付多少电费？

3-17　当电源接上负载后，在电源的外部，电流流动方向如何？在电源的内部，电流流动方向如何？

3-18　图 3-54 所示是某电路的一部分，试分别以 O、b 为参考点，求各点电位和 U_{ac}。

3-19　图 3-55 所示电路中，$R=20\Omega$，试求电流 I 或电压 U 的值。

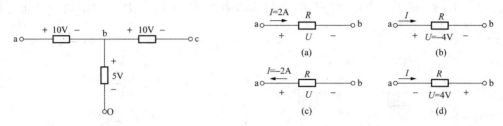

图 3-54　习题 3-18 图　　　　　　　　图 3-55　习题 3-19 图

3-20　某电阻上标有"500Ω 5W"，求其允许通过的最大电流是多少？

3-21　一只"220V 100W"的灯泡和另一只"220V 25W"的灯泡在正常使用时，它们的灯丝电阻和电流各是多大？是不是功率大的灯泡其灯丝电阻就大？

3-22　有人说"电路中任何一条支路，只要支路两端的电压为零，该支路上一定无电流；只要支路上无电流，该支路上一定无电压。"你认为这种说法对吗？怎样回答这个问题是全面的？

3-23　电压源只向负载提供电压，电流源只向负载提供电流，这种说法合适吗？为什么？

3-24　读出图 3-56 所示色环电阻的阻值。

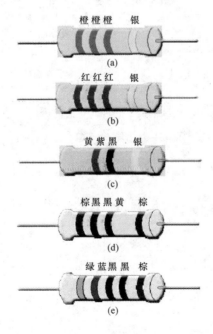

橙橙橙　银
(a)

红 红 红　银
(b)

黄 紫 黑　银
(c)

棕黑黑黄　棕
(d)

绿 蓝 黑 黑　棕
(e)

图 3-56　习题 3-24 图

3-25　读出以下贴片电阻的阻值。

101、471、4701、102、472

B 类（难度系数 1.0 以上）

3-26　试求图 3-57（a）、（b）所示两电路中端电压的大小和极性，其中：图 3-57（a）元件 A 发出功率 30W；图 3-57（b）元件 B 吸收功率 30W。

3-27　图 3-58 所示电路中的元件 A 发出功率 40W，问：元件 B 是吸收功率还是发出功率，功率为多少？

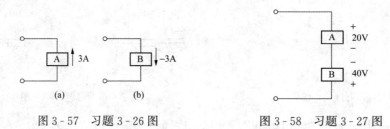

图 3-57　习题 3-26 图　　　　图 3-58　习题 3-27 图

3-28　试求图 3-59 所示电路中各元件功率，并核算电路功率是否平衡。

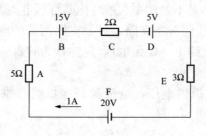

图 3-59　习题 3-28 图

项目四

分析计算复杂直流电路

【项目描述】

学习基尔霍夫定律及复杂直流电路的分析方法,包括网络变换法、网络方程法和网络定理法。

【知识目标】

(1) 掌握基尔霍夫定律的内容;

(2) 理解电阻的串联、并联、星形联结、三角形联结的特点;

(3) 掌握电阻的串联电路、并联电路的等效电阻关系及串联电阻的分压关系、并联电阻的分流关系;

(4) 理解星形联结与三角形联结电阻的等效关系;

(5) 掌握电流源模型和电压源模型的组成及其等效关系;

(6) 掌握支路电流法、弥尔曼定律的解题步骤和要点;

(7) 理解叠加定律的内容;

(8) 掌握戴维南定律的内容和解题思路。

【能力目标】

(1) 能熟练应用基尔霍夫定律求解电路;

(2) 能进行电阻的串联、并联和混联的等效变换;

(3) 能对混联电路进行分析计算;

(4) 能进行电阻的星形、三角形联结的等效变换;

(5) 能通过电流源模型和电压源模型的等效变换简化电路;

(6) 能熟练应用支路电流法求解电路;

(7) 能熟练应用弥尔曼定律求解电路;

(8) 能应用叠加定律分析电路;

(9) 能应用戴维南定律求解电路。

【教学环境】

多媒体教室,具备计算机和投影仪;电工实训室或电工教学车间,具备相关仪器仪表、元器件和操作台。

任务一　剖析复杂电路的规律

【任务描述】

通过验证实验，学习基尔霍夫定律，会用基尔霍夫定律进行复杂电路分析。

【相关知识】

基尔霍夫定律是德国物理学家基尔霍夫提出的。基尔霍夫定律是电路理论中最基本、也是最重要的定律之一，是分析电路最基本的依据。基尔霍夫定律概括了电路中电流和电压分别遵循的基本规律，包括基尔霍夫电流定律（KCL）和基尔霍夫电压定律（KVL）。熟练掌握基尔霍夫定律的内容及其应用对于分析与解决电路问题十分重要。

一、常用电路术语

电路分析过程中，有许多专用的术语需要掌握。

1. 集总参数电路和平面电路

集总参数电路是指由集总参数元件构成的电路。集总参数元件是指元件尺寸远小于电磁波波长的元件。电力系统中，除了远距离的高压电力传输线，其余都可以视为集总参数元件。

平面电路是指可以画在一个平面上，而又没有任何两条支路在非节点处交叉的电路。一般我们讨论的都是平面电路。

2. 支路和节点

电路中没有分叉的电路部分，称为支路。电路中三条或三条以上支路的连接点，称为节点。在图 4 - 1 所示电路中，共有三条支路、两个节点，三条支路分别是 acb、ab 和 adb，两个节点分别是 a、b。注意，这里 c、d 两点是元件的连接点，但不是节点，一般电路只标注节点。

3. 回路和网孔

电路中的任意闭合路径，称为回路。内部不存在支路的回路，称为网孔。图 4 - 1 所示电路中，有 abca、adba、adbca 三个回路，其中的 abca、adba 是两个网孔。显然，网孔是有限定条件的回路，网孔一定是回路，但回路不一定是网孔。

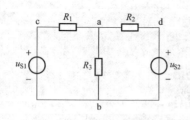

图 4 - 1　电路术语说明图

二、基尔霍夫电流定律

基尔霍夫电流定律又称为基尔霍夫第一定律，简称 KCL。基尔霍夫电流定律是建立在电荷守恒基础上的，是描述电路中任一节点所连各支路电流之间关系的定律。

基尔霍夫电流定律可以表述为：任一时刻，流入电路任一节点的电流之和等于流出该节点的电流之和，即

$$\sum i_{\text{in}} = \sum i_{\text{out}} \tag{4-1}$$

式中　$\sum$——和式号，表示相应的电流求和。

图 4 - 2（a）所示为某电路的一部分，因其有三个端钮与电路其他部分相连，称其为三

端网络。该网络中节点 a 所连的支路有二条，已知两条支路上的电流分别为流入节点 5A 和流出节点 3A，根据式（4-1）可知，第三条支路上的电流必为流出节点，且 $I=2A$。若图 4-2（a）中各电流参考方向如图 4-2（b）所示，电流参考方向指向节点的电流为流入，大小为 $\sum I_{in}=I_1+I_2$；背离节点的电流为流出，大小为 $\sum I_{out}=I$，则有

$$I=I_1+I_2=5+(-3)=2(A)$$

若将图 4-2（a）中各电流用如图 4-2（c）所示的参考方向表示，此时三个电流的参考方向均指向节点，故流入的电流大小为 $\sum I_{in}=I_1+I_2+I$，背离节点的电流为 0，则有

$$I_1+I_2+I=5+(-3)+I=0$$

最终求得 $I=-2A$，其实际方向仍为流出节点。可见，基尔霍夫电流定律对于电流的实际方向和参考方向都是适用的。

将式（4-1）左式移至右边，得

$$\sum i_{in}+(-\sum i_{out})=0$$

由此可以得出 KCL 的另一种表述：任一时刻，流入（或流出）电路任一节点的所有支路电流代数和等于零，即

$$\sum i=0 \tag{4-2}$$

对图 4-2（b）中的节点 a，三个电流的关系可表述为

$$I_1+I_2-I=0$$

式（4-2）中，求电流代数和时，若流入节点的电流前面加"+"号，则流出节点的电流前面加"-"号。反过来也成立。

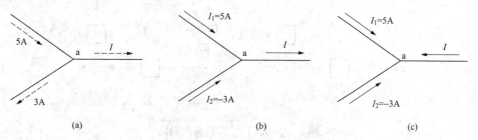

图 4-2　KCL 应用举例

上述对节点应用 KCL 建立的方程，称为节点电流方程，也称 KCL 方程。KCL 不仅适用于电路中的任意节点，而且适用于电路中的任一闭合面（称为广义节点）。在电路分析中，可以将任意部分用虚线包围起来视为封闭面，在此封闭面中，电流代数和依然等于零。在图 4-3 所示四端网络中，$i_1+i_2-i_3+i_4=0$。

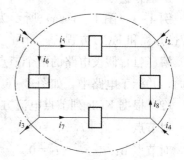

图 4-3　KCL 推广到广义节点

三、基尔霍夫电压定律

基尔霍夫电压定律又称为基尔霍夫第二定律，简称 KVL，是描述电路中任一回路中各元件电压之间关系的定律。

基尔霍夫电压定律可以表述为：任一时刻，沿电路任一回路的所有元件电压的代数和等于零，即

$$\sum u = 0 \tag{4-3}$$

列写 KVL 方程时，通常先要选定回路的绕行方向。图 4 - 4 中的绕行方向为顺时针方向，如果元件电压的参考方向与回路的绕行方向一致时，该元件电压前面加"＋"号，否则，元件电压前面加"－"号。根据 KVL，图 4 - 4 所示电路中各元件的电压关系为

$$u_1 + u_2 - u_3 - u_S = 0$$

应用 KVL 建立的方程，称为回路电压方程，也称为 KVL 方程。

通常，电路中电阻电压由电阻及其电流的乘积表示，则图 4 - 4 对应 KVL 方程也可以表示为

$$R_1 i + R_2 i + R_3 i - u_S = 0$$

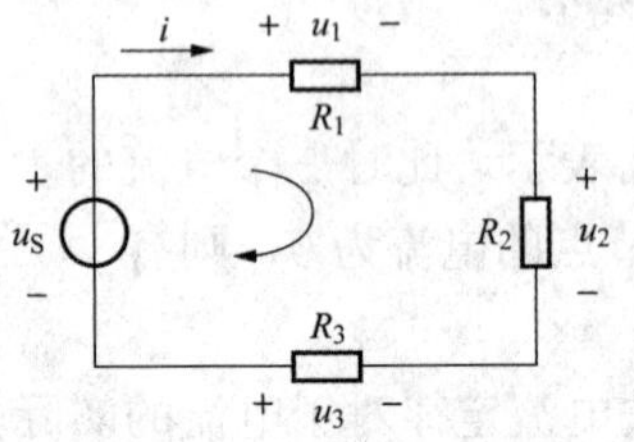

图 4 - 4　KVL 应用举例

KVL 不仅适应于由实际支路构成的回路，而且也适应于电路中任一假想回路。图 4 - 5（a）所示二端网络中，可以假想其端口处接有电压为 u_{ab} 的某个元件，如图 4 - 5（b）所示，根据 KVL 求得

$$u_1 + u_2 - u_3 - u_{ab} = 0$$

或根据电压的单值性得出

$$u_{ab} = u_1 + u_2 - u_3$$

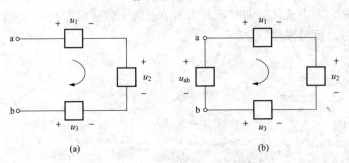

(a)　　　　　　　　　　　(b)

图 4 - 5　KVL 推广到假想回路

例题分析

例 4 - 1　图 4 - 6（a）所示为某手机的充电电路，对电路中的所有回路和节点分别列 KVL 方程和 KCL 方程。

解　（1）假设电路的两个节点分别为 a、b，设支路电流分别为 i_1、i_2、i_3，选择其参考方向，并标于电路中，如图 4 - 6（b）所示。

（2）根据 KCL 列节点电流方程

对节点 a：$i_1 + i_2 - i_3 = 0$

对节点 b：$i_3 - i_1 - i_2 = 0$

（3）选定回路绕行方向为顺时针，根据 KVL 列回路电压方程

左网孔：$-u_{S1} + R_1 i_1 - R_2 i_2 + u_{S2} = 0$

右网孔：$-u_{S2} + R_2 i_2 + R_3 i_3 = 0$

大回路：$-u_{S1} + R_1 i_1 + R_3 i_3 = 0$

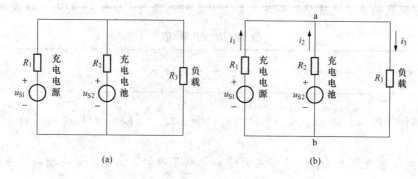

图 4-6 例 4-1 图

【任务实施】

（1）学习并使用基尔霍夫电流定律。选定电路参数，并用电流表测量各支路电流，分别计算流入、流出节点的电流和 $\sum I_{in}$、$\sum I_{out}$，并判断两者的关系，总结出基尔霍夫电流定律。最后通过练习学会基尔霍夫电流定律的应用。

（2）学习并使用基尔霍夫电压定律。用电压表测量电路中各元件的电压，分别判断各个回路的元件数，并沿顺时针方向写出各回路元件的电压，计算回路各元件的电压和 $\sum U$，总结出基尔霍夫电压定律。最后通过练习学会基尔霍夫电压定律的应用。

【一体化学习任务书】

任务名称：剖析复杂电路的规律

姓名_____ 所属电工活动小组_____ 得分_____

说明：请按照任务书的指令和步骤完成各项内容，课后交回任务书以便评价。

一、学习基尔霍夫电流定律

■ 实训台上，使用基尔霍夫定律实训模块（见图 4-7）及万用表 1 只，直流稳压电源两个完成实验。

■ 按图 4-8 连接电源，两电源分别取 $U_{S1}=24\text{V}$、$U_{S2}=18\text{V}$，电路中其他电阻的参数分别为 $R_1=R_3=R_4=510\Omega$、$R_2=1000\Omega$、$R_5=330\Omega$。

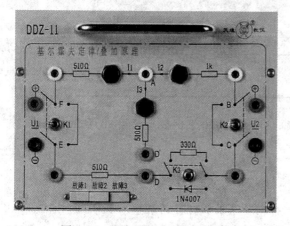

图 4-7 基尔霍夫定律实训模块

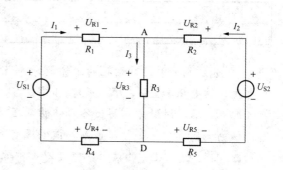

图 4-8 基尔霍夫定律的测试电路

■ 用万用表的直流电流挡测量各支路电流，填入表 4 - 1 中。（电流单位均为 A）

表 4 - 1 　　　　　　　　　　　　　各 电 流 测 量 值

I_1	I_2	I_3

■ 分别计算流入、流出节点 A、D 的电流和 $\sum I_{in}$、$\sum I_{out}$，并判断两者的关系，填入表 4 - 2 中。

要点：判断电流是流入、流出节点的唯一标准是看箭头方向。箭头指向节点是流入，箭头背离节点是流出。

■ 自选 U_{S1}、U_{S2} 的大小，重复以上步骤，将测量结果和计算结果填入表 4 - 2 中。

■ 根据数值关系，得出相关结论，填入表 4 - 2 中。

■ 总结基尔霍夫电流定律的内容和表达式，填入表 4 - 2 中。

表 4 - 2 　　　　　　　　　　　　基尔霍夫电流定律的测试

电路参数	节点 A			节点 D		
	$\sum I_{in}$	$\sum I_{out}$	$\sum I_{in}$ 与 $\sum I_{out}$ 的关系	$\sum I_{in}$	$\sum I_{out}$	$\sum I_{in}$ 与 $\sum I_{out}$ 的关系
$U_{S1}=24V$ $U_{S2}=18V$						
自选 U_{S1}、U_{S2}						

提示问题：对任意节点，是否 $\sum I_{in}=\sum I_{out}$ 总成立？

结论：　　　　　　　　　　　　　　　　　　　。

总结基尔霍夫电流定律的内容和表达式。

基尔霍夫电流定律内容	
基尔霍夫电流定律表达式	

二、学习基尔霍夫电压定律

■ 用万用表的直流电压挡测量图 4 - 8 所示电路中各电阻元件的电压，并填入表 4 - 3 中。（电压单位均为 V）

表 4 - 3 　　　　　　　　　　　　各电阻电压测量值

U_{R1}	U_{R2}	U_{R3}	U_{R4}	U_{R5}

■ 分别判断左、右网孔的元件数，并沿顺时针方向写出该网孔各元件的电压，计算网孔各元件的电压和 $\sum U$，填入表 4 - 4 中。

要点：沿顺时针方向写出各元件的电压时，如果元件的电压方向与顺时针绕行方向相同时，该电压前加"＋"号，否则，该电压前加"－"号。注意 $\sum U$ 是一个代数和表达式。

■ 自选 U_{S1}、U_{S2} 的大小，重复以上步骤，将测量结果和计算结果填入表 4 - 4 中。

■ 根据数值关系，得出相关结论，填入表 4 - 4 中。

■　总结基尔霍夫电压定律的内容和表达式，填入表 4-4 中。

表 4-4　　　　　　　　　　　　　　基尔霍夫电压定律的测试

电路	左网孔			右网孔		
	元件数	沿顺时针方向，写出各元件的电压	ΣU	元件数	沿顺时针方向，写出各元件的电压	ΣU
$U_{S1}=24V$ $U_{S2}=18V$						
自选 U_{S1}、U_{S2}						
提示问题：对任意回路，是否 $\Sigma U=0$ 总成立？ 结论：＿＿＿＿＿＿＿＿＿＿＿＿＿＿＿＿＿＿＿＿。 总结基尔霍夫电压定律的内容及表达式。						
基尔霍大电压定律内容						
基尔霍夫电压定律表达式						

■　学习后的心得体会。

通过本任务的学习，我知道了＿＿＿＿＿＿＿＿＿＿＿＿＿＿＿＿＿＿＿＿

＿＿＿＿＿＿＿＿＿＿＿＿＿＿＿＿＿＿＿＿＿＿＿＿＿＿＿＿＿＿＿＿＿＿＿

＿＿＿＿＿＿＿＿＿＿＿＿＿＿＿＿＿＿＿＿＿＿＿＿＿＿＿＿＿＿＿＿＿。

■　对任务完成的过程进行自评，并写出今后的打算。

自评标准	参与完成所有活动，自评为优秀；缺一个，为良好；缺两个，为中等；其余为加油
自评结果	
今后打算	

任务二　学习网络变换法

　　线性网络是指由线性元件和独立电源组成的网络。线性网络的分析方法包括网络变换法、网络方程法和网络定理法。网络变换法是应用等效的概念，将网络的结构进行适当的变换，以简化或创造进一步简化的连接方式，从而求得待求变量的方法。网络变换法包括电阻串联、并联和混联的等效变换法、电阻的三角形联结和星形联结的等效变换法以及电压源模型和电流源模型的等效变换法。

子任务一　学习电阻串联、并联和混联的等效变换法

【任务描述】

　　学习电阻的串联、并联和混联的等效变换方法，能对电阻的串联、并联和混联电路进行

简化、分析。

【相关知识】

一、等效的概念

分析和计算电路时，我们常常采用等效变换的方法将电路的一部分用另一部分替代，这样往往可以使电路分析变得更容易。

等效变换法的核心是等效。如果将一个 N 端网络用另一个 N 端网络替代，替代前后该网络对应端口的电压、电流均保持不变，则称这两个网络等效。在图 4-9 所示的电路中，因为 3V 电压源和任一元件并联组合与 3V 电压源是等效的，所以图 4-9（b）中用 3V 电压源替代图 4-9（a）电路中的 3V 电压源和某个元件并联组合后，对 10Ω 电阻而言，其电压、电流均没有改变。要强调的是，等效是对等效变换电路的外部而言的，通常在电路内部并不等效，如图 4-9 中 3V 电压源的电流在等效前后是不同的。

二、电阻的串联

若干个电阻依次相连，中间没有分支的连接方式，称为电阻的串联，如图 4-10（a）所示。

元件串联时直观的特点是没有分岔。由于没有分岔，各电阻流过同一电流。通常串联电路只标一个电流，用以表示该支路电流和各电阻电流，如图 4-10（a）所示。

对图 4-10（a）所示电路，应用 KCL、KVL 和欧姆定律进行分析，可得

$$U = U_1 + U_2 + U_3 = R_1 I + R_2 I + R_3 I$$
$$= (R_1 + R_2 + R_3) I \tag{4-4}$$

设图 4-10（b）所示的电阻 R_{eq} 为图 4-10（a）的等效电阻，其电压、电流关系为

$$U = R_{eq} I \tag{4-5}$$

根据等效条件可知，当式（4-4）和式（4-5）相同时，上述两个网络等效，即满足

$$R_{eq} = R_1 + R_2 + R_3$$

称 R_{eq} 为串联电阻电路的总电阻。当 n 个等值电阻串联时，其等效电阻为等值电阻的 n 倍。可见，电阻串联越多，等效电阻越大，一定电压下电流就越小，因此，串联电阻有限流的作用。

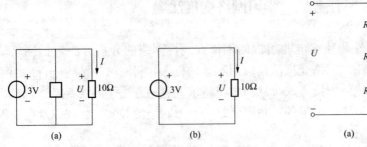

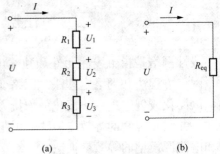

图 4-9　电压源和任一元件并联可以用该电压源等效

图 4-10　电阻的串联
(a) 电阻串联；(b) 串联等效电阻

串联电阻还具有分压的作用。各电阻上的电压可表示为

$$U_1 = \frac{R_1}{R_1 + R_2 + R_3} U = \frac{R_1}{R_{eq}} U$$

$$U_k = \frac{R_k}{R_{eq}}U \qquad (4-6)$$

由式（4-6）可知，各电阻分得总电压的一部分，电阻电压与其电阻值成正比，即大电阻分得大电压。

计算各电阻消耗的功率，可得

$$P_1 = I^2 R_1$$
$$P_k = I^2 R_k \qquad (4-7)$$
$$P_1 : P_2 : P_3 = R_1 : R_2 : R_3$$

由式（4-7）可知，因串联电路电流相同，各电阻功率与其电阻值成正比。这里需要强调的是，串联电阻电路中很少用到 $P_R = U^2/R$ 这一公式，原因是此时需先根据端电压求出电阻的电压，而后才能计算电阻功率，不如用 $P_R = I^2 R$ 计算方便。

三、电阻的并联

若干个电阻一端连接在一起、另一端也连接在一起，这种连接方式称为电阻的并联，如图4-11（a）所示。

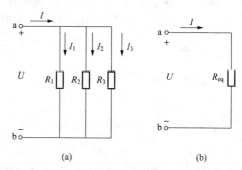

元件并联时直观的特点是元件都接在同一对端钮间。在图4-11（a）中，三个电阻都接在节点a、b之间。由于节点相同，各电阻承受相同的电压。通常并联电路只标一个电压，用以表示该电路端电压和各电阻电压，如图4-11（a）所示。

图4-11　电阻的并联

(a) 电阻并联电路；(b) 并联等效电阻

对图4-11（a）所示电路，应用KCL、KVL和欧姆定律进行分析，可得

$$I = I_1 + I_2 + I_3 = \frac{U}{R_1} + \frac{U}{R_2} + \frac{U}{R_3}$$
$$= \left(\frac{1}{R_1} + \frac{1}{R_2} + \frac{1}{R_3}\right) \times U \qquad (4-8)$$
$$= G_1 + G_2 + G_3$$

设图4-11（b）所示的电阻 R_{eq} 为图4-11（a）的等效电阻，其电压、电流关系为

$$I = \frac{1}{R_{eq}}U = G_{eq}U \qquad (4-9)$$

根据等效条件可知，当式（4-8）和式（4-9）相同时，上述两个网络等效，即满足

$$G_{eq} = G_1 + G_2 + G_3 \qquad (4-10)$$

$$\frac{1}{R_{eq}} = \frac{1}{R_1} + \frac{1}{R_2} + \frac{1}{R_3} \qquad (4-11)$$

称 R_{eq} 为并联电阻电路的总电阻，G_{eq} 为并联电阻电路的总电导。当 n 个等值电阻并联时，其等效电阻为等值电阻的 $1/n$ 倍。

实际上，式（4-10）、式（4-11）并不方便计算，常用两电阻并联的等效电阻公式为

$$R_{eq} = \frac{R_1 R_2}{R_1 + R_2} \qquad (4-12)$$

当有多个电阻并联时，可以多次使用式（4-12）。这里需要强调的是，三个电阻并联时，其

等效电阻公式 $R_{eq}=\dfrac{R_1R_2R_3}{R_1+R_2+R_3}$ 不成立。通过计算可以知道，电阻越并越小，等效电阻接近并联的最小电阻，并小于最小电阻。

并联电阻具有分流的作用。两个电阻并联的分流公式为

$$I_1=\frac{U}{R_1}=\frac{R_{eq}I}{R_1}=\frac{R_2}{R_1+R_2}I$$

$$I_2=\frac{R_1}{R_1+R_2}I \qquad (4-13)$$

使用式（4-13）时需要注意，该表达式仅适用于两个电阻并联，不能推广到三电阻或更多电阻并联电路；同时，该表达式中总电流 I 与分电流 I_1、I_2 的参考方向必须是一个流入节点、另一个流出节点，否则，表达式中应加负号；还要注意，求电阻 R_1 的电流时，分子上不是 R_1，而是 R_2，反之亦然。通过计算可以看出，电阻并联时小电阻分得的电流大。

在并联电路中，计算各电阻消耗的功率，可得

$$P_1=\frac{U^2}{R_1}$$

$$P_k=\frac{U^2}{R_k} \qquad (4-14)$$

$$P_1:P_2:P_3=\frac{1}{R_1}:\frac{1}{R_2}:\frac{1}{R_3}=G_1:G_2:G_3$$

由式（4-14）可知，因并联电路电压相同，各电阻功率与其电阻值成反比，或者说与其电导成正比。在并联电阻电路中，端电压通常是已知的，故常用 $P_R=U^2/R$ 这一公式。

四、电阻的混联

既有电阻串联又有电阻并联的连接方式称为电阻的混联，如图4-12所示。混联电路没有特定的连接方式，可以是先并联再串联，如图4-12（a）所示；也可能是先串联再并联，如图4-12（b）所示。

分析混联电路，关键是把电路中的串、并联关系辨认清楚。图4-12（c）所示电路中，电阻 R_1、R_2 先串联，之后与 R_3 并联，最后再与 R_4 串联，其等效电阻为

$$R_{eq}=R_4+\frac{(R_1+R_2)R_3}{(R_1+R_2)+R_3}$$

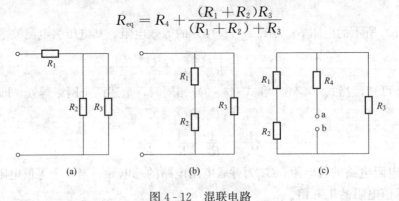

图4-12 混联电路

连接关系不容易辨认时，可先整理电路。整理电路时，先将电路的各节点标出，注意由导线相连的点视为一点，用同一字母表示，之后将电路改画成习惯的串、并联或混联连接方式，如图4-13所示。

整理电路时，还要注意电路中等电位点的处理。所谓等电位点是指相对同一个参考点而言，电位相等的点。将等电位点断开或短接均不影响电路的计算。如图 4-14（a）中，a 和 b 为等电位点，如果用一条短接线将 a、b 点连接起来，如图 4-14（b）所示，或者将 a 和 b 之间的电阻断开，如图 4-14（c）所示，电路并不发生变化，但分析计算过程却因此变得简单了许多。为方便计算，等电位点通常用相同的字母表示，如图 4-14（b）所示。

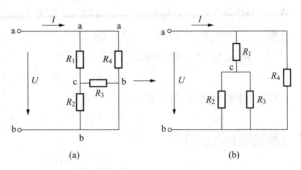

图 4-13　混联电路的整理

(a) 原电路图；(b) 整理后的电路图

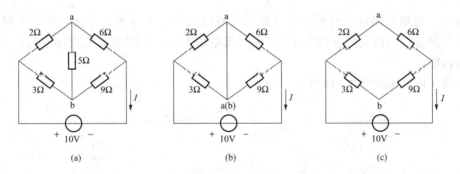

图 4-14　等电位点

(a) a 和 b 为等电位点；(b) 将 a、b 短接；(c) 将 a、b 开路

整理电路后，就比较容易分清楚各电阻的连接关系，从而方便地求出其等效电阻及其电压、电流。图 4-14 所示电路中，若求电源电流的大小，可以先求等效电阻

$$R_{eq}=\frac{2\times3}{2+3}+\frac{6\times9}{6+9}=4.8(\Omega)$$

或

$$R_{eq}=\frac{(2+6)\times(3+9)}{(2+6)+(3+9)}=4.8(\Omega)$$

之后，得电源电流为

$$I=\frac{10}{4.8}=2.08(A)$$

混联电阻电路分析的另一类问题，是已知端电压和电阻值，求各电阻的电流和电压，此时可以按以下步骤求解：

（1）应用串、并联等效电阻公式求出电路的等效电阻。

（2）在等效电路中，应用欧姆定律求出电路总电流。

（3）回到之前的电路中，应用串联电路的分压公式或并联电路的分流公式求出各电阻的电压、各电阻的电流。

例题分析

例 4-2　已知某磁电系测量机构的满偏电流 I_A 为 $500\mu A$，内阻 R_P 为 200Ω，若要把它改装成量程为 5A 的直流电流表，应并联多大的附加电阻？该直流电流表的总内阻是多少？

解　作出电路图如图 4-15 所示。

（1）测量机构的额定电压即端电压为
$$U = I_A R_P = 500 \times 10^{-6} \times 200 = 0.1(\text{V})$$

（2）附加电阻上的电流为
$$I_f = I - I_A = 5 - 500 \times 10^{-6} = 4.9995(\text{A})$$

应并联的附加电阻值为
$$R_f = \frac{U}{I_f} = \frac{0.1}{4.9995} = 0.020\,002(\Omega)$$

（3）改装后的直流电流表总内阻为
$$R_{eq} = \frac{U}{I} = \frac{0.1}{5} = 0.02(\Omega)$$

例 4-3　磁电系测量机构不仅可以测量直流电流，还可以测量直流电压。若将例 4-2 中的磁电系测量机构改装成量程为 150V 的直流电压表，应串联多大的附加电阻？该直流电压表的总内阻是多少？

解　作出电路图如图 4-16 所示。

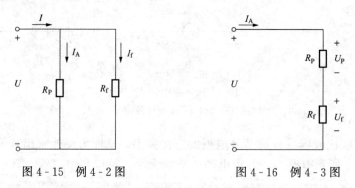

图 4-15　例 4-2 图　　　　　图 4-16　例 4-3 图

（1）测量机构的额定电压为
$$U_P = I_A R_P = 500 \times 10^{-6} \times 200 = 0.1(\text{V})$$

（2）附加电阻上的电压为
$$U_f = U - U_P = 150 - 0.1 = 149.9(\text{V})$$

应串联的附加电阻值为
$$R_f = \frac{U_f}{I_A} = \frac{149.9}{500 \times 10^{-6}} = 299\,800(\Omega) = 299.8(\text{k}\Omega)$$

（3）改装后的直流电压表总内阻为
$$R_{eq} = R_P + R_f = 299\,800 + 200 = 300\,000(\Omega) = 300(\text{k}\Omega)$$

或
$$R_{eq} = \frac{U}{I_A} = \frac{150}{500 \times 10^{-6}} = 300\,000(\Omega) = 300(\text{k}\Omega)$$

例 4-4　某家庭有两只灯泡，分别标有"220V 40W"、"220V 100W"字样，还有标有"220V 2000W"的电磁炉以及标有"220V 1500W"的电热水器，将上述所有用电器同时并联，接到电压为 220V 的电源上，已知线路的总电阻为 2Ω。试求：（1）各用电器的电压及实际功率；（2）如果只有两只灯泡工作，灯泡的电压及实际功率又会是多少？

　　解　作出电路图如图 4-17（a）所示，设 40W 灯泡、100W 灯泡、电磁炉、电热水器的电阻分别为 R_1、R_2、R_3、R_4。

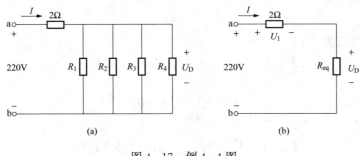

图 4-17　例 4-4 图
（a）原电路；（b）等效电路

　　（1）根据电阻功率关系可求得 40W 和 100W 灯泡的电阻分别为
$$R_1 = U^2/P_1 = 220^2/40 = 1210(\Omega)$$
$$R_2 = U^2/P_2 = 220^2/100 = 484(\Omega)$$
同理，可求得电磁炉和电热水器的电阻分别为
$$R_3 = U^2/P_3 = 220^2/2000 = 24.2(\Omega)$$
$$R_4 = U^2/P_4 = 220^2/1500 = 32.3(\Omega)$$

　　将所有用电器等效成一个电阻，得到如图 4-17（b）所示的等效电路，用电器的总电导为
$$\frac{1}{R_{eq}} = \frac{1}{R_1} + \frac{1}{R_2} + \frac{1}{R_3} + \frac{1}{R_4} = 0.075(S)$$

　　用电器的总电阻为
$$R_{eq} = \frac{1}{0.075} = 13.3(\Omega)$$

　　电路中的总电流为
$$I = U/(2 + R_{eq}) = 220/15.3 = 14.38(A)$$

　　导线上的电压为
$$U_l = 2I = 28.76(V)$$

各用电器的电压为
$$U_D = U - U_l = 220 - 28.76 = 191.24(V)$$

40W 灯泡的实际功率为
$$P_1 = U_D^2/R_1 = 191.24^2/1210 = 30.2(W)$$

100W 灯泡的实际功率为
$$P_2 = U_D^2/R_2 = 191.24^2/484 = 75.6(W)$$

2000W 电磁炉的实际功率为
$$P_3 = U_D^2/R_3 = 191.24^2/24.2 = 1511.3(W)$$

1500W 电热水器的实际功率为
$$P_4 = U_D^2/R_4 = 191.24^2/32.3 = 1132.3(W)$$

（2）如果只有两只灯泡工作，图 4-17（b）所示等效电路的总电导为

$$\frac{1}{R_{eq}}=\frac{1}{R_1}+\frac{1}{R_2}=0.0029(S)$$

用电器的总电阻为

$$R_{eq}=345(\Omega)$$

电路中的总电流为

$$I=U/(2+R_{eq})=220/347=0.634(A)$$

导线上的电压为

$$U_l=2I=1.27(V)$$

各用电器的电压为

$$U_D=U-U_l=220-1.27=218.73(V)$$

40W 灯泡的实际功率为

$$P_1=U_D^2/R_1=218.73^2/1210=39.5(W)$$

100W 灯泡的实际功率为

$$P_2=U_D^2/R_2=218.73^2/484=98.84(W)$$

由例 4-4 可见，由于导线电阻与用电器串联，起分压作用，导致用电器上的实际电压小于电源电压。日常生活中，多个用电器同时工作时，并联的用电器越多，并联电路的总电阻越小，导致一方面连接电源的导线中电流增大，安全风险加大；另一方面，导线分压使用电设备的工作电压也低于额定电压，不利于设备正常工作，因此，最好的办法是让家用电器交错工作。

实践应用　模拟式直流电流表

模拟式直流电流表通常是由磁电系测量机构（即表头）构成。磁电系测量机构可以直接测量较小的直流电流，可直接用作检流计、微安表和小量程毫安表。

为了扩大电流量程，常采用与表头并联电阻的方法，这是因为并联电阻有分流作用。此并联电阻称为分流电阻或分流器，如图 4-18 所示为开路式分流器和闭路式环形分流器。改变分流器阻值的大小可以改变电流表的量程，R_P 为电流表表头内阻。

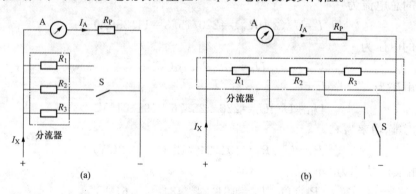

图 4-18　分流器
（a）开路式分流器；（b）闭路式环形分流器

由于被测电流 I_X 的一部分被分流电阻 R_1、R_2、R_3 分流，而使流过表头的电流 I_A 仍然能够维持在额定范围内，这样就不会损坏表头，但因为表盘是以被测电流的大小进行刻度

的，所以能够直接显示出被测电流的大小。改变量程转换开关 S 的位置，接入不同的分流电阻 R_1、R_2、R_3，就可以测量不同大小的电流 I_X。

【任务实施】

采用一体化教学，分别测量电阻串联、电阻并联的端口电压和总电流，并找出等效变换关系，得出相应的等效电路，在等效电路中再次测量相应的端口电压和总电流，从而证明等效条件的成立，最后总结电阻串、并联电路的特点，并用上述等效变换方法求解电路。

【一体化学习任务书】

任务名称：学习电阻串联、并联和混联的等效变换法

姓名_____ 所属电工活动小组_____ 得分_____

说明：请按照任务书的指令和步骤完成各项内容，课后交回任务书以便评价。

1. 测量电阻串联、电阻并联电路的电阻及端口电压、总电流，并找出等效变换关系。

■ 实验台上，准备万用表一只，电阻箱若干，直流稳压电源一个。

■ 分别按图 4-19、图 4-20 连接电阻串联电路、电阻并联电路。

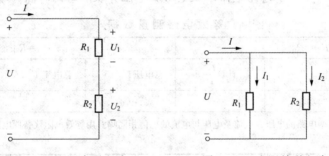

图 4-19 电阻串联电路 　　　　　 图 4-20 电阻并联电路

■ 在断开电源的情况下，用万用表的欧姆挡分别测量图 4-19、图 4-20 所示电路各电阻的阻值，并填入表 4-5 中。

■ 在接通电源的情况下，用万用表分别测量图 4-19、图 4-20 所示电路中各电压和电流，并填入表 4-5 中。

■ 计算串联、并联电阻的等效电阻，并填入表 4-5 中。

表 4-5 　　　　　　　　 电阻串联电路和电阻并联电路测量数据

电阻 串 联		电阻 并 联	
R_1 (Ω)		R_1 (Ω)	
R_2 (Ω)		R_2 (Ω)	
U_1 (V)		I_1 (A)	
U_2 (V)		I_2 (A)	
U (V)		I (A)	
I (A)		U (V)	

续表

电 阻 串 联		电 阻 并 联	
计算等效电阻 $R_串 = \dfrac{U}{I}$（Ω）		计算等效电阻 $R_并 = \dfrac{U}{I}$（Ω）	
写出 $R_串$ 与 R_1、R_2 的关系		写出 $\dfrac{1}{R_并}$ 与 $\dfrac{1}{R_1}$、$\dfrac{1}{R_2}$ 的关系	
结论：电阻串联时，等效电阻等于_____。 　　　　电阻并联时，等效电阻的倒数等于_____。			

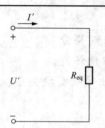

图 4-21　等效电路

2. 在等效电路中再次测量相应的端口电压和总电流，从而证明等效条件的成立。

■ 用电阻 R_{eq} 分别代替串联电阻电路和并联电阻电路，如图 4-21 所示，保持电路的电源电压不变，依次测量电路的电压 U' 或电流 I'，并填入表 4-6 中。

3. 总结电阻串联电路和电阻并联电路的特点，填入表 4-7 中。

表 4-6　　　　　　　　　　　　等 效 电 路 测 量 数 据

$R_{eq} = R_串$			$R_{eq} = R_并$		
总电压 U'（V）	总电流 I'（A）	计算 $\dfrac{U'}{I'}$	总电压 U'（V）	总电流 I'（A）	计算 $\dfrac{U'}{I'}$
思考：与表 4-5 比较，两电路的电压、电流及电压与电流的比值相同吗？用等效电阻代替原电路后，效果如何？ 结论：					

表 4-7　　　　　　　　　　电阻串联电路和电阻并联电路的特点

串联时	总电压与各电阻电压的关系	
	等效电阻与各电阻的关系	
	总功率与各电阻功率的关系	
并联时	总电流与各电阻电流的关系	
	等效电阻与各电阻的关系	
	总功率与各电阻功率的关系	

■ 学习后的心得体会。

通过本任务的学习，我知道了_____

_____。

■ 对任务完成的过程进行自评，并写出今后的打算。

自评标准	参与完成所有活动，自评为优秀；缺一个，为良好；缺两个，为中等；其余为加油
自评结果	
今后打算	

子任务二 学习电阻的三角形联结和星形联结的等效变换法

【任务描述】

学习电阻的三角形联结和星形联结的等效变换法,能够识别电阻的三角形联结和星形联结,并能根据电路特点选择合适的等效变换方法。

【相关知识】

一、电阻的星形联结和三角形联结

电阻元件的连接方式除了串联、并联和混联外,还有星形联结和三角形联结。星形联结也叫 Y 形联结、T 形联结,是将三个电阻的一端连成一个公共点,另一端分别与电路的其他部分相连,其中的公共点 O 称为星形中点,如图 4-22 所示。三角形联结也叫△联结、∏联结,是指三个电阻连接成一个三角形,然后,从三个联结点分别引出三根导线与电路的其他部分连接,如图 4-23 所示。

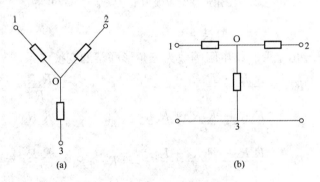

图 4-22 电阻的星形联结

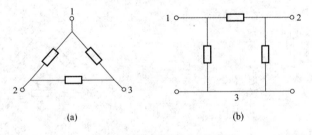

图 4-23 电阻的三角形联结

二、电阻星形联结与三角形联结的等效变换

电阻的星形联结与三角形联结是可以等效变换的,这种变换称为星—三角等效变换。与电阻串、并联等效一样,要求对应端口的电压、电流关系相同,并且等效是对外电路而言的。

1. 三角形联结电阻等效成星形联结电阻

图 4-24 所示电路中,如果将三角形联结电阻等效成星形联结,根据端口电压、电流关系不变的原则,可导出其变换关系为

$$R_1 = \frac{R_{31}R_{12}}{R_{12}+R_{23}+R_{31}}$$

$$R_2 = \frac{R_{12}R_{23}}{R_{12}+R_{23}+R_{31}}$$

$$R_3 = \frac{R_{23}R_{31}}{R_{12}+R_{23}+R_{31}} \tag{4-15}$$

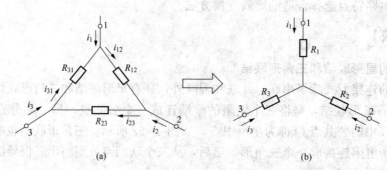

(a)　　　　　　　　　　　　(b)

图 4-24　三角形联结等效为星形联结的等效电路

2. 星形联结电阻等效成三角形联结电阻

类似地，可以推导出星形联结电阻等效为三角形联结的变换关系。

$$R_{12} = \frac{R_1R_2+R_2R_3+R_3R_1}{R_3} = R_1 + R_2 + \frac{R_1R_2}{R_3}$$

$$R_{23} = \frac{R_1R_2+R_2R_3+R_3R_1}{R_1} = R_2 + R_3 + \frac{R_2R_3}{R_1}$$

$$R_{31} = \frac{R_1R_2+R_2R_3+R_3R_1}{R_2} = R_3 + R_1 + \frac{R_3R_1}{R_2} \tag{4-16}$$

等效电路如图 4-25 所示。

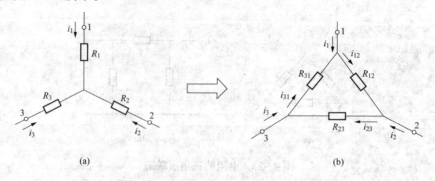

(a)　　　　　　　　　　　　(b)

图 4-25　星形联结等效为三角形联结的等效电路

实际应用中，星形联结和三角形联结电阻的等效变化关系，配合图 4-26，可以用两句口诀来概括：

星形变三角，分母对边找，分子乘积和（两两乘积之和）。

三角变星形，分母三边和，分子夹边乘。

利用星—三角等效变换分析电路时要注意，一是要记准计算公式，不要将式（4-15）和式（4-16）用错场合；二是要将等效电阻接到对应的节点上，避免接错节点。

在星—三角等效变换时，如果三个电阻相等，则存在如下关系

$$R_Y = \frac{1}{3}R_\triangle \text{ 或 } R_\triangle = 3R_Y$$

在电路分析中，优先选择三个相等的电阻进行等效变换，这样可以大大节省计算时间，同时也减少将电阻接错端钮的机会。

例题分析

例 4-5 求图 4-27（a）所示二端网络的等效电阻。

解 （1）利用星—三角等效变换，将三个 2Ω 星形联结电阻变成三个 6Ω 三角形联结等效电阻（$R_\triangle = 3R_Y$）等效电路如图 4-27（b）所示。

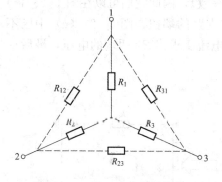

图 4-26 星—三角等效变换

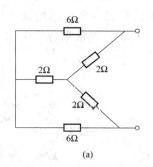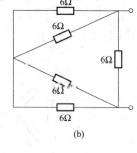

图 4-27 例 4-5 图

（2）根据电阻串、并联关系，可得等效电阻

$$R_{eq} = \frac{6 \times \left(\frac{6}{2} + \frac{6}{2}\right)}{6 + \left(\frac{6}{2} + \frac{6}{2}\right)} = 3(\Omega)$$

例 4-6 在图 4-28（a）所示桥式电路中，已知 $U_S = 100V$，$R_0 = 5\Omega$，$R_1 = 50\Omega$，$R_2 = 10\Omega$，$R_3 = 30\Omega$，$R_4 = 14\Omega$，$R_5 = 20\Omega$，试求电源电流 I 和电阻 R_5 中流过的电流 I_5。

解 （1）将三角形联结的电阻 R_1、R_3、R_5 等效变换为星形联结，等效电路如图 4-28（b）所示。根据星—三角等效变换口诀"三角变星形，分母三边和，分子夹边乘"，可得

$$R_a = \frac{R_1 R_3}{R_1 + R_3 + R_5} = \frac{50 \times 30}{50 + 30 + 20} = 15(\Omega)$$

$$R_c = \frac{R_1 R_5}{R_1 + R_3 + R_5} = \frac{50 \times 20}{50 + 30 + 20} = 10(\Omega)$$

$$R_d = \frac{R_3 R_5}{R_1 + R_3 + R_5} = \frac{30 \times 20}{50 + 30 + 20} = 6(\Omega)$$

（2）用电阻串联、并联公式，求出 a、b 两端钮间的等效电阻，等效电路如图 4-28（c）所示。

$$R_{ab} = R_a + \frac{(R_c + R_2)(R_d + R_4)}{R_c + R_2 + R_d + R_4} = 15 + \frac{20 \times 20}{20 + 20} = 25(\Omega)$$

（3）在图 4-28（c）中，根据 KVL，可求得电源电流

$$I = \frac{U_S}{R_0 + R_{ab}} = \frac{100}{5 + 25} = 3.33(A)$$

（4）返回到图 4 - 28 (b) 中，求 U_{cd}。

R_2 所在支路与 R_4 所在支路并联，根据并联分流公式可以求出

$$I_{cb} = \frac{R_d + R_4}{(R_c + R_2) + (R_d + R_4)} I = \frac{20}{20 + 20} \times 3.33 = 1.67(A)$$

$$I_{db} = I - I_{cb} = 1.67(A)$$

$$U_{cd} = R_2 I_{cb} - R_4 I_{db} = 10 \times 1.67 - 14 \times 1.67 = -6.68(V)$$

（5）返回到图 4 - 28 (a) 中，求 I_5。

$$I_5 = \frac{U_{cd}}{R_5} = \frac{-6.68}{20} = -0.334(A)$$

例 4 - 6 中，电源支路在等效电路中一直存在（未被等效），因此我们可以在图 4 - 28 (c) 所示等效电路中求得其电流。而另一个待求电流 I_5 所在支路的端钮在图 4 - 28 (c) 中已不存在，故需返回图 4 - 28 (b) 中，先根据分流关系，由电流 I 求出 R_5 两端的电压，最后返回原电路中求出 I_5。

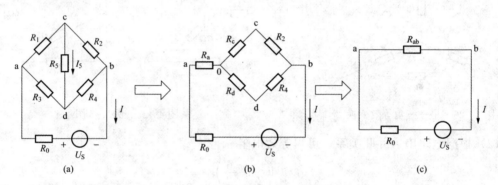

图 4 - 28　例 4 - 6 图

例 4 - 6 中，我们是将三角形联结的电阻等效成星形联结。如果将任一星形联结电阻等效成三角形联结也是可以的，只是此时电路中会出现若干电阻并联的情形，后续计算繁杂，同学们不妨作电路图观察比较。

【任务实施】

采用一体化教学，测量给定电路中三角形电阻网络的端口电压和总电流，之后给出星—三角等效变换关系，学生计算后得出相应的星形等效电路，并在等效电路中再次测量相应的端口电压和总电流，从而证明等效条件成立，最后练习用上述等效变换求解电路。

【一体化学习任务书】

任务名称：学习电阻的三角形联结和星形联结的等效变换法

姓名＿＿＿＿＿＿　　　　所属电工活动小组＿＿＿＿＿＿　　　　得分＿＿＿＿

说明：请按照任务书的指令和步骤完成各项内容，课后交回任务书以便评价。

1. 测量星—三角变换前后电路的电压、电流。

■ 实训台上，准备万用表一只，电阻箱若干个，直流稳压电源一个。

■ 按图 4 - 29 (a) 所示电路接线，并任意选择电阻值和电源电压值。图 4 - 29 (a) 中

电阻 R_{12}、R_{23}、R_{31} 构成了电阻的三角形联结。

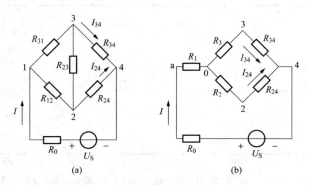

图 4-29　电阻的三角形联结和星形联结电路

■ 按照表 4-8 要求，测量图 4-29（a）所示电路的电压和电流，并填入表 4-8 中。

■ 按图 4-29（b）所示电路接线，根据所给公式计算 R_1、R_2 和 R_3 之值，其他元件参数同图 4-29（a）。图 4-29（b）中电阻 R_1、R_2、R_3 构成了电阻的星形联结。

■ 按照表 4-8 要求，测量图 4-29（b）所示电路的电压和电流，并填入表 4-8 中。

■ 事实上，图 4-29（b）是图 4-29（a）的等效电路，是将 R_{12}、R_{23}、R_{31} 构成的三角形联结电阻等效成 R_1、R_2、R_3 构成的星形联结电阻。

表 4-8　　　　　　　　　**电阻的三角形联结和星形联结电路测量数据**

参数 ＼ 连接方式	图 4-29（a）中 电阻 R_{12}、R_{23}、R_{31} 三角形联结	图 4-29（b）中 电阻 R_1、R_2、R_3 星形联结
电阻	任选各电阻和电源电压值，其中 $R_{12}=$ ____（Ω） $R_{23}=$ ____（Ω） $R_{31}=$ ____（Ω）	根据　　　　　　　　　计算得 $R_1=\dfrac{R_{31}R_{12}}{R_{12}+R_{23}+R_{31}}$ 　$R_1=$ ____（Ω） $R_2=\dfrac{R_{12}R_{23}}{R_{12}+R_{23}+R_{31}}$ 　$R_2=$ ____（Ω） $R_3=\dfrac{R_{23}R_{31}}{R_{12}+R_{23}+R_{31}}$ 　$R_3=$ ____（Ω）
U_{12}（V）		
U_{23}（V）		
U_{31}（V）		
I（A）		
I_{34}（A）		
I_{24}（A）		
提示问题：三角形联结电阻等效成星形联结电阻前后，电路其余元件的电压、电流是否变化？ 结论：		

2. 总结电阻三角形联结等效成星形联结的方法，填入表 4-9 中。

表 4 - 9　　　　　　　　　　　　电阻三角形联结等效成星形联结的方法

原电路图及等效电路图	
等效变换口诀	
等效变换关系式	

3. 学习电阻星形联结等效成三角形联结的方法，将图 4 - 29（a）中电阻 R_{12}、R_{23}、R_{24} 构成的星形联结等效成三角形联结，并在表 4 - 10 中作出等效变换后的电路图。

表 4 - 10　　　　　　　　　　　电阻星形联结等效成三角形联结

原电路	等效变换后的电路图	等效变换口诀及关系式

■　学习后的心得体会。

通过本任务的学习，我知道了 _____

_____

_____。

■　对任务完成的过程进行自评，并写出今后的打算。

自评标准	参与完成所有活动，自评为优秀；缺一个，为良好；缺两个，为中等；其余为加油
自评结果	
今后打算	

子任务三　学习电压源模型和电流源模型的等效变换法

【任务描述】

理解电压源和电流源模型的典型电路形式，学习电压源模型和电流源模型的等效变换法，会根据电路的实际情况选择合适的电源模型等效变换方法。

【相关知识】

一、电压源模型和电流源模型

实际电路中的电源存在一定的内阻，若不能忽略内阻的作用时，实际电源可用理想电压源和电阻的串联组合来表示，也可以用理想电流源和电阻的并联组合来表示，前者称为电压源模型，后者称为电流源模型。实际直流电源的电路模型如图 4-30 所示。

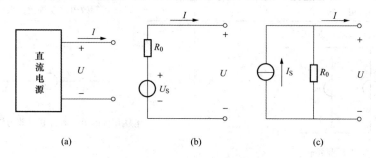

图 4-30　实际直流电源的电路模型

(a) 实际直流电源；(b) 电压源模型；(c) 电流源模型

如果电压源的内阻远小于负载电阻，则可近似认为该电压源是理想电压源。如果电流源的内阻远大于负载电阻，则可近似认为该电流源是理想电流源。

二、电压源模型和电流源模型的等效变换

对外电路来说，实际电源既可以看成是电压源模型，又可以看成是电流源模型，因而这两种模型是可以等效变换的。在图 4-31 中，若电压源模型与电流源模型等效，则这两个二端网络的电压 U、电流 I 关系必须相同。

据 KVL，可知图 4-31 (a) 端电压、总电流的关系为

$$U = U_S - R_0 I \qquad (4-17)$$

据 KCL，可知图 4-31 (b) 端电压、总电流的关系为

$$I_S = I + U/R_0'$$

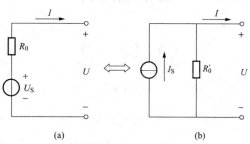

图 4-31　电压源模型与电流源模型的等效

(a) 电压源模型；(b) 电流源模型

整理得

$$U = (I_S - I)R_0' \qquad (4-18)$$

比较式 (4-17) 和式 (4-18)，可得电压源模型与电流源模型等效的条件是

$$\left.\begin{array}{l} R_0 = R_0' \\ U_S = R_0 I_S \end{array}\right\} \qquad (4-19)$$

三、电源的等效变换

除了电压源模型和电流源模型可以等效互换外，电路中还有电源的一些其他形式的连接方式可以等效互换，表 4-11 列出了常见的一些等效变换情形。

表 4-11　　　　　　　　　　　电 源 的 等 效 互 换

电 路 图	等效电路及等效关系
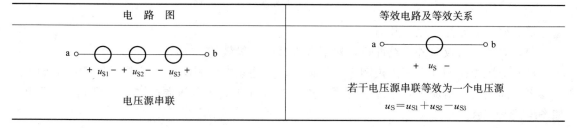 电压源串联	若干电压源串联等效为一个电压源 $u_S = u_{S1} + u_{S2} - u_{S3}$

电 路 图	等效电路及等效关系

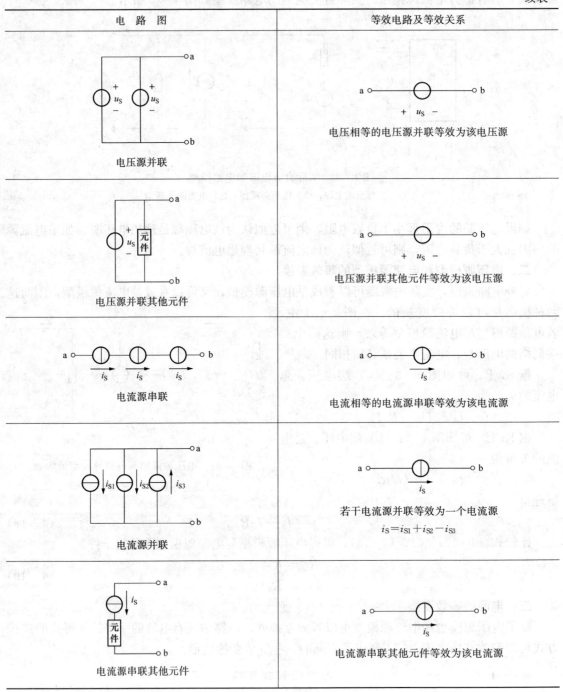

等效变换时要注意以下几点：

（1）等效关系仅对外电路而言，对电源内部是不等效的。

（2）电压源模型和电流源模型等效变换时，要注意电压源电压的参考方向与电流源电流的参考方向之间的对应关系，即电流源电流的参考方向应从电压源的"－"极到"＋"极，如图 4-31 所示。

（3）理想电压源和理想电流源之间不能等效变换。

例题分析

例 4 - 7　求图 4 - 32（a）所示二端网络的最简等效电路。

解　（1）先将 3A 电流源与 1Ω 电阻串联的支路等效为 3A 电流源，同时按图 4 - 31 所示的等效关系，将 5V 电压源与 1Ω 电阻串联的支路等效为 5A 电流源与 1Ω 电阻并联的支路，如图 4 - 32（b）所示。

（2）将图 4 - 32（b）中两个电流源并联，其值为

$$I_S = I_{S1} + I_{S2} = 3 + 5 = 8(A)$$

得到图 4 - 32（c）所示最简等效电路。

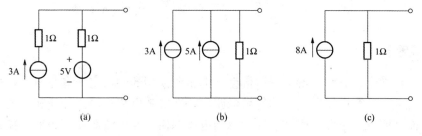

图 4 - 32　例 4 - 7 图

例 4 - 8　图 4 - 33（a）所示电路中，已知 $U_{S1} = 12V$，$U_{S2} = 6V$，$R_1 = R_2 = 1Ω$，$R = 10Ω$。利用电源的等效变换求各支路的电流 I_1、I_2、I 及电阻 R 两端的电压和它消耗的功率。

解　（1）先将两个电压源模型等效成电流源模型，如图 4 - 33（b）所示，其中

$$I_{S1} = \frac{U_{S1}}{R_1} = \frac{12}{1} = 12(A)$$

$$I_{S2} = \frac{U_{S2}}{R_2} = \frac{6}{1} = 6(A)$$

（2）图 4 - 33（b）中两个电流源并联，可以等效为一个电流源；两个等电阻 R_1、R_2 并联，可以等效为一个电阻。等效电路如图 4 - 33（c）所示，其中

$$I_S = I_{S1} + I_{S2} = 12 + 6 = 18(A)$$

$$R_{12} = \frac{R_1}{2} = 0.5Ω$$

（3）图 4 - 33（c）中，应用并联电阻的分流公式，求得电阻 R 的电流 I 为

$$I = \frac{R_{12}}{R_{12} + R}I_S = \frac{0.5}{0.5 + 10} \times 18 = 0.857 \approx 0.86(A)$$

电阻 R 两端的电压为

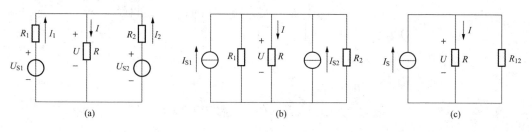

图 4 - 33　例 4 - 8 图

$$U = RI = 10 \times 0.857 = 8.57(\text{V})$$

电阻 R 消耗的功率为

$$P = I^2 R = 0.857^2 \times 10 = 7.34(\text{W})$$

（4）返回到图 4-33（a）中，分别对两个网孔列 KVL 方程得

$$-U_{S1} + R_1 I_1 + U = 0$$

$$-U - R_2 I_2 + U_{S2} = 0$$

整理，可求得支路电流 I_1、I_2 分别为

$$I_1 = \frac{U_{S1} - U}{R_1} = \frac{12 - 8.57}{1} = 3.43(\text{A})$$

$$I_2 = \frac{U_{S2} - U}{R_2} = \frac{6 - 8.57}{1} = -2.57(\text{A})$$

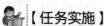 【任务实施】

采用一体化教学，分别测量电流源模型、电压源模型的端口电压和总电流，之后学生找出等效变换关系，计算后得出相应的等效电路，并在等效电路中再次测量相应的端口电压和总电流，从而证明等效条件的成立，最后总结电压源模型和电流源模型等效变换的方法与规律，学习电源的等效变换，并练习用等效变换求解电路。

 【一体化学习任务书】

任务名称： 学习电压源模型和电流源模型的等效变换法

姓名_____　　　　所属电工活动小组_____　　　　得分_____

说明：请按照任务书的指令和步骤完成各项内容，课后交回任务书以便评价。

1. 应用 Multisim 电路仿真软件研究电压源模型和电流源模型的等效变换。

■ 按图 4-34（a）所示电路接线。图中 U_S、R_0、R_L 数值任选。

■ 图 4-34（a）所示电压源与电阻的串联组合称为电压源模型，测量图 4-34（a）所示电路的电压和电流，并填入表 4-12 中。

■ 按表 4-12 中公式计算电流 I_S 和内阻 R_0'，并按图 4-34（b）所示电路接线。图 4-34（b）所示电流源与电阻的并联组合称为电流源模型。

■ 测量图 4-34（b）所示电路的电压和电流，并填入表 4-12 中。

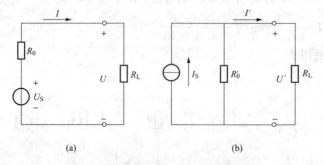

图 4-34　研究电压源模型和电流源模型的等效变换

表 4 - 12   研究电压源模型和电流源模型的等效变换

图 4 - 34（a）电压源模型所在电路		图 4 - 34（b）电流源模型所在电路	
任选 U_S（V）		计算 $I_S = \dfrac{U_S}{R_0}$（A）	
任选 R_0（Ω）		使 $R_0' = R_0$（Ω）	
测量 U（V）		测量 U'（V）	
测量 I（A）		测量 I'（A）	
提示问题：电压源模型所在电路与等效电流源模型所在电路中，端电压、总电流相同吗？电压源模型与电流源模型等效的关系是什么？ 结论：			

2. 总结电压源模型和电流源模型等效变换的方法与规律，并填入表 4 - 13 中。

表 4 - 13   电压源模型和电流源模型等效变换的方法与规律

电压源模型和电流源模型 电路图	
电压源电压与电流源电流 数量关系	
电压源电压与电流源电流 参考方向的关系	

3. 小组学习表 4 - 11 所列电源的等效互换方法。

4. 按表 4 - 14 所示步骤，完成用电源的等效变换求解电路的全过程。

表 4 - 14   用电源的等效变换求解电路

步骤	内　容
0	求图中的电流 I。 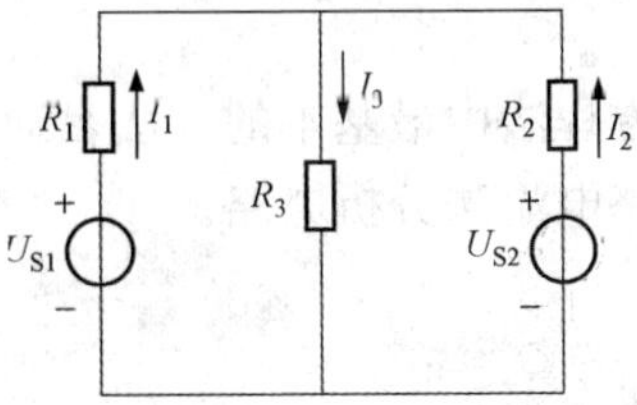
1	将两个电压源模型分别等效成电流源模型，作出等效电路图。

步骤	内　　容
2	将两个电流源并联，等效为一个电流源；将两个 1Ω 电阻并联，等效为一个电阻；10Ω 电阻保持原样，作出等效电路图。
3	应用并联电阻的分流公式，计算电阻 R 的电流 I。

■ 学习后的心得体会。

通过本任务的学习，我知道了 ＿＿＿＿＿＿＿＿＿＿＿＿＿＿＿＿＿＿＿＿＿＿

＿＿＿＿＿＿＿＿＿＿＿＿＿＿＿＿＿＿＿＿＿＿＿＿＿＿＿＿＿＿＿＿＿＿＿＿＿＿

＿＿＿＿＿＿＿＿＿＿＿＿＿＿＿＿＿＿＿＿＿＿＿＿＿＿＿＿＿＿＿＿＿＿＿＿。

■ 对任务完成的过程进行自评，并写出今后的打算。

自评标准	参与完成所有活动，自评为优秀；缺一个，为良好；缺两个，为中等；其余为加油
自评结果	
今后打算	

任务三　学习网络方程法

我们发现，分析计算复杂电路时，无法像分析无分支电路那样直接求出电路的响应。而网络方程法是普遍适用于复杂电路的电路分析方法。所谓网络方程法是指通过选择适当的未知变量，根据基尔霍夫定律和元件的特性，列写方程组求解电路的方法。网络方程法包括支路电流法、网孔电流法和节点电压法。

子任务一　学习支路电流法

【任务描述】

支路电流法是网络方程法中最基本的方法，通过支路电流法的学习，掌握电路网络中各个术语的含义，会用支路电流法分析电路。

【相关知识】

一、支路电流法

支路电流法，简称支路法，是网络方程法中最基本的方法。支路电流法思路简单，对于支路数不很多的电路都非常适用；支路数较多的电路，应用支路电流法的缺点是人工解方程比较费时间。由于计算机的运算速度非常快，如果采用计算机解方程，就克服了上述不足。近年来在电路教学中常用到的电路分析软件，通常都是应用支路电流法的思路进行程序编制的。

所谓支路电流法，就是以支路电流为未知量，根据基尔霍夫电流定律和基尔霍夫电压定律，列出电路的节点电流方程和回路电压方程，然后联立求解方程组，从而求解电路的方法。

二、支路电流法的一般思路和解题步骤

如果某电路有 b 条支路、n 个节点、m 个网孔。以 b 个支路电流为未知量，据 KCL，可列出 $(n-1)$ 个独立的节点电流方程；据 KVL，可列出 m 个独立的网孔电压方程。而所列节点电流方程和网孔电压方程之和刚好等于支路电流数，即 $b=(n-1)+m$，故可以通过联立求解方程组唯一求出一组支路电流。

下面以图 4-35 所示三支路、两节点电路为例来说明支路电流法。

图 4-35 所示电路中，有三条支路，电路的支路数 $b=3$；有两个节点，节点数 $n=2$；有两个网孔，网孔数 $m=2$。若以各支路电流为未知量，就是有三个未知量，显然需要列出三个独立方程。

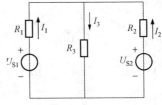

图 4-35　支路电流法

首先，应用基尔霍夫电流定律分别对节点 a、b 列出节点电流方程，有

$$I_1 + I_2 - I_3 = 0 \tag{4-20}$$
$$I_3 - I_1 - I_2 = 0 \tag{4-21}$$

显然，式（4-20）和式（4-21）是同一个方程，即该电路独立的电流方程只有一个。根据网络拓扑理论可知，对于具有 n 个节点的平面电路，只能列出 $(n-1)$ 个独立的节点电流方程。因此，列 KCL 方程时，不必将全部节点的方程都列出来，少列一个即可。

接下来，应用基尔霍夫电压定律分别对左、右两个网孔列出网孔电压方程（选顺时针绕行方向），有

$$-U_{S1} + R_1 I_1 + R_3 I_3 = 0 \tag{4-22}$$
$$-R_3 I_3 - R_2 I_2 + U_{S2} = 0 \tag{4-23}$$

显然，式（4-22）和式（4-23）都是独立方程。事实上，根据网络拓扑理论可知，平面电路所能列出的独立回路电压方程数刚好等于网孔数，因此通常取网孔作为独立回路列写方程，这样列出的每一个方程都包含新的元件电压，因此一定是独立的。如果任选回路列写方程，需要注意选取的回路一定要包含之前的回路没有的新支路，只有这样列出的电压方程才是独立的。

联立式（4-20）、式（4-22）和式（4-23），可得三元一次方程组

$$\left.\begin{array}{l} I_1 + I_2 - I_3 = 0 \\ -U_{S1} + R_1 I_1 + R_3 I_3 = 0 \\ -R_3 I_3 - R_2 I_2 + U_{S2} = 0 \end{array}\right\} \tag{4-24}$$

由于方程数等于未知数，故解式（4-24）方程组可以求得唯一一组解。事实上，根据网络拓扑理论可知，对于有 b 条支路、n 个节点、m 个网孔的平面电路而言，总有 $(n-1)+m=b$。因此，上述方法求解电路具有普遍适用性。

综上所述，用支路电流法求解电路的一般步骤如下：

（1）选各支路电流参考方向，并标示于图上；

（2）列 $(n-1)$ 个节点的 KCL 方程；

（3）列 m 个网孔（或独立回路）的 KVL 方程，并将其中的电阻电压用电流与电阻的乘积表示；

（4）联立求解方程组，得各支路电流；

（5）求电路的其他电压及功率等；

（6）用功率平衡关系验证。（可免）

三、含有电流源的电路应用支路电流法

电路中若包含有理想电流源，应用支路电流法时，可采用两种方法加以处理。下面以图 4-36 所示电路为例来说明含有电流源的电路应用支路电流法时求解的方法。

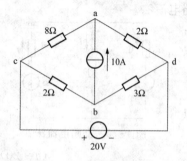

图 4-36　含有电流源的电路
　　　　　应用支路电流法

方法一：减少一个未知量，减少一个方程。

图 4-36 所示电路有 6 条支路，通常应该设 6 个支路电流为未知量，但考虑到电流源支路的电流由电流源确定，可视为已知，这样只剩下 5 个支路电流未知，列方程时就可以少列一个 KVL 方程。列 KVL 方程还要注意，由于电流源电压未知，因此选择回路时要避开电流源，对于图 4-36 所示电路，不选网孔 acba 和网孔 abda，可以选回路 acbda、回路 acda 和网孔 cdbc 列写 KVL 方程（三选二即可）。

方法二：改变一个未知量。

由于电流源支路电流由电流源确定，可视为已知，而电流源电压未知，因此未知量个数不变，仍为 6 个，但其中有 5 个支路电流，第六个是电流源电压。将电流源的电压参考方向标在电路图上后，可以按一般支路电流法的思路和步骤列写 $(n-1)$ 个节点的 KCL 方程和 m 个网孔的 KVL 方程。

例题分析

例 4-9　在图 4-37 所示电路中，已知 $U_{S1}=12\text{V}$，$U_{S2}=6\text{V}$，$R_1=R_2=1\Omega$，$R=10\Omega$。应用支路电流法求各支路的电流 I_1、I_2、I 及电阻 R 两端的电压和它消耗的功率。

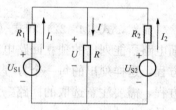

图 4-37　例 4-9 图

解　（1）根据 KCL 列出一个节点电流方程
$$I_1 + I_2 - I = 0$$

（2）根据 KVL 列出两个网孔电压方程（设网孔绕行方向均为顺时针方向）
$$-U_{S1} + R_1 I_1 + RI = 0$$
$$-RI - R_2 I_2 + U_{S2} = 0$$

（3）联立方程组，得三元一次方程组
$$\begin{cases} I_1 + I_2 - I = 0 \\ -12 + 1 \times I_1 + 10I = 0 \\ -10I - 1 \times I_2 + 6 = 0 \end{cases}$$

（4）解方程组，求得各支路电流为
$$\begin{cases} I_1 = 3.43\text{A} \\ I_2 = -2.57\text{A} \\ I = 0.86\text{A} \end{cases}$$

（5）根据电阻元件性质，求出电阻 R 两端的电压和它消耗的功率分别为
$$U = RI = 10 \times 0.86 = 8.6(\text{V})$$
$$P = I^2 R = 0.86^2 \times 10 = 7.39(\text{W})$$

例 4 - 10　图 4 - 38（a）所示电路中含有理想电流源，试用支路电流法求各支路电流 I_1、I_2、I_3。

解　（1）将电流源所在支路与 12V 电压源所在支路位置互换，并不改变电路的连接方式，得到图 4 - 38（b）所示电路。

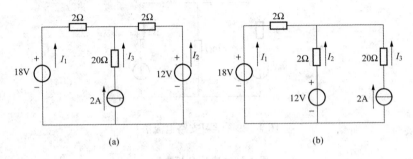

图 4 - 38　例 4 - 10 图

（2）电流源所在支路的电流由电流源电流决定，故
$$I_3 = 2\text{A}$$

（3）列出节点 KCL 方程，得
$$I_1 + I_2 + I_3 = 0$$

（4）列出左网孔 KVL 方程（选择顺时针绕行方向）
$$-18 + 2I_1 - 2I_2 + 12 = 0$$

（5）联立求解方程组
$$\begin{cases} I_3 = 2\text{A} \\ I_1 + I_2 + I_3 = 0 \\ -18 + 2I_1 - 2I_2 + 12 = 0 \end{cases}$$

解得

$$\begin{cases} I_1 = 0.5\text{A} \\ I_2 = -2.5\text{A} \\ I_3 = 2\text{A} \end{cases}$$

例 4 - 10 中，如果直接在图 4 - 38（a）应用支路电流法，则列 KVL 方程时，不能用网孔，只能选用大回路。当然，两种方法求得的结果是一样的，同学们不妨一试。

【任务实施】

要求学生按照给定的步骤，逐步完成用支路电流法对电路的分析计算；之后，用测量的方法测出各支路电流；对照测量结果，证明上述步骤的正确性；接着，由学生分别总结出支路电流法的解题步骤。最后，练习用支路电流法求解电路。

【一体化学习任务书】

任务名称：学习支路电流法

姓名＿＿＿＿＿　　　所属电工活动小组＿＿＿＿＿＿　　　得分＿＿＿＿

说明：请按照任务书的指令和步骤完成各项内容，课后交回任务书以便评价。

1. 按表4-15中步骤求解图4-39所示电路，并将计算结果分别填入表4-15、表4-16中。

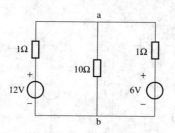

图4-39　学习支路电流法

表4-15　　　　　　　　　　　　　　用支路电流法分析电路

步　骤　及　要　求	表　达　式
(1) 在图4-39上标出电路各支路电流参考方向	
(2) 列写节点 a 的 KCL 方程	
(3) 列写左网孔的 KVL 方程	
(4) 列写右网孔的 KVL 方程	
(5) 联立求解方程组，计算出各支路电流	$I_1 = $ ＿＿＿ A，$I_2 = $ ＿＿＿ A，$I_3 = $ ＿＿＿ A

2. 使用仿真软件按图4-39搭接电路，测量各支路的电流，将测量结果填入表4-16中。

表4-16　　　　　　　　　　　　　　各支路电流的测量值

支路电流	I_1（A）	I_2（A）	I_3（A）
计算值			
测量值			

结论：按表4-15中步骤求解图4-39所示电路与直接测量该电路结果＿＿＿＿（填"相同"或"不同"）。

3. 按表4-15中步骤求解电路的方法称为支路电流法。总结支路电流法的步骤，完成表4-17。

表4-17　　　　　　　　　　　　　　支路电流法的步骤和注意事项

步骤	内　　容
1	
2	
3	
4	
5	

■　学习后的心得体会。

通过本任务的学习，我知道了 _____

_____

_____。

■　对任务完成的过程进行自评，并写出今后的打算。

自评标准	参与完成所有活动，自评为优秀；缺一个，为良好；缺两个，为中等；其余为加油
自评结果	
今后打算	

子任务二　学习网孔电流法

【任务描述】

学习网孔电流法，会用网孔电流法求解复杂电路。了解回路电流法，能正确区分网孔与回路。

【相关知识】

一、网孔电流法

例 4-9 中，我们应用支路电流法对图 4-37 所示电路进行了求解。图 4-40（a）所示就是该电路各支路电流的数值。假设中间支路的电流是由向下的 3.43A 和向上的 2.57A 两个电流合成的，如图 4-40（b）所示，则合成电流仍为 0.86A，与图 4-40（a）相同。观察图 4-40（b）电路，仿佛在左、右网孔中分别有顺时针方向流动的 3.43A 和 2.57A 的电流，如图 4-40（c）所示，称这种在网孔中环形流动的电流为网孔电流。显然，网孔电流是假想的电流，因为中间支路不可能同时有方向相反的电流流动。

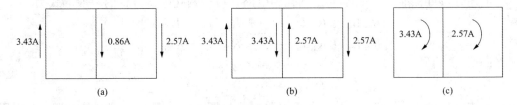

图 4-40　网孔电流示意图

以网孔电流为未知量，应用 KVL 写出各网孔电压方程从而求解电路的方法，称作网孔电流法，简称网孔法。

二、网孔电流法的一般思路和解题步骤

网孔电流法的一般思路是，以假想的网孔电流为未知量，应用 KVL 写出各网孔电压方程，联立求解解出网孔电流。具体讲，一个电路有 m 个网孔，便有 m 个网孔电流未知。据 KVL 可列出 m 个独立的网孔电压方程，刚好可求出唯一一组 m 个网孔电流。之后，据支路电流和网孔电流的关系便可求出支路电流及元件电压、功率等。

下面仍以三支路、两节点电路为例，来说明网孔电流法的解题过程，电路如图 4-41

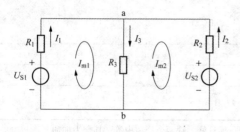

图 4 - 41　网孔电流法

所示。

在图 4 - 41 所示电路中，假设两个网孔电流均为顺时针方向，大小分别为 I_{m1}、I_{m2}。选定回路绕行方向为顺时针方向，根据 KVL，两个网孔的电压方程分别为

$$-U_{S1} + R_1 I_{m1} + R_3(I_{m1} - I_{m2}) = 0$$
$$-R_3(I_{m1} - I_{m2}) + R_2 I_{m2} + U_{S2} = 0$$

整理得

$$\left.\begin{array}{l} (R_1 + R_3)I_{m1} - R_3 I_{m2} = U_{S1} \\ -R_3 I_{m1} + (R_2 + R_3)I_{m2} = -U_{S2} \end{array}\right\} \qquad (4 - 25)$$

显然，式（4 - 25）中的两个方程都是独立的，因此，只需联立求解式（4 - 25），即可求出各网孔电流。最后，根据网孔电流与支路电流的关系，求得各支路电流为

$$I_1 = I_{m1}$$
$$I_2 = -I_{m2}$$
$$I_3 = I_{m1} - I_{m2}$$

具有两个网孔的电路，其网孔电压方程的一般形式为

$$\left.\begin{array}{l} R_{11} I_{m1} + R_{12} I_{m2} = U_{S11} \\ R_{21} I_{m1} + R_{22} I_{m2} = U_{S22} \end{array}\right\} \qquad (4 - 26)$$

图 4 - 41 所示电路中，$R_{11} = R_1 + R_3$，$R_{12} = -R_3$，$R_{21} = -R_3$，$R_{22} = R_2 + R_3$，$U_{S11} = U_{S1}$，$U_{S22} = -U_{S2}$。其中，电阻 R_{11}、R_{22} 是自电阻，分别为左、右网孔中所有电阻之和，自电阻总为正；电阻 R_{12}、R_{21} 是互电阻，分别为两相邻网孔公共支路上的电阻。当两网孔电流在公共支路上的参考方向相同时，互电阻为正；否则，互电阻为负。电路中不含受控源时，$R_{12} = R_{21}$。U_{S11}、U_{S22} 是网孔等效电源电压，分别为各网孔中电源电压的代数和。当网孔电流的参考方向与电源电压的方向相反时，该电源电压为正，反之为负。

将上述分析过程推广到具有 m 个网孔的电路，可得网孔电压方程的一般形式为

$$\left.\begin{array}{l} R_{11} I_{m1} + R_{12} I_{m2} + \cdots + R_{1m} I_{mn} = U_{S11} \\ R_{21} I_{m1} + R_{22} I_{m2} + \cdots + R_{2m} I_{mn} = U_{S22} \\ \cdots \\ R_{m1} I_{m1} + R_{m2} I_{m2} + \cdots + R_{mn} I_{mn} = U_{Smn} \end{array}\right\} \qquad (4 - 27)$$

有了式（4 - 27），今后用网孔法分析电路时，只需正确计算方程中的自电阻、互电阻及网孔等效电源电压，直接代入到式（4 - 27）中即可得到方程组。

综上所述，用网孔电流法求解电路的一般步骤如下：

（1）选 m 个网孔电流参考方向，并标在图上。

（2）计算各网孔自电阻、互电阻及网孔等效电源电压。

（3）将（2）中各参数直接代入到式（4 - 27）中，得到 m 个网孔电压方程。

（4）解方程组，得各网孔电流。

（5）求支路电流及其他电压、功率等。

电路分析中，也可以选用回路电流作为未知量，通过列写回路电压方程来求解电路，将此方法称为回路电流法，简称回路法。回路电压方程和网孔电压方程形式类似，同学们有兴

趣的话可以尝试着用一用。

三、含有电流源的电路应用网孔电流法

电路中若包含有理想电流源，应用网孔电流法时，类似于支路法，也可采用两种方法加以处理。

（1）减少一个未知量，减少一个方程。若理想电流源只有一个网孔电流流过，则该网孔电流就等于电流源的电流，此时可以少列一个网孔电压方程。

（2）增加一个未知量，增加一个方程。若理想电流源有两个网孔电流流过，可以将该电流源的电压设为未知量，再补充电流源电流与网孔电流关系的方程。

例题分析

例 4 - 11　图 4 - 42（a）所示电路中，已知 $U_{S1} = 12V$，$U_{S2} = 6V$，$R_1 = R_2 = 1\Omega$，$R = 10\Omega$。应用网孔电流法求各支路的电流 I_1、I_2、I 及电阻 R 两端的电压和它消耗的功率。

解　（1）设各网孔电流参考方向为顺时针方向，如图 4 - 42（b）所示。

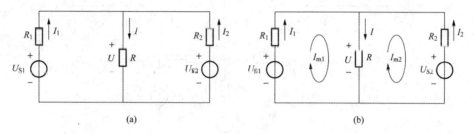

图 4 - 42　例 4 - 11 图

（2）计算各网孔自电阻、互电阻及网孔等效电源电压（选绕行方向为顺时针方向）

$$R_{11} = R_1 + R = 11(\Omega)$$
$$R_{12} = R_{21} = -R = -10(\Omega)$$
$$R_{22} = R_2 + R = 11(\Omega)$$
$$U_{S11} = U_{S1} = 12V$$
$$U_{S22} = -U_{S2} = -6V$$

（3）将各参数直接代入到网孔电压方程的一般表达式，得网孔电压方程组

$$\begin{cases} 11I_{m1} - 10I_{m2} = 12 \\ -10I_{m1} + 11I_{m2} = -6 \end{cases}$$

（4）联立求解方程组，求出各网孔电流，即

$$\begin{cases} I_{m1} = 3.43A \\ I_{m2} = 2.57A \end{cases}$$

（5）根据网孔电流与支路电流的关系，求得各支路电流为

$$I_1 = I_{m1} = 3.43A$$
$$I_2 = -I_{m2} = -2.57A$$
$$I = I_{m1} - I_{m2} = 0.86A$$

（6）根据电阻元件性质，求出电阻 R 两端的电压和它消耗的功率分别为

$$U = RI = 10 \times 0.86 = 8.60(V)$$
$$P = I^2R = 0.86^2 \times 10 = 7.39(W)$$

由例 4‐11 分析过程，并对比支路电流法可知，当电路比较复杂时，使用网孔电流法所需的联立方程数目（m 个方程）比支路电流法（b 个方程）减少了（$n-1$）个，从而简化了电路的计算。支路数越多，网孔电流法的优势就越明显。

例 4‐12　图 4‐43（a）所示电路中含有理想电流源，试用网孔电流法求各支路电流 I_1、I_2、I_3。

解法一：增加一个未知量，增加一个方程。

（1）设各网孔电流参考方向及电流源电压参考方向，如图 4‐43（b）所示。

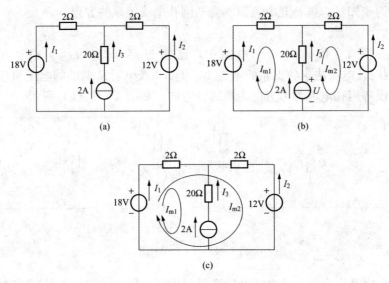

图 4‐43　例 4‐12 图

（2）计算各网孔自电阻、互电阻及网孔等效电源电压（选绕行方向为顺时针方向）

$$R_{11} = 2 + 20 = 22(\Omega)$$

$$R_{12} = R_{21} = -20(\Omega)$$

$$R_{22} = 20 + 2 = 22(\Omega)$$

$$U_{S11} = -U + 18V$$

$$U_{S22} = U - 12V$$

（3）将各参数直接代入到网孔电压方程的一般表达式，得网孔电压方程组

$$22I_{m1} - 20I_{m2} = -U + 18$$

$$-20I_{m1} + 22I_{m2} = U - 12$$

用消元法，先将电压 U 消去，得

$$I_{m1} + I_{m2} = 3$$

（4）增加电流源电流与网孔电流关系的方程

$$I_{m2} - I_{m1} = 2$$

（5）联立求解方程组，得

$$I_{m1} = 0.5A, I_{m2} = 2.5A$$

（6）由网孔电流求得各支路电流，得

$$\begin{cases} I_1 = I_{m1} - 0.5\text{A} \\ I_2 = - I_{m2} = -2.5\text{A} \\ I_3 = 2\text{A} \end{cases}$$

解法二：减少一个未知量，减少一个方程。

（1）设备回路电流参考方向，如图 4-43（c）所示。

（2）理想电流源只有一个网孔电流流过，则该网孔电流由电流源电流决定，得

$$I_{m1} = -2\text{A}$$

（3）列写大回路的回路电压方程，得

$$2(I_{m1} + I_{m2}) + 2I_{m2} + 12 - 18 = 0$$

整理方程，得

$$2I_{m1} + 4I_{m2} = 6$$

（4）将 $I_{m1} = -2\text{A}$ 代入方程中，得

$$I_{m2} = 2.5\text{A}$$

（5）由网孔电流求得各支路电流，得

$$I_1 = I_{m1} + I_{m2} = 0.5\text{A}$$
$$I_2 = - I_{m2} = -2.5\text{A}$$
$$I_3 = 2\text{A}$$

由例 4-12 计算过程可以看出，用减少未知量、减少方程的方法更为简便、快捷。

【任务实施】

要求学生按照给定的步骤，逐步完成用网孔电流法对电路的分析计算，并求出各支路电流；之后，用测量的方法测出各支路电流；对照测量结果，证明上述步骤的正确性；接着，由学生分别总结出网孔电流法的解题步骤，以及与支路法比较的优缺点。最后，练习用网孔电流法求解电路。

【一体化学习任务书】

任务名称：学习网孔电流法

姓名＿＿＿＿＿＿　　所属电工活动小组＿＿＿＿＿＿　　得分＿＿＿＿＿＿

说明：请按照任务书的指令和步骤完成各项内容，课后交回任务书以便评价。

1. 按表 4-18 中步骤求解图 4-44 所示电路各支路电流，并将计算结果分别填入表 4-18、表 4-19 中。

2. 使用仿真软件按图 4-44 搭接电路，测量各支路的电流，将测量结果填入表 4-19 中。

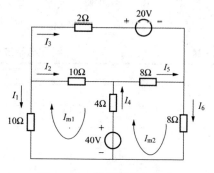

图 4-44　学习网孔电流法

表 4-18　　　　　　　　　　　　　　用网孔电流法分析电路

步 骤 及 要 求	表 达 式
假设电路各网孔中有沿网孔环流的电流，称为网孔电流，如图 4-44 中所示，左、右网孔的网孔电流分别为 I_{m1}、I_{m2}。试在图 4-44 上标出上网孔的网孔电流 I_{m3}，假设其参考方向也是顺时针	
应用 KVL，以网孔电流为未知量，可写出左网孔电压方程	$10I_{m1}+10(I_{m1}-I_{m3})+4(I_{m1}-I_{m2})+40=0$ 整理得 $(10+10+4)I_{m1}-4I_{m2}-10I_{m3}=-40$ 即 $24I_{m1}-4I_{m2}-10I_{m3}=-40$
模仿左网孔的分析方法，应用 KVL，以网孔电流为未知量，试写出其余两个网孔的网孔电压方程，并加以整理	
联立求解方程组，计算出各网孔电流	$I_{m1}=$＿＿＿＿ A，$I_{m2}=$＿＿＿＿ A，$I_{m3}=$＿＿＿＿ A
网孔电流与支路电流是有一定关系的，如图 4-44 中，$I_1=-I_{m1}$，$I_2=I_{m1}-I_{m3}$。试写出各支路电流与网孔电流的关系，并计算出各支路电流	$I_1=-I_{m1}=$＿＿＿＿ A $I_2=$＿＿＿＿$=$＿＿＿＿ A $I_3=$＿＿＿＿$=$＿＿＿＿ A $I_4=$＿＿＿＿$=$＿＿＿＿ A $I_5=$＿＿＿＿$=$＿＿＿＿ A $I_6=$＿＿＿＿$=$＿＿＿＿ A

表 4-19　　　　　　　　　　　　　各 支 路 电 流 值

支路电流	I_1（A）	I_2（A）	I_3（A）	I_4（A）	I_5（A）	I_6（A）
计算值						
测量值						

结论：按表 4-18 中步骤求解图 4-44 电路与直接测量该电路结果＿＿＿＿（填"相同"或"不同"）。

3. 按表 4-18 中步骤求解电路的方法称为网孔电流法。总结网孔电流法的步骤，完成表 4-20。

表 4-20　　　　　　　　　　　　网孔电流法的步骤和注意事项

步骤	内　　容
1	
2	
3	
4	
5	

4. 学习式（4-27）网孔电压方程的一般表示形式。

5. 总结支路电流法和网孔电流法的优缺点，完成表 4 - 21。

表 4 - 21　　　　　　　　　　支路电流法和网孔电流法的优缺点

电　　　路	优　　　点	缺　　　点
支路电流法		
网孔电流法		

■　学习后的心得体会。

通过本任务的学习，我知道了_____

_____

_____。

■　对任务完成的过程进行自评，并写出今后的打算。

自评标准	参与完成所有活动，自评为优秀；缺一个，为良好；缺两个，为中等；其余为加油
自评结果	
今后打算	

子任务三　学习节点电压法

【任务描述】

学习节点电压法，掌握用节点电压法求解电路的步骤，理解自电导、互电导的概念与求解方法。会利用弥尔曼定理列写节点电压方程。

【相关知识】

一、节点电压法

电路中，如果任选一个节点作为参考点，则其他节点到参考点之间的电压称为该节点的节点电压。以节点电压为未知量，应用 KCL 写出各独立节点的节点电流方程，从而求解电路的方法，称作节点电压法，简称节点法。节点电压法适用于支路数很多而节点个数相对较少的电路，尤其是当电路只有两个节点时，用节点电压法尤为方便快捷。

二、节点电压法的一般思路和解题步骤

节点电压法的一般思路是，若一个电路有 b 条支路，n 个节点，m 个网孔。以 $(n-1)$ 个节点电压为未知量，据 KCL，可列出 $(n-1)$ 个独立的电流方程，此时未知量数等于方程数，故可唯一求出一组节点电压。

下面以图 4 - 45（a）所示的 4 节点电路为例，来说明节点电压法的解题过程。

图 4 - 45（a）所示电路有 4 个节点 a、b、c、d，若选节点 d 为参考点，则 d 点的节点电压为零，将其余 3 个节点的节点电压 U_a、U_b、U_c 设为未知量。据 KCL，可以列出 a、b、c 3 个节点的节点电流方程为

$$\left.\begin{array}{l} I_1 + I_2 + I_3 = 0 \\ I_2 + I_4 - I_5 = 0 \\ I_3 + I_5 - I_6 = 0 \end{array}\right\} \tag{4 - 28}$$

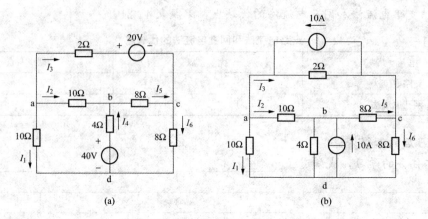

图 4-45 节点电压法

根据 KVL 及欧姆定律，可得各支路电流与节点电压的关系

$$I_1 = \frac{U_a}{10}$$

$$I_2 = \frac{U_a - U_b}{10}$$

$$I_3 = \frac{U_a - U_c - 20}{2}$$

$$I_4 = -\frac{U_b - 40}{4}$$ \qquad (4-29)

$$I_5 = \frac{U_b - U_c}{8}$$

$$I_6 = \frac{U_c}{8}$$

将式（4-29）代入式（4-28）的节点电流方程中，整理得

$$\left(\frac{1}{10} + \frac{1}{10} + \frac{1}{2}\right)U_a - \frac{1}{10}U_b - \frac{1}{2}U_c = \frac{20}{2}$$

$$-\frac{1}{10}U_a + \left(\frac{1}{10} + \frac{1}{4} + \frac{1}{8}\right)U_b - \frac{1}{8}U_c = \frac{40}{4} \qquad (4-30)$$

$$-\frac{1}{2}U_a - \frac{1}{8}U_b + \left(\frac{1}{2} + \frac{1}{8} + \frac{1}{8}\right)U_c = -\frac{20}{2}$$

式（4-30）即为以节点电压为未知量的方程组，接下来只需要联立求解该方程组，即可求出各节点电压，之后将节点电压代入式（4-29），就可以求出各支路电流。

具有三个独立节点的电路，其节点电流方程的一般形式为

$$G_{aa}U_a + G_{ab}U_b + G_{ac}U_c = I_{Saa}$$

$$G_{ba}U_a + G_{bb}U_b + G_{bc}U_c = I_{Sbb} \qquad (4-31)$$

$$G_{ca}U_a + G_{cb}U_b + G_{cc}U_c = I_{Scc}$$

式（4-31）中，G_{aa}、G_{bb}、G_{cc} 称为自电导，为各节点所连各支路电导之和，自电导总为正；G_{ab}、G_{ac}、G_{ba}、G_{bc}、G_{ca}、G_{cb} 称为互电导，为两节点共有支路上的电导之和，互电导总为负。电路中不含受控源时，$G_{ij} = G_{ji}$。I_{Saa}、I_{Sbb}、I_{Scc} 是节点等效电源电流，为该节点所

连等效电源电流的代数和。当电源电流的参考方向是流入节点时，该电流为正，反之为负。从图4-45（b）所示等效电路中可以看出，当电路中存在电压源模型时，可以将其等效为电流源模型，这样更便于计算节点等效电源电流。

需要说明的是，当电路中有电阻与电流源串联时，由于该电阻没有分流作用，故该电阻的阻值不计入自电导和互电导中。从电源等效的角度，我们知道电流源与电阻串联，可以用该电流源等效，电阻对外不起作用，这与不计入自电导和互电导是一致的。

将上述分析过程推广到具有 n 个独立节点的电路，可得节点电流方程的一般形式为

$$\left.\begin{array}{c} G_{aa}U_a + G_{ab}U_b + \cdots + G_{an}U_m = I_{Saa} \\ G_{ba}U_a + G_{bb}U_b + \cdots + G_{bn}U_m = I_{Sbb} \\ \cdots \\ G_{na}U_a + G_{nb}U_b + \cdots + G_{nn}U_m = I_{Snn} \end{array}\right\} \quad (4\text{-}32)$$

有了式（4-32），今后用节点法分析电路时，只需正确计算方程中的自电导、互电导及节点等效电源电流，直接代入到式（4-32）中即可得到方程组。

综上所述，用节点电压法求解电路的一般步骤如下：

（1）选定参考节点，并在电路图上标明各节点。

（2）计算节点自电导、互电导及节点等效电源电流。

（3）将（2）中各参数直接代入到式（4-32）中，得到（$n-1$）个节点电流方程。

（4）解方程组，求出各节点电压。

（5）根据支路电流与节点电压的关系，求出支路电流，继而求出其他电压、功率等。

三、弥尔曼定理

如果电路只有两个节点，如图4-46所示，当选择节点b为参考点时，只有节点a的节点电压未知，故只需要列一个节点电流方程即可，此时的节点电流方程可表示为

$$G_{aa}U_a = I_{Saa}$$

直接表示成节点a、b之间的电压为

$$U_{ab} = \frac{I_{Saa}}{G_{aa}} \quad (4\text{-}33)$$

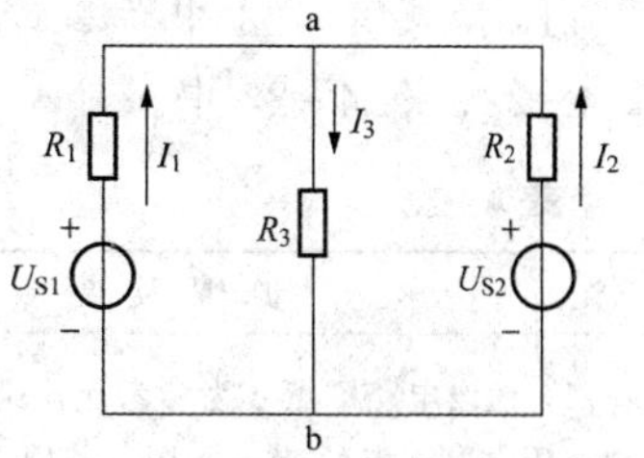

图4-46　弥尔曼定理

式（4-33）称为弥尔曼定理。式中，分母恒为正，为各支路电导之和；分子是各含源支路电源电流的代数和，且电流流入节点a为正，流出为负。需要说明的是，弥尔曼定理是电路分析中非常实用的方法，对于两节点电路的求解很方便、快捷，但弥尔曼定理的应用仅限于两节点电路，在多个节点的电路中不适用。

例题分析

例4-13　图4-47所示电路中，已知 $U_{S1}=12V$，$U_{S2}=6V$，$R_1=R_2=1\Omega$，$R=10\Omega$。应用节点电压法求各支路的电流 I_1、I_2、I 及电阻R两端的电压和它消耗的功率。

解　（1）电路只有两个节点，可以用弥尔曼定理求节点电压 U_{ab}：

$$U_{ab} = \frac{I_{Saa}}{G_{aa}} = \frac{\dfrac{U_{S1}}{R_1} + \dfrac{U_{S2}}{R_2}}{\dfrac{1}{R_1} + \dfrac{1}{R_2} + \dfrac{1}{R}} = \frac{12+6}{1+1+\dfrac{1}{10}} = 8.57(V)$$

（2）根据支路电流与节点电压的关系，求出各支路的电流

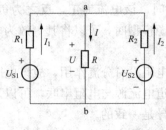

图 4 - 47　例 4 - 13 图

$$I_1 = -\frac{U_{ab} - U_{S1}}{R_1} = -\frac{8.57 - 12}{1} = 3.43(A)$$

$$I = \frac{U_{ab}}{R} = \frac{8.57}{10} = 0.86(A)$$

据 KCL，可以求得

$$I_2 = I - I_1 = -2.54A$$

（3）电阻 R 两端的电压即 U_{ab}，有 $U = U_{ab} = 8.57V$。

电阻消耗的功率 $P = \frac{U^2}{R} = \frac{8.57^2}{10} = 7.34(W)$

【任务实施】

要求学生按照给定的步骤，逐步完成用节点电压法对电路的分析计算，并求出各支路电流；之后，用测量的方法测出各支路电流；对照测量结果，证明上述步骤的正确性；接着，由学生分别总结出节点电压法的解题步骤，以及与支路法比较的优缺点。最后，练习用节点电压法求解电路。

【一体化学习任务书】

任务名称：学习节点电压法

姓名＿＿＿＿＿　　　　所属电工活动小组＿＿＿＿＿　　　　得分＿＿＿＿＿

说明：请按照任务书的指令和步骤完成各项内容，课后交回任务书以便评价。

1. 按表 4 - 22 中步骤求解图 4 - 48 所示电路各支路电流，并将计算结果分别填入表 4 - 22、表 4 - 23 中。

表 4 - 22　　　　　　　　　　　　用节点电压法分析电路

步 骤 及 要 求	表 达 式
（1）假设电路中点 d 为参考点，则其余各点到参考点的电压称为该点的节点电压。若以节点电压为未知量，该电路有几个节点电压未知？需要列写几个方程？写出未知节点电压	未知节点电压有＿＿＿＿＿个 分别为 U_a、＿＿＿＿＿、＿＿＿＿＿
（2）应用 KCL，写出 a、b、c 点的节点电流方程，用支路电流表示即可	a 节点：$I_1 + I_2 + I_3 = 0$ b 节点： c 节点：
（3）应用 KVL，写出各支路电流与节点电压的关系	$I_1 = \dfrac{U_a}{10}$ $I_2 = \dfrac{U_a - U_b}{10}$ $I_3 = $＿＿＿＿＿ $I_4 = $＿＿＿＿＿ $I_5 = $＿＿＿＿＿ $I_6 = $＿＿＿＿＿

续表

步　骤　及　要　求	表　达　式
（4）将（3）中的表达式代入 a、b、c 点的节点电流方程中，加以整理，使之成为以节点电压为未知量的方程	a 节点： b 节点： c 节点：
（5）联立求解方程组，计算出各节点电压	$U_a = $ _____ V $U_b = $ _____ V $U_c = $ _____ V
（6）将（5）中各节点电压值代入到（3）中表达式中，求出各支路电流	$I_1 = $ _____ A $I_2 = $ _____ A $I_3 = $ _____ A $I_4 = $ _____ A $I_5 = $ _____ A $I_6 = $ _____ A

2. 使用仿真软件按图 4 - 48 搭接电路，测量各支路的电流，将测量结果填入表 4 - 23 中。

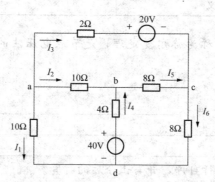

图 4 - 48　学习节点电压法

表 4 - 23　　　　　　　　　　　各　支　路　电　流　值

支路电流	I_1（A）	I_2（A）	I_3（A）	I_4（A）	I_5（A）	I_6（A）
计算值						
测量值						

结论：按表 4 - 22 中步骤求解图 4 - 48 电路与直接测量该电路结果 _____ （填"相同"或"不同"）。

3. 按表 4 - 22 中步骤求解电路的方法称为节点电压法。总结节点电压法的步骤，完成表 4 - 24。

表 4 - 24　　　　　　　　　　　节 点 电 压 法 的 步 骤

步骤	内　　容
1	
2	
3	
4	
5	

4. 学习式（4 - 32）节点电流方程的一般表示形式。

5. 总结支路电流法和节点电压法的优缺点，完成表 4 - 25。

表 4 - 25　　　　　　　　支路电流法和节点电压法的优缺点

电　路	优　点	缺　点
支路电流法		
节点电压法		

6. 写出两节点电路应用节点电压法的方程，填入表 4 - 26 中。

表 4 - 26　　　　　　　　两节点电路应用节点电压法的方程

两节点电路应用节点电压法的方程	$U_{ab} = \underline{\hspace{3cm}}$
方程中各参数的含义	

表 4 - 26 中 U_{ab} 的表达式称为弥尔曼定理，是节点电压法的一种最简单也是最常见的应用。

■ 学习后的心得体会。

通过本任务的学习，我知道了＿＿＿＿＿＿＿＿＿＿＿＿＿＿＿＿＿＿＿＿＿＿＿

＿＿＿＿＿＿＿＿＿＿＿＿＿＿＿＿＿＿＿＿＿＿＿＿＿＿＿＿＿＿＿＿＿＿＿＿＿＿

＿＿＿＿＿＿＿＿＿＿＿＿＿＿＿＿＿＿＿＿＿＿＿＿＿＿＿＿＿＿＿＿＿＿＿＿。

■ 对任务完成的过程进行自评，并写出今后的打算。

自评标准	参与完成所有活动，自评为优秀；缺一个，为良好；缺两个，为中等；其余为加油
自评结果	
今后打算	

任务四　学习网络定理法

网络定理法是指应用电路定理求解电路的方法。网络定理法包括叠加定理、戴维南定理、诺顿定理和最大功率传输定理。

子任务一　学习叠加定理

【任务描述】

叠加定理为线性电路普遍适用的定理，通过本任务学习，掌握叠加定理的应用条件和使用方法，会利用叠加定理求解线性电路。

【相关知识】

一、叠加定理及其内容

叠加定理是反映线性电路基本性质的一个重要定理，在电路分析中占有重要的地位。叠加定理的内容是：线性电路中，当有两个及以上独立源共同作用时，电路任一支路的电压或电流，等于各独立源单独作用时在该支路产生的电压或电流的代数和。

图4-49所示为叠加定理的说明图。图4-49（a）为线性元件和独立源构成的线性电路，电路中有两个独立源：一个电压源，一个电流源。根据叠加定理，此时电路中待求的电流、电压可以通过图4-49（b）和图4-49（c）各个独立源单独作用时的电路中求取。所谓独立源单独作用，是指在有多个独立源的线性电路中，依次只保留一个电源，将其他独立源置零。即当一个独立源工作时，其他电流源的电流置零，电压源的电压置零。图4-49（b）中，不作用的电流源以开路代替；在图4-49（c）中，不作用的电压源以短路线代替。独立源置零时，电路中其他元件的连接方式和大小均不改变。

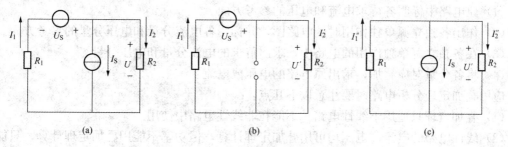

图4-49　叠加定理的内容说明图
（a）原电路；（b）电压源单独作用；（c）电流源单独作用

二、叠加定理的应用

下面以图4-49（a）所示的电路为例，阐述叠加定理的应用。

先用前面学过的方法，直接计算图4-49（a）所示电路的待求电压和电流，其中

$$U = \frac{\dfrac{U_S}{R_1} - I_S}{\dfrac{1}{R_1} + \dfrac{1}{R_2}} = \frac{R_2 U_S - R_1 R_2 I_S}{R_1 + R_2}$$

$$I_2 = \frac{U}{R_2} = \frac{U_S - R_1 I_S}{R_1 + R_2}$$

$$I_1 = I_S + I_2 = \frac{U_S + R_2 I_S}{R_1 + R_2}$$

接着，根据图4-49（a），作出电压源单独作用和电流源单独作用的电路图，如图4-49

（b）和图 4 - 49（c）所示。

在图 4 - 49（b）中求出电压源单独作用时的待求电压和电流，其中

$$I'_1 = I'_2 = \frac{U_S}{R_1 + R_2}$$

$$U' = R_2 I'_2 = \frac{R_2 U_S}{R_1 + R_2}$$

在图 4 - 49（c）中求出电流源单独作用时的待求电压和电流，其中

$$I''_1 = \frac{R_2 I_S}{R_1 + R_2}$$

$$I''_2 = -\frac{R_1 I_S}{R_1 + R_2}$$

$$U'' = R_2 I''_2 = -\frac{R_1 R_2 I_S}{R_1 + R_2}$$

由以上分析可以看出，在 4 - 49 所示的电路中，两个独立源共同作用产生的电流、电压等于两个独立源单独作用产生的电流、电压的代数和，即

$$I_1 = I'_1 + I''_1$$

$$I_2 = I'_2 + I''_2$$

$$U = U' + U''$$

由此可证明，叠加定理的正确性。

总结叠加定理求解电路的步骤如下：

（1）原电路中标明各待求电流和电压的参考方向。

（2）作出各独立源单独作用时的电路图，并标明各电流分量和电压分量的参考方向。

（3）在各独立源单独作用的电路中，求出待求的电流分量和电压分量。

（4）将各分量对应叠加，求出原电路的电压或电流。

应用叠加定理分析电路时要注意以下几点：

（1）叠加定理只适用于线性电路，不能在非线性电路中使用。

（2）线性电路的电流、电压均可用叠加定理计算，但功率不能用叠加定理计算，只能先计算总电压和总电流后，再根据功率表达式计算电路的功率。

（3）独立源单独作用时，将不作用的电压源短路，将不作用的电流源开路，电路其余部分的连接方式和参数均不变。

（4）叠加时，要注意电压、电流的参考方向，如果分量参考方向与总量参考方向一致，则该电压、电流取正号，反之取负号。

（5）应用叠加定理时，可以使每个独立源单独作用，也可以将独立源分组作用，但要注意每个独立源只能作用一次。

（6）叠加定理是将复杂电路分成若干相对简单的电路进行分析的，虽然每个电路相对变简单了，但总的计算量却增加了。

（7）某些情况下用叠加定理很方便：如独立源成倍增加或减少时，新增电源时等。

三、齐性定理

齐性定理是叠加定理的应用，其内容是：线性电路中，所有独立源都增大或缩小 k 倍时，各支路的电流或电压也随之增大或缩小 k 倍。

齐性定理在分析梯形电路时，有很好的效果。

例题分析

例 4 - 14 用叠加定理求图 4 - 50（a）所示电路中各支路的电压。

解 首先，作出电压源单独作用和电流源单独作用的电路图，如图 4 - 50（b）、（c）所示。根据电压源单独作用时的电路，求得

$$U'_{ca} = 8 \times \frac{20}{8+2} = 16(\mathrm{V})$$

$$U'_{ad} = 2 \times \frac{20}{8+2} = 4(\mathrm{V})$$

$$U'_{cb} = 2 \times \frac{20}{2+3} = 8(\mathrm{V})$$

$$U'_{bd} = 3 \times \frac{20}{2+3} = 12(\mathrm{V})$$

根据电流源单独作用时的电路，求得

$$U''_{ac} = U''_{ad} = 10 \times \frac{2 \times 8}{2+8} = 16(\mathrm{V})$$

$$U''_{cb} = U''_{db} = 10 \times \frac{2 \times 3}{2+3} = 12(\mathrm{V})$$

最后，求各电压的代数和：

$$U_{ac} = -U'_{ca} + U''_{ac} = -16 + 16 = 0(\mathrm{V})$$
$$U_{ad} = U'_{ad} + U''_{ad} = 4 + 16 = 20(\mathrm{V})$$
$$U_{bc} = -U'_{cb} - U''_{cb} = -8 - 12 = -20(\mathrm{V})$$
$$U_{bd} = U'_{bd} - U''_{db} = 12 - 12 = 0(\mathrm{V})$$

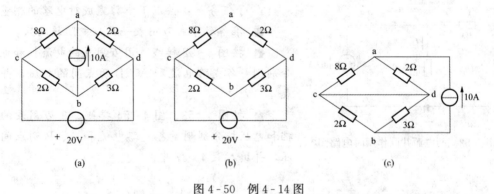

图 4 - 50　例 4 - 14 图

例 4 - 15 求图 4 - 51 所示电路中的电流 I。已知 $R_1 = R_2 = R_3 = 2\Omega$，$R_4 = R_5 = R_6 = 20\Omega$，$U = 60\mathrm{V}$。

解 设待求电流 $I' = 1\mathrm{A}$，则

$$U_{ce} = (R_3 + R_6)I' = (2 + 20) \times 1 = 22(\mathrm{V})$$

$$I_{ce} = \frac{U_{ce}}{R_5} = \frac{22}{20} = 1.1(\mathrm{A})$$

$$I_{bc} = I' + I_{ce} = 1 + 1.1 = 2.1(\mathrm{A})$$

$$U_{be} = R_2 I_{be} + U_{ce} = 2 \times 2.1 + 22 = 26.2(\mathrm{V})$$

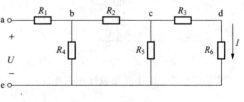

图 4 - 51　例 4 - 15 图

$$I_{be} = \frac{U_{be}}{R_4} = \frac{26.2}{20} = 1.31(A)$$

$$I_{ab} = I_{be} + I_{bc} = 1.31 + 2.1 = 3.41(A)$$

由此，可以求得端电压为

$$U_{ab} = R_1 I_{ab} + U_{be} = 2 \times 3.41 + 26.2 = 33.02(V)$$

而实际上，本电路端电压为 $U = 60V$，因此，可视为电源电压增大 k 倍，有

$$k = \frac{60}{33.02} = 1.817$$

根据齐性定理，当电源电压扩大 1.817 倍时，电路的电流、电压也随之扩大 1.817 倍，得到电路中的电流 I 为

$$I = kI' = 1.817 \times 1 = 1.817(A)$$

【任务实施】

给出电路图，要求学生用学过的方法求出电路的电流、电压；之后，要求学生按照给定的步骤，逐步用叠加定理对电路进行测量和计算，对照前面的计算结果，证明上述步骤的正确性；接着，给出叠加定理的内容，由学生总结出叠加定理的解题步骤和注意事项，以及适用条件。最后，学习齐性定理，并练习用齐性定理求解电路。

【一体化学习任务书】

任务名称：学习叠加定理

姓名 _____   所属电工活动小组 _____   得分 _____

说明：请按照任务书的指令和步骤完成各项内容，课后交回任务书以便评价。

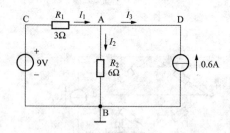

图 4-52　两电源共同作用时电路图

1. 子任务一：按以下步骤完成对电路的测量。

■ 准备数字式万用表一只，电阻箱两只。

■ 按图 4-52 接线，用万用表的电流挡和电压挡分别测量各支路电流和 A、B 两点间的电压，并填入表 4-27 中。

■ 按图 4-53、图 4-54 接线，用万用表的电流挡和电压挡分别测量各支路电流和 A、B 两点间的电压，并填入表 4-27 中。

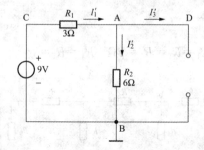

图 4-53　9V 电压源单独作用时电路图

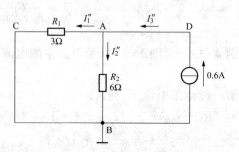

图 4-54　0.6A 电流源单独作用时电路图

■ 讨论表 4-27 中的观察问题，并得出结论，填入表 4-27 中。

表 4-27　　　　　　　　　　　子任务一测量和分析结果

电路图	支路1电流	支路2电流	支路3电流	A、B两点间电压
图4-52	$I_1=$	$I_2=$	$I_3=$	$U_{AB}=$
图4-53	$I_1'=$	$I_2'=$	$I_3'=$	$U_{AB}'=$
图4-54	$I_1''=$	$I_2''=$	$I_3''=$	$U_{AB}''=$

讨论问题：

观察 I_1 与 $I_1'-I_1''$、I_2 与 $I_2'+I_2''$、I_3 与 $I_3'-I_3''$、U_{AB} 与 $U_{AB}'+U_{AB}''$ 的关系。

结论：

两电源共同作用时电路的各支路电压、电流与各个电源单独作用时各支路电压、电流的代数和_____。

2. 子任务二：按以下步骤完成对图 4-55 所示电路的分析计算。

■ 在表 4-28 中作出 9V 电压源单独作用的电路图。

作图要点：当某个电源单独作用时，其他电源不作用，即其他电压源被短接，电流源被断开。

■ 求出 9V 电压源单独作用时各支路的电流及A、B两点的电压，分别记作 I_1'、I_2'、I_3' 和 U_{AB}'，并填入表 4-28 中。

■ 在表 4-28 中作出 0.6A 电流源单独作用时的电路图，求出各支路的电流及A、B两点的电压，分别记作 I_1''、I_2''、I_3'' 和 U_{AB}''，并填入表 4-28 中。

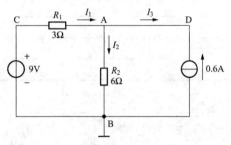

图 4-55　总电路

■ 用上述两个电路的计算结果求代数和计算两电源共同作用时各支路的电流及A、B两点的电压，分别记作 I_1、I_2、I_3 和 U_{AB}，并填入表 4-28 中。

■ 按照表 4-28 中的计算步骤对电路进行分析，并得出结论，填入表 4-28 中。

计算图 4-55 所示电路各支路电流及A、B两点间电压。

表 4-28　　　　　　　　　　　子任务二计算和分析结果

计算步骤	支路1电流	支路2电流	支路3电流	A、B间电压
作出 9V 电压源单独作用时的电路图，并计算此时电路各支路电流及 A、B 两点间电压	$I_1'=$	$I_2'=$	$I_3'=$	$U_{AB}'=$
作出 0.6A 电流源单独作用时电路图，并计算此时电路各支路电流及 A、B 两点间电压	$I_1''=$	$I_2''=$	$I_3''=$	$U_{AB}''=$

续表

计算步骤	支路1电流	支路2电流	支路3电流	A、B间电压
	$I_1 = I_1' + I_1'' =$	$I_2 = I_2' + I_2'' =$	$I_3 = I_3' + I_3'' =$	$U_{AB} = U_{AB}' + U_{AB}'' =$
求两电源共同作用时，电路各支路电流及A、B两点间电压				
讨论问题：观察计算所得电流、电压 I_1、I_2、I_3、U_{AB} 与测量结果是否一致。				
结论：两电源共同作用时电路的各支路 _____、_____ 与各个电源 _____ 作用时各支路 _____、_____ 的代数和相等。				
说明：上述步骤所描述的求解电路的方法，称为叠加定理。　叠加定理的内容：在任意线性电路中，当有两个及以上独立电源共同作用时，电路任一支路的电压或电流，等于各独立电源单独作用时该支路的电压或电流的代数和。				

3. 总结叠加定理求解电路的步骤，填入表 4-29 中。

表 4-29　　　　　　　　　　叠加定理的步骤总结

步骤	要　　　点
1	
2	
3	
4	

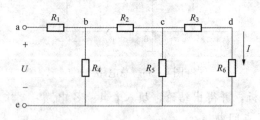

图 4-56　齐性定理计算电路

4. 齐性定理的学习。

■ 齐性定理的内容是：线性电路中，当所有独立源都扩大或缩小 k 倍时，电路中的电压或电流都随之扩大或缩小 k 倍。

■ 用齐性定理分析图 4-56 所示电路，将分析计算过程填入表 4-30 中。

表 4-30　　　　　　　　　　齐性定理分析计算电路

电　路　问　题	计　算　过　程
求图 4-56 所示电路中的电流 I。已知：$R_1 = R_2 = R_3 = 2\Omega$，$R_4 = R_5 = R_6 = 20\Omega$，$U = 66.04V$	1. 假设电流 I 为某定值（如 $I = 1A$） 2. 由远离端口处开始计算各电阻的电压电流，最终求得端电压 $$U =$$ 3. 计算电源扩大的倍数 $$k =$$ 4. 求电流 I 的实际值 $$I =$$ 5. 求端电压 $$U =$$

■ 学习后的心得体会。

通过本任务的学习，我知道了 _____

_____

_____。

■ 对任务完成的过程进行自评，并写出今后的打算。

自评标准	参与完成所有活动，自评为优秀；缺一个，为良好；缺两个，为中等；其余为加油
自评结果	
今后打算	

子任务二　学习戴维南定理

【任务描述】

学习戴维南定理，理解戴维南定理的内容，会用戴维南定理分析电路。

【相关知识】

戴维南定理和诺顿定理统称为有源二端网络定理，也叫做等效电源定理，是分析复杂电路的常用定理，适用于电路中只求一条支路响应的情况，特别是在电路元件多、连接方式复杂而负载变化时，尤其能体会到戴维南定理和诺顿定理的优势，而戴维南定理较诺顿定理更常用。

一、戴维南定理的内容

当二端网络内部含有电源（包括电压源和电流源）时，称为有源二端网络，如图 4-57（a）所示。而当二端网络内部不含电源时，称为无源二端网络，如图 4-57（b）所示。

戴维南定理指出：任何一个线性有源二端网络，都可以用一个电压源与电阻的串联组合等效来替代。其中，电压源的电压等于有源二端网络的开路电压，电阻等于有源二端网络内部所有独立电源置零后对应的无源二端网络的等效电阻，如图 4-58 所示。我们将电压源与电阻串联的等效电路，称为戴维南等效电路，如图 4-58（b）所示。

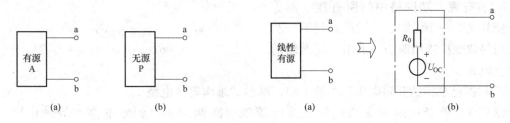

图 4-57　二端网络
（a）有源二端网络；（b）无源二端网络

图 4-58　戴维南定理说明图
（a）有源二端网络；（b）戴维南等效电路

求开路电压和等效电阻的电路如图 4-59 所示。这里特别要强调的是，求开路电压时，端口电流为零，这个特点要注意利用起来；求等效电阻时原有源二端网络中的电压源要短路、电流源要开路（与叠加定理中对不作用独立源的处理方法相似），此时的二端网络为一个无源网络。

二、应用戴维南定理求解电路的步骤

戴维南定理的应用可以分成两种情况：一种是求有源二端网络的最简等效电路，另一种情况是求电路中某一支路的电压和电流。

1. 求有源二端网络的最简等效电路

此类问题直接应用戴维南定理即可解决，如图 4-58 所示。具体步骤如下：

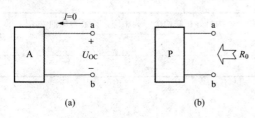

图 4-59　求开路电压和等效电阻的电路

(a) 求开路电压的电路图；(b) 求等效电阻的电路图

(1) 在有源二端网络开路状态下（$I=0$），求开路电压 U_{OC}，如图 4-59 (a) 所示。注意，此 U_{OC} 即为二端网络两个端钮之间所有元件电压的代数和。

(2) 所有电源都置零后，有源二端网络变为无源二端网络，求该无源二端网络的等效电阻 R_0，如图 4-59 (b) 所示。求等效电阻时，除可以运用电阻的串并联等效、星—三角等效外，还可以采用加源法。所谓加源法，就是在无源二端网络两端加电压源（或电流源），求此时的电压源电流（或电流源电压），电压源（或电流源）电压与电压源（或电流源）电流之比即为等效电阻。

2. 求电路中某一支路的电压和电流

在一个复杂的线性电路中，如果只需要知道电路中某一支路的电压和电流，而该支路连接的是一个复杂的线性有源二端网络时，可以把这个复杂的线性有源二端网络等效为一个电压源模型或电流源模型。

图 4-60 显示了应用戴维南定理求解电路某一支路电压、电流的过程。具体步骤如下：

(1) 在原电路 ［见图 4-60 (a)］ 中移去待求变量所在的支路，使余下的电路成为一个有源二端网络，如图 4-58 (a) 所示。

(2) 求戴维南等效电路，步骤如下：

a. 利用电路定律或网络分析方法，求有源二端网络的开路电压 U_{OC}。

b. 将有源二端网络中的所有独立源置零，使其成为一个无源二端网络，然后，利用电阻等效变换或加源法，求出二端网络的等效电阻 R_0。

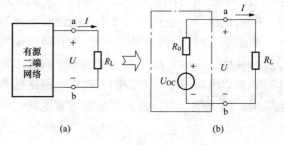

图 4-60　戴维南定理求解电路

(a) 原电路；(b) 等效电路

c. 根据已求得的开路电压和等效电阻，画出戴维南等效电路。

(3) 将待求变量所在支路接到戴维南等效电路两端，得到原电路的等效电路，如图 4-60 (b) 所示。

(4) 在等效电路中求出待求量。

例题分析

例 4-16　求图 4-61 (a) 所示有源二端网络的戴维南等效电路。

解　(1) 在图 4-61 (b) 所示有源二端网络求开路电压 U_{OC}。此时 2Ω 电阻的电压为零，因而开路电压即为中间支路 5Ω 电阻两端的电压，即

$$U_{OC} = 5 \times \frac{6}{5+5} = 3(V)$$

（2）在图 4 - 61（c）所示电路中求从端口 a、b 看进去的等效内阻 R_0。此时电压源用短路线代替，有

$$R_0 = \frac{5}{2} + 2 = 4.5(\Omega)$$

（3）画出等效电路，如图 4 - 61（d）所示。

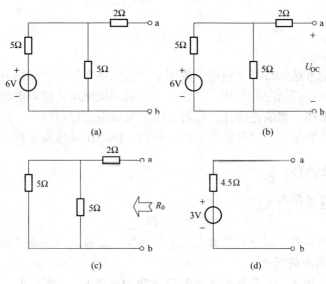

图 4 - 61　例 4 - 16 图

例 4 - 17　应用戴维南定理，求图 4 - 62（a）所示电路中的电流 i。

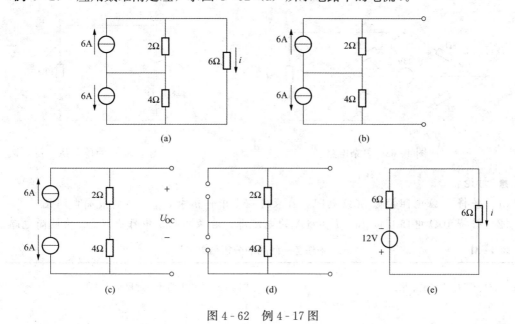

图 4 - 62　例 4 - 17 图

解　（1）将 6Ω 电阻视为外电路，得余下部分构成的二端网络，如图 4-62（b）所示。

（2）求二端网络的开路电压，如图 4-62（c）所示。

$$U_{OC} = 6 \times 2 - 6 \times 4 = -12(\text{V})$$

（3）求等效电阻，如图 4-62（d）所示。

$$R_0 = 2 + 4 = 6(\Omega)$$

（4）在等效电路中求电流 i，如图 4-62（e）所示。

$$i = -\frac{12}{6+6} = -\frac{12}{12} = -1(\text{A})$$

【任务实施】

学生先用测量的方法测得某支路电流或用学过的网络变换法、网络方程法求出某支路电流；之后，要求学生按照给定的步骤，一步一步完成用戴维南定理对电路的测量和计算，对照测量结果，证明上述步骤的正确性；接着，给出戴维南定理的内容，由学生总结出戴维南定理的解题步骤和注意事项，以及适用条件。最后，练习用戴维南定理求解电路。

【一体化学习任务书】

任务名称： 学习戴维南定理

姓名 ＿＿＿＿＿　　　所属电工活动小组 ＿＿＿＿＿　　　　　　得分 ＿＿＿＿＿

说明：请按照任务书的指令和步骤完成各项内容，课后交回任务书以便评价。

1. **子任务一：问题的提出。**

■　求图 4-63、图 4-64 两个电路中 10Ω 电阻的电压 U_{ab}、电流 I_{ab}。

（1）测量图 4-63 所示复杂电路中 10Ω 电阻的电压 U_{ab}、电流 I_{ab}，填入表 4-31 中。

（2）计算图 4-64 所示简单电路中 10Ω 电阻的电压 U_{ab}、电流 I_{ab}，填入表 4-31 中。

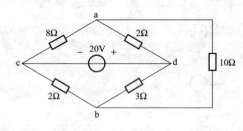
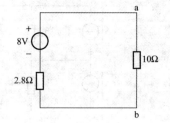

图 4-63　复杂电路　　　　　　　　　　　　　　　图 4-64　简单电路

■　讨论：

（1）若将 10Ω 电阻换做 50Ω 电阻，在表 4-31 中作出求 U_{ab}、I_{ab} 的最简电路图。

（2）若将 10Ω 电阻换做 $I_S = I_{ab} = 1\text{A}$ 的电流源，在表 4-31 中作出求 U_{ab} 的最简电路图。

表 4-31　　　　　　　　　　　　　**子任务一问题的分析结果**

图 4-63 复杂电路测量结果： $I_{ab} =$ $U_{ab} =$	图 4-64 简单电路计算过程及结果： $I_{ab} =$ $U_{ab} =$

结论：

1. 对 10Ω 电阻而言，其所连接的两个二端网络具有相同的电压、电流，因而两者是_____。

2. 对 10Ω 电阻而言，其所连接的两个二端网络具有相同的电压、电流，故可以将图 4-63 的复杂电路用图 4-64 的简单电路_____。

讨论（1）：作出求 50Ω 电阻电压 U_{ab}、电流 I_{ab} 的最简电路图：

讨论（2）：作出求 $I_S = I_{ab} = 1A$ 电流源的电压 U_{ab} 的最简电路图：

2. 子任务二：问题的探究。

按照以下步骤求出图 4-63 中 10Ω 电阻的电压 U_{ab}、电流 I_{ab}。

■ 准备数字式万用表一只。

■ 观察图 4-63 原电路以及将 10Ω 电阻视为外电路移走后，余下部分构成的有源二端网络的电路图，如图 4-65 所示。

■ 用万用表测出有源二端网络的开路电压 U_{OC}（见图 4-66），填入表 4-32 中。

■ 用万用表测出二端网络除源后的等效内阻 R_0（见图 4-67），填入表 4-32 中。

■ 根据测量所得 U_{OC} 和 R_0，在图 4-68 中计算 U_{ab}、I_{ab}，并填入表 4-32 中。

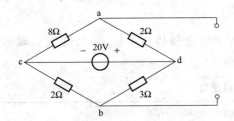

图 4-65 移走待求支路后的有源二端网络

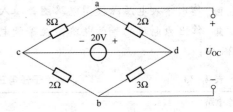

图 4-66 求开路电压电路图

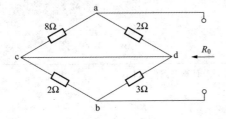

图 4-67 求等效内阻电路图

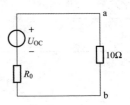

图 4-68 等效电路

表 4 - 32   **子任务二问题的分析结果**

电　路　图	所　求　项　目
图 4 - 66	测量开路电压 $U_{OC} = $ ＿＿＿＿＿＿＿＿
图 4 - 67	测量等效内阻 $R_0 = $ ＿＿＿＿＿＿＿＿
图 4 - 68	计算 10Ω 电阻的电压 U_{ab}、电流 I_{ab}： $I_{ab} = $ ＿＿＿＿＿＿＿＿ $U_{ab} = $ ＿＿＿＿＿＿＿＿
讨论：比较图 4 - 64 与图 4 - 68，两图有什么关系吗？两图计算所得的 U_{ab}、I_{ab} 又有什么关系？ 结论：图 4 - 68 中的计算结果与图 4 - 64 ＿＿＿＿＿＿＿＿＿＿＿＿，说明原电路可以用图 4 - 68 所示的电压源模型 ＿＿＿＿＿＿＿＿＿＿。	

　　上述将有源二端网络等效为电压源模型，是根据戴维南定理得出的。

　　戴维南定理指出：任何一个线性有源二端网络，可以用一个电压源与电阻的串联组合等效来替代，其中，电压源的电压等于有源二端网络的开路电压 U_{OC}，电阻等于二端网络内部所有独立电源置零后，从二端网络端口看进去的等效电阻 R_0。

　　3. 子任务三：戴维南定理的应用。

　　按照以下步骤完成图 4 - 63 中 10Ω 电阻的电压 U_{ab}、电流 I_{ab} 的计算。

　　■ 根据原电路，作出待求支路移走后余下部分构成的有源二端网络的电路图，填入表 4 - 33 中。

　　■ 作出求有源二端网络开路电压的电路图，并计算开路电压 U_{OC}，填入表 4 - 33 中。

　　■ 作出将有源二端网络中电压源短路后对应的无源二端网络，并计算等效内阻 R_0，填入表 4 - 33 中。

　　■ 作出等效电压源模型电路图，填入表 4 - 33 中。

　　■ 作出原电路的等效电路，在等效电路中求出 10Ω 电阻的电压 U_{ab}、电流 I_{ab}，填入表 4 - 33 中。

表 4 - 33   **子任务三问题的计算结果**

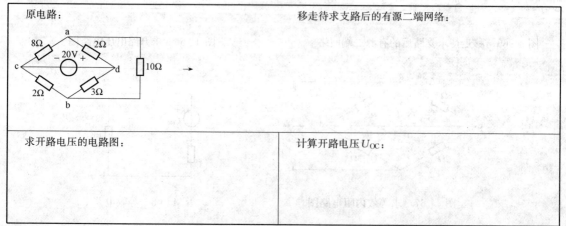

原电路：	移走待求支路后的有源二端网络：
求开路电压的电路图：	计算开路电压 U_{OC}：

求等效内阻的电路图：	计算等效内阻 R_0：
等效电压源模型的电路图：	
求电路响应的等效电路图：	计算 10Ω 电阻的电压 U_{ab}、电流 I_{ab}：

4. 总结应用戴维南定理求解电路的步骤，填入表 4 - 34 中。

表 4 - 34　　　　　　　　　　**应用戴维南定理求解电路的步骤**

步骤	要　　点
1	
2	
3	
4	
5	

■　学习后的心得体会。

通过本任务的学习，我知道了 _____

_____。

■　对任务完成的过程进行自评，并写出今后的打算。

自评标准	参与完成所有活动，自评为优秀；缺一个，为良好；缺两个，为中等；其余为加油
自评结果	
今后打算	

子任务三　学习诺顿定理

📠　【任务描述】　　　　　　◎

学习诺顿定理，理解诺顿定理的内容，会利用诺顿定理分析电路。

【相关知识】

一、诺顿定理的内容

诺顿定理指出：任何一个线性有源二端网络，都可以用一个电流源与电阻的并联组合等效来替代。其中，电流源的电流等于有源二端网络的短路电流，电阻等于有源二端网络内部所有独立电源置零后，从对应无源二端网络端口看进去的等效电阻。电流源与电阻的并联等效电路，称为诺顿等效电路，如图 4-69（d）所示。

二、应用诺顿定理求解电路的步骤

图 4-70 表示了应用诺顿定理求解电路的过程。具体步骤如下：

（1）在原电路中移去待求变量所在的支路，使余下的电路成为一个有源二端网络，如图 4-69（a）所示。

（2）求有源二端网络的短路电流 I_{SC}，如图 4-69（b）所示。

（3）将有源二端网络中的所有独立电源置零，使其成为一个无源二端网络，求其等效电阻 R_0，如图 4-69（c）所示。

（4）画出诺顿等效电路，如图 4-69（d）所示。

（5）将移走的待求变量所在支路接到诺顿等效电路两端，求出待求量，如图 4-70（b）所示。

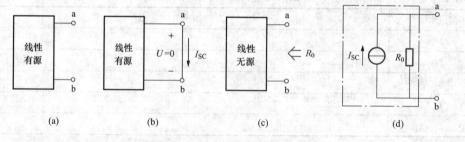

图 4-69　诺顿定理说明图

（a）有源二端网络；（b）求短路电流；（c）求等效电阻；（d）诺顿等效电路

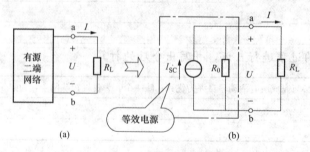

图 4-70　诺顿定理求解电路

（a）原电路；（b）等效电路

需要说明的是，图 4-69 中短路电流和等效电流源电流的参考方向是相反的。另外诺顿等效电路中 R_0 的求法与戴维南等效电路中的求法完全相同。

三、实用等效电路测量方法

实际工作中，在现场我们常常采用测量的方法来掌握电路的状态。如果只用一块万用表，该如何做才能得到二端网络的等效电路呢？

根据戴维南定理和诺顿定理，可作出如图 4-71 等效电路。

根据电压源模型和电流源模型的等效关系可知，图 4-71 中电流源电流与电压源电压的关系为：$I_{SC} = \dfrac{U_{OC}}{R_0}$，由此可得出等效电阻表达式

$$R_0 = \frac{U_{OC}}{I_{SC}} \qquad (4-34)$$

综上所述，只要用万用表的电压挡和电流挡分别测量有源二端网络的开路电压和短路电流，之后根据式（4-34）计算出等效电阻 R_0，即可求出戴维南等效电路和诺顿等效电路。

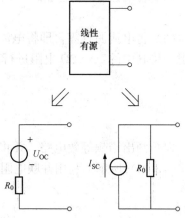

图 4-71　线性有源二端网络的等效

例题分析

例 4-18　求图 4-72（a）所示二端网络的诺顿等效电路。

解　（1）在图 4-72（b）所示电路中，计算有源二端网络的短路电流。

将 a、b 两端短路时，通过引出端钮的电流为

$$I_{SC} = \left(\frac{20}{20} - \frac{60}{30} + 5 \right) = 4(\text{A})$$

（2）在图 4-72（c）所示电路中，求无源二端网络的等效电阻

$$R_0 = \frac{30 \times 20}{30 + 20} = 12(\Omega)$$

（3）根据已求得的短路电流和等效电阻，画诺顿等效电路，如图 4-72（d）所示。

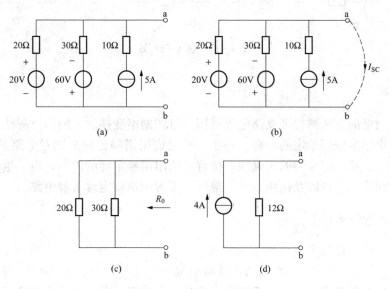

图 4-72　例 4-18 图

例 4 - 19　应用诺顿定理，求图 4 - 73（a）所示电路中的电流 I。

解　（1）移开 4Ω 电阻，得到有源二端网络，如图 4 - 73（b）所示。

（2）将端钮 a、b 短路后，在图 4 - 73（c）所示电路中求短路电流，得

$$I_{SC} = 10A$$

（3）将电流源置零，即将电流源所在的支路开路后，在图 4 - 73（d）所示电路中求等效电阻。将其中的三个 2Ω 电阻进行星—三角等效变换，如图 4 - 73（e）所示，得

$$R_0 = \frac{6 \times \left(\frac{6 \times 6}{6+6} + \frac{6 \times 6}{6+6}\right)}{6 + \left(\frac{6 \times 6}{6+6} + \frac{6 \times 6}{6+6}\right)} = 3(\Omega)$$

（4）画出诺顿等效电路，并将移走的 4Ω 电阻接于其两端，得到原电路的等效电路，如图 4 - 73（f）所示。利用并联电阻的分流公式，求电流 I

$$I = -\frac{3}{4+3} \times 10 = -4.29(A)$$

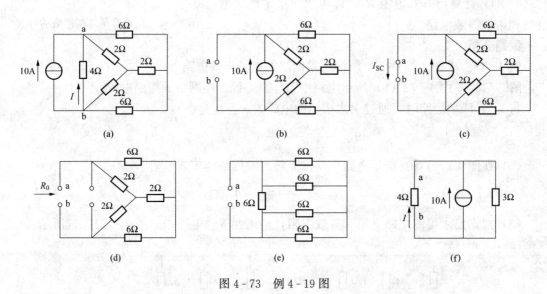

图 4 - 73　例 4 - 19 图

【任务实施】

学生先用测量的方法测得某支路电流或用学过的网络变换法、网络方程法求出某支路电流；之后，要求学生按照给定的步骤，一步一步完成用诺顿定理分别对电路的测量和计算，对照测量结果，证明上述步骤的正确性；接着，给出诺顿定理的内容，由学生总结出诺顿定理的解题步骤和注意事项以及适用条件。最后，练习用诺顿定理求解电路。

【一体化学习任务书】

任务名称：学习诺顿定理

姓名_____　　　所属电工活动小组_____　　　　得分_____

说明：请按照任务书的指令和步骤完成各项内容，课后交回任务书以便评价。

1. 问题的提出。

■ 计算图4-74、图4-75两个电路中2Ω电阻的电压、电流，并填入表4-35中。

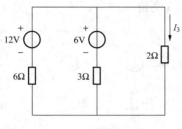

图4-74 复杂电路

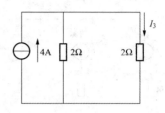

图4-75 简单电路

■ 讨论：

(1) 若将2Ω电阻换成50Ω电阻，在表4-35中作出求电阻电压、电流的最简电路图。

(2) 若将2Ω电阻换成I_S＝1A（电流方向向上）的电流源，在表4-35中作出求电流源电压的最简电路图。

表4-35 了
不是 问题的分析结果

电　　路	计　算　过　程
图4-74所示电路	
图4-75所示电路	

结论：
1. 对2Ω电阻而言，两个网络是_____。
2. 可以将图4-74的复杂电路用图4-75的简单电路_____。

讨论（1）：作出求50Ω电阻电压、电流的最简电路图：

讨论（2）：作出求I_S＝1A的电流源的电压的最简电路图：

2. 问题的探究。

按照以下步骤求出图4-74中2Ω电阻的电压、电流。

■ 准备数字式万用表一只。

■ 观察图 4-74 所示电路以及将 2Ω 电阻视为外电路移走后，余下部分构成的有源二端网络的电路图，如图 4-76 所示。

■ 用万用表测出有源二端网络的短路电流 I_{SC}（见图 4-77），填入表 4-36 中。

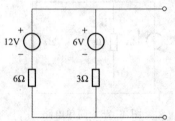

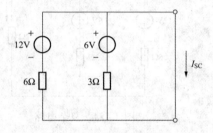

图 4-76　移走待求支路后的有源二端网络 　　　　图 4-77　求短路电流电路图

■ 用万用表测出二端网络除源后的等效电阻 R_0（见图 4-78），填入表 4-36 中。

■ 根据测量所得 I_{SC} 和 R_0，在图 4-79 中计算 2Ω 电阻的电压、电流，并填入表 4-36 中。

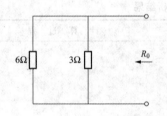

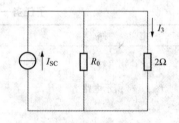

图 4-78　求等效内阻电路图 　　　　　　图 4-79　等效电路

表 4-36　　　　　　　　　　　　子任务二问题的分析结果

电　　路	所 求 项 目
图 4-77 所示电路	测量短路电流 $I_{SC}=$ _____
图 4-78 所示电路	测量等效电阻 $R_0=$ _____
图 4-79 所示电路	计算 2Ω 电阻的电压、电流
讨论：比较图 4-75 与图 4-79，两图有什么关系吗？两图计算所得电压、电流相同吗？ 结论：图 4-79 中的计算结果与图 4-75 _____，说明图 4-74 原电路可以用图 4-79 所示的电流源模型 _____。	

上述将有源二端网络等效为电流源模型，是根据诺顿定理得出的。

诺顿定理指出：任何一个线性有源二端网络，都可以用一个电流源与电阻的并联组合等效替代，其中，电流源的电流等于有源二端网络的短路电流 I_{SC}，电阻等于二端网络内部所有独立电源置零后，从二端网络端口看进去的等效电阻 R_0。

3. 诺顿定理的应用。

按照以下步骤完成图 4-74 中 2Ω 电阻的电压、电流的计算。

■ 根据原电路，作出待求支路移走后余下部分构成的有源二端网络的电路图，填入表 4 - 37 中。

■ 作出求有源二端网络短路电流的电路图，并计算短路电流 I_{SC}，填入表 4 - 37 中。

■ 作出将有源二端网络中电压源短路后对应的无源二端网络，并计算等效电阻 R_0，填入表 4 - 37 中。

■ 作出等效电流源模型电路图，填入表 4 - 37 中。

■ 作出原电路的等效电路，并在等效电路中求出 2Ω 电阻的电压、电流，填入表 4 - 37 中。

表 4 - 37　　　　　　　　　　　　　　　子任务三问题的计算结果

原电路：	移走待求支路后的有源二端网络：
求短路电流的电路图：	计算短路电流 I_{SC}：
求等效电阻的电路图：	计算等效电阻 R_0：
等效电流源模型的电路图：	
求电路响应的等效电路图：	计算 2Ω 电阻的电压、电流：

4. 子任务四：总结应用诺顿定理求解电路的步骤，填入表 4 - 38 中。

表 4-38   子任务四应用诺顿定理求解电路的步骤

步骤	要　点
1	
2	
3	
4	
5	

5. 子任务五：学习等效电阻 R_0 的间接测量法。

■ 分别求出图 4-76 有源二端网络的诺顿等效电路和戴维南等效电路，填入表 4-39 中。

■ 根据电压源模型与电流源模型的等效条件，写出这两个二端网络的等效关系。

■ 分析上述关系，得出结论，填入表 4-39 中。

表 4-39   子任务五问题的分析结果

求图 4-76 所示有源二端网络的诺顿等效电路
求图 4-76 所示有源二端网络的戴维南等效电路
图 4-76 所示有源二端网络的诺顿、戴维南等效关系
根据 U_{OC}、I_{SC}，计算 $R_0 = \dfrac{U_{OC}}{I_{SC}} = $ _____
讨论：诺顿与戴维南等效电路中，电压源电压与电流源电流有什么关系？若已知电压源电压与电流源电流，能否求出内阻？
结论：戴维南等效电路和诺顿等效电路中的内阻可以通过测量有源二端网络求得。具体方法是：在测得开路电压 U_{OC} 和短路电流 I_{SC} 后，根据 $R_0 = $ _____ 求出。

■ 学习后的心得体会。

通过本任务的学习，我知道了 _____

_____ 。

■ 对任务完成的过程进行自评，并写出今后的打算。

自评标准	参与完成所有活动，自评为优秀；缺一个，为良好；缺两个，为中等；其余为加油
自评结果	
今后打算	

子任务四　学习最大功率传输定理

【任务描述】

学习最大功率传输定理，理解最大功率传输的条件及获得最大功率传输的方法。

【相关知识】

电路设计中，有时希望负载从电源获得最大的能量，一方面可能是负载工作的需要，另一方面，从物尽其用的角度也非常必要，因此讨论最大功率传输具有重要的意义。

那么，在供电电源一定的条件下，如何使负载获得最大功率呢？如图 4‐80 所示电路中，U_S、R_0 为常数，负载 R_L 的电流为

$$I = \frac{U_S}{R_L + R_0}$$

负载的功率为

$$P_R = I^2 R_L = \left(\frac{U_S}{R_L + R_0}\right)^2 R_L = \frac{U_S^2}{(R_L - R_0)^2 + 4R_L R_0} R_L$$

可见，当负载电阻与电源内阻相等，即 $R_L = R_0$ 时，负载 R_L 能从电源获得最大功率。这个条件也称为最大功率传输条件。此时，电路处于匹配状态，负载获得的最大功率为

$$P_{max} = \frac{U_S^2}{4R_0} \qquad\qquad (4\text{-}35)$$

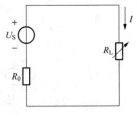

图 4‐80　最大功率
传输分析

定义负载消耗的功率与电路总功耗之比，为传输效率，用 η 表示。在图 4‐80 中，负载消耗的功率为

$$P_R = I^2 R_L = \left(\frac{U_S}{R_0 + R}\right)^2 R_L$$

而电路消耗的总功率为

$$P_T = \frac{U_S^2}{R_0 + R_L}$$

由此，可求得传输效率为

$$\eta = \frac{P_R}{P_T} = \frac{R_L}{R_0 + R_L} \times 100\% = \frac{1}{R_0/R_L + 1} \times 100\% \qquad (4\text{-}36)$$

由式（4‐36）可知，传输效率是随着负载电阻增大而增加的。电路处于匹配状态时，由于负载电阻与电源内阻相等，所以，电源产生的能量有一半被内阻消耗，电源的效率并不高，只有 50%。

实际应用中，在强调传输效率的系统中，如供电系统，不能在匹配状态下工作；否则，传输效率低下，大量电能会损失在传输和配电过程中。而在强调传输功率的系统中，如通信和仪用系统，需在匹配状态下工作，此时虽然有 50% 的能量损失，但损失能量的绝对值并不大，这种付出是值得的。

通常，当准备分析最大功率传输问题时，首先要将原网络用戴维南等效电路代替。因此，最大功率问题经常与戴维南定律一起讨论。

例题分析

例 4-20 图 4-80 所示电路中，$U_S = 10V$，$R_0 = 2\Omega$，问 R_L 为多大时，负载吸收的功率最大？并求此最大功率。

解 根据最大功率传输条件，当 $R_L = R_0 = 2\Omega$ 时，负载吸收的功率最大，且该功率为

$$P_{max} = \frac{U_S^2}{4R_0} = \frac{10^2}{4 \times 2} = 12.5(W)$$

例 4-21 图 4-81（a）所示电路中，问 R_L 为多大时，负载吸收的功率最大？并求此最大功率。

解 将 R_L 视为外电路，余下元件构成线性有源二端网络，如图 4-81（b）所示，先求该二端网络的戴维南等效电路：

$$U_{OC} = 2 \times 1 + 6 = 8(V)$$

$$R_0 = 2\Omega$$

求得的等效电路如图 4-81（d）所示。可知

当 $R_L = R_0 = 2\Omega$ 时，负载吸收的功率最大，最大功率为

$$P_{max} = \frac{U_{OC}^2}{4R_0} = \frac{8^2}{4 \times 2} = 8(W)$$

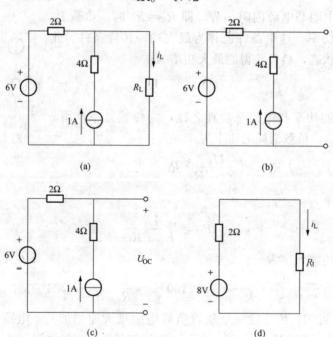

图 4-81 例 4-21 图

【任务实施】

学习最大功率传输理论，计算不同负载下负载的功率和传输效率，并在给出的坐标轴下绘出负载功率曲线和传输效率曲线，找出最大功率传输条件和传输效率。

【一体化学习任务书】

任务名称：学习最大功率传输定理

姓名＿＿＿＿＿＿　　　所属电工活动小组＿＿＿＿＿＿　　　得分＿＿＿＿＿＿

说明：请按照任务书的指令和步骤完成各项内容，课后交回任务书以便评价。

■　学习最大功率传输理论。

图 4-80 所示电路中，$U_S = 100\text{V}$，$R_0 = 50\Omega$，负载电阻可变。完成不同负载下负载功率和传输效率的计算，将结果填入表 4-40，并在给出的坐标轴下绘出曲线。

表 4-40　　　　　　　　　　最大功率传输理论的学习

负载的功率为 $P_R = I^2 R_L = \left(\dfrac{U_S}{R_0 + R_L}\right)^2 R_L$

传输效率为 $\eta = \dfrac{P_R}{P_T} = \dfrac{R_L}{R_0 + R_L} \times 100\%$

R_L（Ω）	0	10	20	30	40	50	60	70	80	90	100	110	120	130	140	150
P_R（W）																
η（%）																

在给出的坐标轴下绘出负载功率曲线和传输效率曲线：

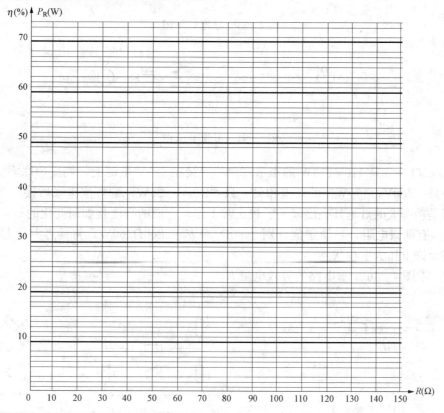

结论：当负载电阻 $R =$ ＿＿＿＿＿＿Ω 时，负载获得最大功率。此时，负载电阻与内阻＿＿＿＿＿＿，但电路的传输效率此时只有＿＿＿＿＿＿%。

习 题 四

A类（难度系数1.0及以下）

4-1　如图4-82所示电路，已知 $I_1=1A$，$I_2=-2A$，$I_3=3A$。（1）试列写广义节点的KCL求 I_4；（2）若 $I_5=-2A$，求 I_6、I_7 和 I_8。

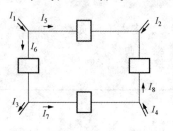

图4-82　习题4-1图

4-2　试求图4-83（a）、（b）、（c）所示电路的电压 U_{AB}、U_{BC}、U_{AC}。

4-3　分别求图4-84所示电路的电压 U 和电流 I。

4-4　在图4-85所示电路中，已知 $I_1=3mA$，$I_2=1mA$。（1）试确定元件3中的电流 I_3 和其两端电压 U_3，并说明它是电源还是负载。（2）计算 $10k\Omega$ 电阻的功率和30V电压源的功率。

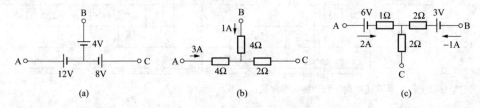

图4-83　习题4-2图

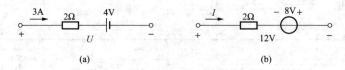

图4-84　习题4-3图

4-5　（1）一只110V、8W的指示灯，若要接在220V电源上，则应串联多大的电阻？（2）将一只"220V，100W"的灯泡和另一只"220V，25W"的灯泡串联后接入220V的电源，是不是功率大的灯泡其亮度就大？较正常工作，它们的亮度是如何变化的？

4-6　有两只电阻，其额定值分别是 $30\Omega/30W$ 和 $200\Omega/60W$，将两者并联起来，则其两端最高允许电压为多少伏？

4-7　求图4-86所示电路的等效电阻 R_{ab}。

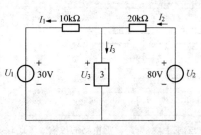

图4-85　习题4-4图

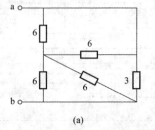
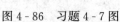

图4-86　习题4-7图

4-8 将图 4-87 所示各电路简化成最简等效电路。

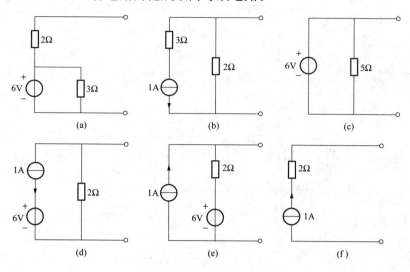

图 4-87 习题 4-8 图

4-9 将图 4-88 所示电路等效变换成电压源模型。

4-10 图 4-89 所示电路中，$E_1 = 3V$，$E_2 = 6V$，$R_1 = 20\Omega$，$R_2 = 10\Omega$，$R_3 = 47\Omega$，分别利用支路电流法、网孔电流法和弥尔曼定理求各支路电流。

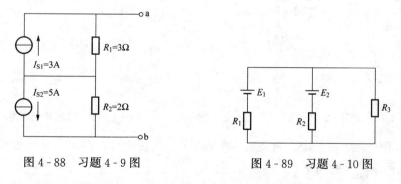

图 4-88 习题 4-9 图

图 4-89 习题 4-10 图

4-11 用弥尔曼定理求图 4-90 所示电路中 60kΩ 电阻的电压和电流。

4-12 用叠加原理求解图 4-91 所示电路中电压源的输出电流。

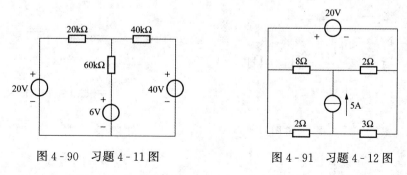

图 4-90 习题 4-11 图

图 4-91 习题 4-12 图

4-13 求图 4-92 所示各有源二端网络等效电路。

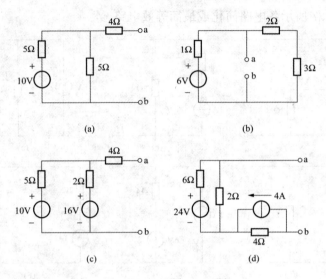

图 4-92   习题 4-13 图

4-14   用戴维南定理求解图 4-93 所示电路的支路电流 I。

4-15   用诺顿定理求解图 4-94 所示电路中的支路电流 I。

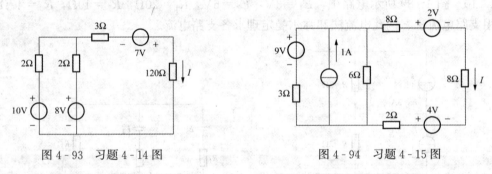

图 4-93   习题 4-14 图   图 4-94   习题 4-15 图

4-16   在图 4-95 所示中，负载 R_L 等于多大时能获得最大功率？并计算此时负载的电流及有源二端网络产生的功率。

B 类（难度系数 1.0 以上）

4-17   试求图 4-96 所示电路的电流 I。

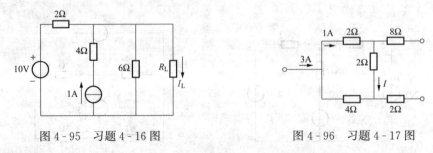

图 4-95   习题 4-16 图   图 4-96   习题 4-17 图

4-18   图 4-97 所示电路中 $V_a=100V$，$V_b=-30V$，$I=0$，试求 R。

4-19   求图 4-98 所示电路的等效电阻 R_{ab}。（图中电阻单位均为 Ω）

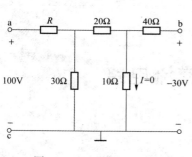

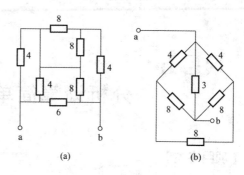

图 4-97　习题 4-18 图　　　　　　　图 4-98　习题 4-19 图

4-20　利用等效电源定理求图 4-99 所示电路中的电流 I 和电压 U。

4-21　如图 4-100 所示电路，求支路电流 I_1，I_2。

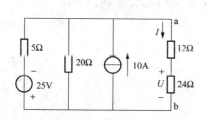

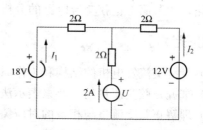

图 4-99　习题 4-20 图　　　　　　　图 4-100　习题 4-21 图

4-22　测得某有源二端网络开路电压 $U_{OC}=16V$，短路电流 $I_{SC}=2A$，若外接负载电阻 $R_L=100\Omega$。试求：（1）R_L 中的电流；（2）负载电阻为多大时，能从电源获得最大的功率？

4-23　欲使图 4-101 所示电路中支路电流 I_3 为零，U_S 应为多少？

4-24　试求图 4-102 所示电路负载电阻中的电流 I。

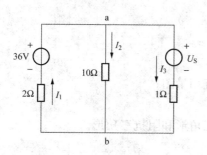

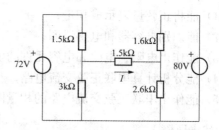

图 4-101　习题 4-23 图　　　　　　　图 4-102　习题 4-24 图

项目五
分析计算简单正弦交流电路

【项目描述】

认识交流发电机，了解交流发电机的工作原理，掌握正弦交流量的表示方法；识别电容器和电感线圈，掌握两种实际元件的电磁性能；通过分析电阻、电感和电容在正弦交流电路中的规律，掌握电阻、电感和电容元件的特性及其电压、电流关系；通过安装调试和计算荧光灯电路，学习简单正弦交流电路的分析方法，掌握荧光灯的安装调试方法。

【知识目标】

（1）了解交流发电机的结构和工作原理；
（2）掌握正弦交流量的三要素表示法；
（3）理解正弦交流量与相量的对应关系；
（4）理解电容器的充、放电特性；
（5）掌握电阻、电感和电容元件的电压、电流关系；
（6）理解串联正弦交流电路的分析思路；
（7）掌握串联正弦交流电路的电压、电流关系；
（8）掌握电压三角形、阻抗三角形的构成。

【能力目标】

（1）能将正弦量表示成相量；
（2）能识别电容器和电感线圈；
（3）能作出电阻、电感和电容元件的电压、电流相量图；
（4）能分析计算串联正弦交流电路；
（5）能作出串联正弦交流电路的相量图、电压三角形和阻抗三角形。

【教学环境】

多媒体教室，具备计算机和投影仪；电工实训室或电工教学车间，具备相关仪器仪表、元器件和操作台。

任务一　认识交流发电机

【任务描述】

认识交流发电机，学习正弦交流量的三要素表示法，学习正弦交流量的相量表示法。

🔍【相关知识】

之前我们分析的都是直流电路，电路的电源是直流电源，电路中的响应也是直流量，电路中所有电压、电流都是不随时间变化的常数；当电源随时间按正弦规律变化时，这样的电源称为正弦交流电源。发电厂的发电机就是正弦交流电压源。

一、交流发电机的工作原理

图5-1（a）所示为交流无刷同步发电机的外形，图5-1（b）所示为交流发电机的工作原理。

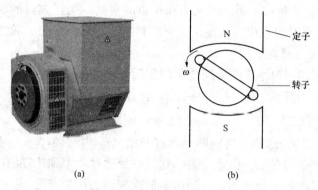

(a)　　　　　　　　　　(b)

图5-1　交流发电机及其工作原理图
（a）交流无刷同步发电机的外形；（b）交流发电机的工作原理

在一对磁极之间，放置有一个转动轴，轴上缠绕着一组绕组。当轴以某一速度 ω 旋转时，绕组随之旋转，并切割磁力线，从而在绕组两端感应电动势，这一电动势即通常所说的电源电动势，电源电压与该电动势方向相反、但大小相等。

图5-1（b）中，静止的磁极被称为定子（或静子），转动的部分被称为转子。需要说明的是，实际发电机的绕组是定子，且不是一组，而是三组，并通过励磁绕组产生旋转磁场（即励磁绕组是转子）。

当磁场的磁感应强度 $B = B_m \sin\omega t$，即磁感应强度是按正弦规律变化时，感应电动势也按正弦规律变化，此时的电源电压为正弦交流电压。

二、正弦交流量的基本知识

1. 正弦量及其三要素

随时间按正弦规律变化的电压、电流，统称为正弦量。以电流为例，其波形随时间变化如图5-2所示，其表达式为

$$i = I_m \sin(\omega t + \psi) \qquad (5-1)$$

式（5-1）中，当 I_m、ω 和 ψ 三个量确定之后，该正弦电流就完全确定了。因此，把 I_m、ω、ψ 称为正弦量的三要素。

正弦电流在整个变化过程中所能达到的最大数值，称为正弦电流的最大值或振幅，用 I_m 表示。

正弦量每隔一定时间就重复原来的变化，称为周期性。正弦量每变化一个循环所需要的时间，叫周期。用字母 T 表示，单位为秒（s）。

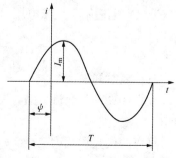

图5-2　正弦电流的波形

周期的倒数是正弦量在单位时间内变化的循环数，称为频率，用符号 f 表示，单位是赫兹（Hz）。

$$f = \frac{1}{T} \qquad (5-2)$$

周期和频率都表示正弦量变化的快慢。对正弦时间函数，通常还用角频率表示它变化的快慢，角频率是正弦函数在单位时间内所变化的角度。

$$\omega = \frac{2\pi}{T} = 2\pi f \qquad (5-3)$$

$(\omega t + \psi)$ 是确定正弦量每一瞬间的大小和正负的角度，叫正弦量的相位或相位角。其中 ψ 是正弦量在时间为零时的相位，叫做正弦量的初相位，简称初相。通常要求 $|\psi| \leqslant \pi$。

2. 同频率正弦量的相位差

相位差是为了区别同频率正弦量间变化的先后顺序的。设

$$i_1(t) = I_{m1}\sin(\omega t + \psi_1)$$
$$i_2(t) = I_{m2}\sin(\omega t + \psi_2)$$

令 $\varphi_{12} = \psi_1 - \psi_2$，称为这两个同频率正弦量的相位差。

两个同频率正弦量间存在相位差，表示它们在变化过程中到达零值或振幅的先后顺序不同，先达到零值或振幅的称为超前，后到达零值或振幅的称为滞后。

在电路分析中，为了简便起见，可在几个有关的同频率正弦量中任选一个正弦量的初相为零，并称这个正弦量为参考正弦量，而其他正弦量的初相就等于它们与参考正弦量之间的相位差。注意参考正弦量与直流电路中的参考点相似，同一电路中只能取一个参考正弦量。

3. 正弦交流量的有效值

一个周期交流量（电压或电流）和某一直流量（电压或电流）分别作用于同一电阻 R，若在相同时间内它们产生的热量相等，则称这个直流量的值为交流量的有效值，据此可知

$$I^2RT = \int_0^T i^2(t)R\,\mathrm{d}t$$

从而得出

$$I = \sqrt{\frac{1}{T}\int_0^T i^2(t)\,\mathrm{d}t}$$

对于正弦量，经过变换，有以下关系式

$$I = \frac{I_m}{\sqrt{2}} \qquad (5-4)$$

式（5-4）也适用于正弦电压，故有

$$U = \frac{U_m}{\sqrt{2}}$$

三、复数知识

分析计算正弦交流电路，要用到数学中的复数知识，下面我们简单介绍复数的一些基本知识。

复数的代数形式为 $A = a + \mathrm{j}b$，也可以表示为三角形式：$A = r(\cos\theta + \mathrm{j}\sin\theta)$。对照代数形式和三角形式，可得到如下对应关系

$$a = r\cos\theta$$
$$b = r\sin\theta$$
$$r = \sqrt{a^2 + b^2}$$
$$\theta = \arctan\frac{b}{a}$$

由欧拉公式 $e^{j\theta} = \cos\theta + j\sin\theta$ 可得复数的指数形式为

$$A = re^{j\theta}$$

进一步可得复数的极坐标形式 $A = r\angle\theta$。

在复平面上，实轴上画出复数的实部 a，虚轴上画出复数的虚部 b，得到坐标为 (a, b) 的点 A 与复数 A 一一对应，如图 5-3 所示。将 A 点与坐标原点相连，加背离原点方向的箭头，得到与复数 A 一一对应的矢量 $\boldsymbol{A}$，$\boldsymbol{A}$ 的大小为 r，与横轴的夹角为 θ，如图 5-4 所示。

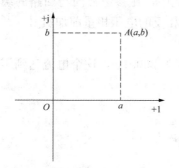

图 5-3　复数与复平面上的点一一对应

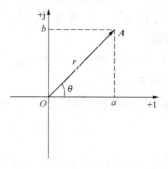

图 5-4　复数与矢量一一对应

四、用相量表示正弦量

一个正弦量是由它的有效值、角频率和初相三要素决定的。而在线性电路中，若电源是同频率的正弦量，则全部稳态电压、电流都是与电源同频率的正弦量，给出电源的频率，就确定了电路中各电压、电流的频率。因此，给定电源频率的电路中，每个正弦量只有有效值和初相两个要素是待求的未知量。在数学中，每一个复数对应着唯一的模和幅角两个要素，可见，频率已知的正弦量与复数存在着对应关系。

通过数学变换方法可以把一个正弦时间函数与一个复数唯一对应起来，这个复数称为正弦量的相量，就是借用复数来表示正弦量的有效值和初相。为了与一般的复数相区别，把表示正弦量的复数称为相量，用大写字母加点表示。如正弦电流 i 与相量 $\dot{I}$ 二者之间的对应关系（不是相等关系）可表示为

$$i = \sqrt{2}I\sin(\omega t + \psi) \Leftrightarrow \dot{I} = Ie^{j\psi} = I\angle\psi$$

在复平面上，用以表示正弦量的矢量图称为相量图。如正弦交流电压 $u = \sqrt{2}U\sin(\omega t + \psi_u)$，它对应的相量为 $\dot{U} = U\angle\psi_u$，所对应的相量图如图 5-5 所示。

同频率正弦量所对应的相量，在复平面上的相对位置不随时间变化，因而可以画在同一相量图上；而不同频率正弦量的相对位置是随时间变化的，所对应的相量不能画在同一相量图上。

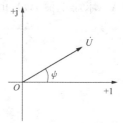

图 5-5　正弦电压的相量图

五、相量形式的基尔霍夫定律

基尔霍夫定律是电路的基本定律，它适用于任何电路的任意瞬间，与电路元件的性质与激励方式无关，因而基尔霍夫定律也适用于正弦交流电路。

基尔霍夫电流定律（KCL）在正弦交流电路中的描述是：任一瞬间，连接在正弦交流电路任一节点的各支路电流的代数和为零。用相量表示各电流后，可以表述为相量形式的KCL：任一瞬间，连接在正弦交流电路的任一节点的各支路电流相量和为零，即 $\sum \dot{I} = 0$。式中，在参考方向背离节点的电流相量前加正号，参考方向指向节点的电流相量前就加负号。

基尔霍夫电压定律（KVL）在正弦交流电路中的描述是：任一瞬间，正弦交流电路的任一回路各元件电压的代数和为零。表述为相量形式的 KVL 则为：任一瞬间，正弦交流电路任一回路的各元件电压相量和为零，即 $\sum \dot{U} = 0$。式中，在参考方向与回路的绕行方向相同的电压相量前加正号，参考方向与回路的绕行方向相反的电压相量前加负号。

例题分析

例 5-1　一个正弦电流的最大值为 100mA，频率为 2000Hz，这个电流达到零值后经过多长时间可达 50mA？

解　由给出的条件可知，此正弦电流的周期等于

$$T = \frac{1}{2000} = 500(\mu s)$$

由零值到达 50mA 需变化的弧度为

$$\varphi = \arcsin \frac{100}{50} = 30° = \frac{\pi}{6}(\text{rad})$$

一个周期 T 对应 2π rad，所以

$$T : 2\pi = t : \frac{\pi}{6}$$

这里 t 为变化 $\frac{\pi}{6}$ rad 对应的时间。

因此

$$t = \frac{1}{12} \times 500 \approx 41.7(\mu s)$$

例 5-2　图 5-6（a）、（b）所示电路分别为正弦交流电路的一部分，已知电阻、电感、电容电流分别为 $i_R(t) = \sqrt{2} 3\sin 314t\,\text{A}$、$i_L(t) = \sqrt{2} 4\sin(314t - 90°)\,\text{A}$、$i_C(t) = \sqrt{2} 8\sin(314t + 90°)\,\text{A}$，求总电流 $i(t)$ 的大小，并作出相量图。

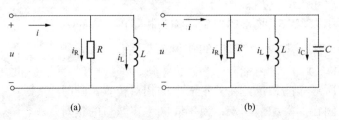

图 5-6　例 5-2图

解　（a）根据相量形式的 KCL，得

$$\dot{I} = \dot{I}_R + \dot{I}_L$$

因为　　　　　　　　　　$\dot{I}_R = 3\angle 0°A, \quad \dot{I}_L = 4\angle -90°A$

所以　　　　　　$\dot{I} = \dot{I}_R + \dot{I}_L = 3 - j4 = 5\angle -53.13°(A)$

$$i(t) = 5\sqrt{2}\sin(314t - 53.13°)A$$

（b）根据相量形式的 KCL，得

$$\dot{I} = \dot{I}_R + \dot{I}_L + \dot{I}_C$$

因为　　　　　$\dot{I}_R = 3\angle 0°A, \quad \dot{I}_L = 4\angle -90°A, \quad \dot{I}_C = 8\angle 90°A$

所以　　　$\dot{I} = \dot{I}_R + \dot{I}_L + \dot{I}_C = 3 - j4 + j8 = 3 + j4 = 5\angle 53.13°(A)$

$$i(t) = 5\sqrt{2}\sin(314t + 53.13°)A$$

相量图如图 5-7（a）、（b）所示。

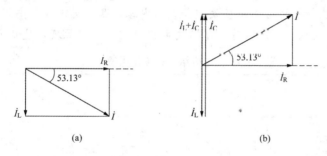

图 5-7　例 5-2 相量图

实践应用　**示波器和信号发生器**

示波器是一种用途十分广泛的电子测量仪器，如图 5-8 所示。它能通过显示屏将电信号以图像的形式呈现出来，便于人们研究各种电现象的变化过程。利用示波器能观察各种不同信号幅度随时间变化的波形曲线，还可以用它测试各种不同的电量，如电压、电流、频率、相位差、幅度等。

信号发生器是一种能提供各种频率、波形和输出电平电信号的设备，常用作测试的信号源或激励源，如图 5-9 所示。按信号波形可分为正弦信号发生器、函数（波形）信号发生器、脉冲信号发生器和随机信号发生器等四大类。信号发生器又称信号源或振荡器，在生产实践和科技中广泛应用。

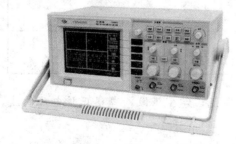

图 5-8　示波器

图 5-9　信号发生器

【任务实施】

（1）观看发电厂生产过程教学片，了解发电机结构和工作原理。

（2）观看示波器和信号发生器的教学片，了解其组成和工作原理，认识示波器各种按钮的作用及其操作，学习信号发生器的操作。

（3）应用仿真软件，教师示范，学生跟做，观察正弦电压的波形。

（4）利用实际示波器和信号发生器，认知相位差。

（5）学习复数的四则运算，完成相关内容的练习。

（6）学习正弦量的相量表示、作出相量图，完成相关内容的练习。

【一体化学习任务书】

任务名称：认识交流发电机

姓名_____　　　所属电工活动小组_____　　　得分_____

说明：请按照任务书的指令和步骤完成各项内容，课后交回任务书以便评价。

■ 观看发电厂生产过程教学片，了解发电机结构和工作原理，完成表5-1。

表5-1　　　　　　　　　　　发电机结构和工作原理

发电机结构	
发电机工作原理	

■ 观看示波器和信号发生器的教学片，了解其组成和工作原理，认知示波器各种按钮的作用及其操作，学习信号发生器的操作，完成表5-2。

表5-2　　　　　　　　　　示波器和信号发生器的使用

仪器	示波器	信号发生器
组成		
工作原理		
各种按钮的作用		
操作步骤		

■ 应用仿真软件，做出图5-10所示电路。教师示范，学生跟做，观察正弦电压的波形，并完成表5-3。

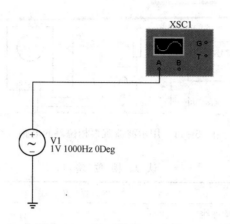

图 5 - 10　观察正弦电压的波形

表 5 - 3　　　　　　　　　　　　　观察正弦电压的波形

操作步骤	内　容　描　述
1	打开仿真软件
2	按图 5 - 10 接线
3	调节示波器，使电压波形完整、清晰地呈现出来 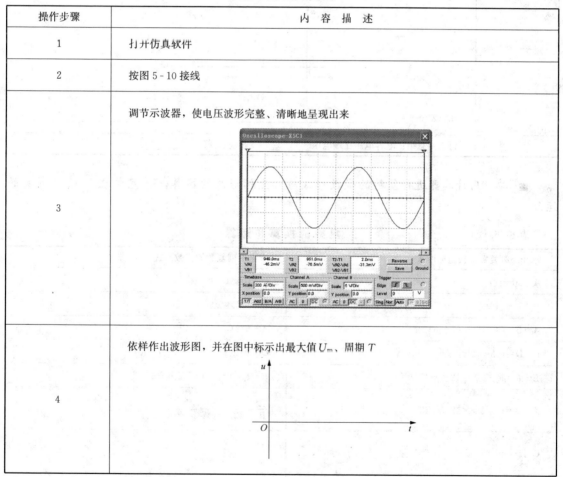
4	依样作出波形图，并在图中标示出最大值 U_m、周期 T

■ 利用实际示波器和信号发生器，按图 5 - 11 所示电路接线，认知相位差，完成表 5 - 4。

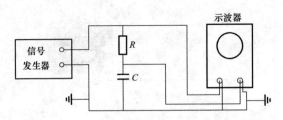

图 5-11　用示波器观察相位差的电路

表 5-4　　　　　　　　　　　　认 知 相 位 差

操作步骤	内 容 描 述
1	按图 5-11 正确连线
2	将信号发生器作为源信号，调节输出信号为正弦波。通过示波器同时显示两个同频正弦量的波形
3	画出两个正弦波形，计算其相位差 相位差 $\varphi=$ _____。
4	讨论并总结：电容电压比端电压_____（超前、滞后）_____。

■　学习用计算器进行复数的代数形式与极坐标形式的换算，并完成表 5-5 中复数的运算。

表 5-5　　　　　　　　　　　　复 数 的 换 算 和 运 算

求出下列复数的极坐标形式	求出下列复数的代数形式
$A=30+j40=$	$C=10\angle45°=$
$B=10+j10=$	$D=100\angle-90°=$
$A+B=(3+j4)+(7+j6)=$	$A-B=(3+j4)-(7+j6)=$
$C+D=(13-j14)+(-7+j6)=$	$C-D=(13-j14)-(-7+j6)=$
$E+F=10\angle30°+12\angle-45°=$	$E-F=10\angle30°-12\angle-45°=$
$A\times B=10\angle30°\times12\angle-45°=$	$\dfrac{A}{B}=\dfrac{10\angle30°}{12\angle-45°}=$
$C\times D=10\angle-120°\times2\angle60°=$	$\dfrac{C}{D}=\dfrac{10\angle-120°}{2\angle60°}=$
$E\times F=(3+j4)\times(6-j8)=$	$\dfrac{E}{F}=\dfrac{3+j4}{6-j8}=$

■　学习正弦量的相量表示、作出相量图，完成表 5-6 中相关内容的练习。

表 5 - 6　　　　　　　　　　　　　正弦量的相量表示

正弦量	正弦量表示成相量	相量图
$i_1(t)=\sqrt{2}6\sin(314t+30°)\mathrm{A}$		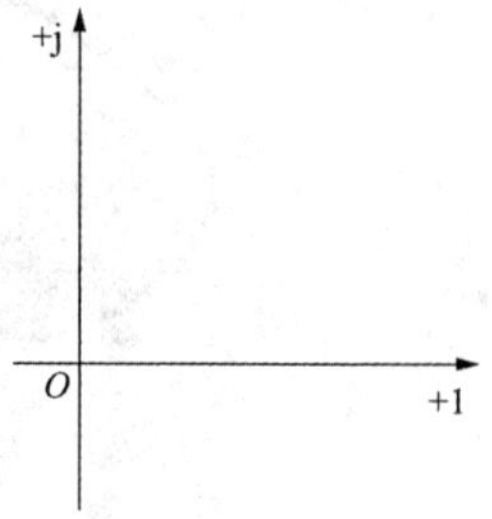
$i_2(t)=\sqrt{2}8\sin(314t+120°)\mathrm{A}$		
$i=\sqrt{2}10\sin(\omega t+83.13°)\mathrm{A}$		

■ 学习后的心得体会。

通过本任务的学习，我知道了 _____

_____

_____。

■ 对任务完成的过程进行自评，并写出今后的打算。

自评标准	参与完成所有活动，自评为优秀；缺一个，为良好；缺两个，为中等；其余为加油
自评结果	
今后打算	

任务二　识别电容器和电感线圈

【任务描述】

识别电容器和电感线圈，观察电容器的充、放电过程，会根据电路选用合适的电容器和电感线圈，并能对其进行检测。

【相关知识】

正弦交流电路中，除了电阻器，还存在电感器和电容器。掌握它们的结构和电磁特性，尤其是电压、电流的关系对于分析电路是非常必要的，也是十分重要的。

一、电容器

电容器是常用的电气元件，其规格和品种多样，图 5 - 12 所示为一些电容器的实物图。

电容器可分为电力电容器、电子电路用电容器；其容量可以是固定的、可变的和可微调的。但其基本结构都是由两块导体中间隔以绝缘材料构成的，在两块导体上分别引出一根引脚与外电路相连，如图 5 - 13 所示。这两块导体称为极板，绝缘材料称为介质。绝缘介质的存在，保证了两极板之间的绝缘。

电容器的重要参数是电容量。定义电容器每个极板上的电荷量 q 和两极板间的电压 u 之比为电容量，简称电容，用 C 表示，即

图 5-12　电容器的实物图

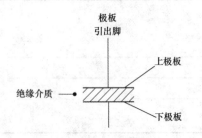

图 5-13　电容器的基本结构

$$C = \frac{q}{u} \tag{5-5}$$

电容的单位为法拉，简称法（F），常用单位是微法（μF）和皮法（pF）。其中，$1\mu F = 10^{-6}$ F，$1pF = 10^{-12}$F。

由式（5-5）可知，极板间电压相同的情况下，电容器每个极板上的电荷量 q 越大，电容量就越大。可见电容量 C 是表征电容器储存电荷能力大小的物理量。事实上，电容量与电容器两极板的相对面积、两极板间距离以及绝缘介质的性能有关，其大小是由电容器本身决定的，与是否带电无关。平行板电容器的电容量为

$$C = \varepsilon \frac{S}{4\pi d} \tag{5-6}$$

式中　ε——介质的介电常数，与介质的材料有关；

　　　S——两极板相对重叠的极板面积；

　　　d——两极板之间的距离。

可见对于一个固定电容器而言，它生产出来后电容大小就确定了。

图 5-14 所示为普通电容器的电气符号。图中大写字母 C 表示电容器的电容量，图中看出电容器有两根引脚，且该电容器两根引脚没有正、负极之分。需注意的是，电解电容器是有极性的，其电气符号中要表示出正极所在极板。

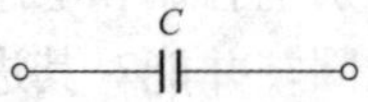

图 5-14　普通电容器的电气符号

1. 电容器的参数及标注

电容器的参数较多，主要有标称容量、允许偏差、额定电压等。

（1）标称容量是表示电容器电容量大小的参数，也分为许多系列，常用的是 E6、E12 系列。

（2）允许偏差表示的是电容器的标称容量与实际容量之间的误差。固定电容器允许偏差常见的有±5%、±10%和±20%，通常电容量越小，允许偏差也越小。

（3）额定电压又称为耐压，是指在规定温度范围内，可以加在电容器上使之长期、正常工作的最大直流电压或交流电压。额定电压是一个重要参数，如果工作电压高于电容器的额定电压，介质会被击穿而导电，电容器损坏失去其储存电荷的能力，称此时电容器被击穿。

表 5-7 为几种电容器常用表示方法及识读方法。

表 5-7 电容器识读

<table>
<tr><td>直标法</td><td>直接读出电容器的标称电容量、额定电压等。

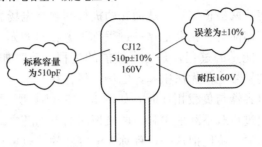

若电容是零点零几，通常会省去整数位"0"。有些电容器会采用字母"R"表示小数点，如 R47μF，表示 0.47μF</td></tr>
<tr><td>色标法</td><td>电容器上有三条色环，分别表示三个色码。色码的读码方向是从顶部向引脚方向。三个色码中，第一、二条表示有效数，第三条表示倍率，即 10 的幂指数 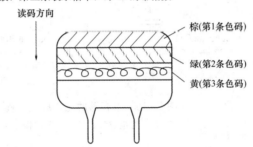 色码与数字的对应关系为 | 色码颜色	黑色	棕色	红色	橙色	黄色	绿色	蓝色	紫色	灰色	白色
对应数字	0	1	2	3	4	5	6	7	8	9 | 如果某个色环的宽度等于标准宽度的 2 倍或 3 倍时，则表示有相同颜色的两个或三个色环</td></tr>
<tr><td>字母数字
混标法</td><td>该标注法中，将字母与数字有规律地组合起来使用。其中，使用的字母有 4 个，各自的意义分别为：$p=10^{-12}F$，$n=10^{-9}F$，$m=10^{-3}F$，$\mu=10^{-6}F$。字母前表示电容量的整数值，字母后表示电容量的小数值。如 p1 表示 0.1pF；3n3 表示 3.3nF，即 3300pF；1m 表示 1mF，即 1000μF。特殊地，0.33μF 可以表示成 μ33，也可以表示成 R33</td></tr>
<tr><td>三位数
表示法</td><td>在三位数字中，前两位表示有效数，第三位表示倍率，即 10 的幂指数。如图所示，三位数为 152，表示标称电容为 15×10^2，单位为 pF
</td></tr>
<tr><td>四位数
表示法</td><td>1）用小数（有时不足四位数）来表示，直接读数，单位为 μF。左下图所示电容器标称电容为 0.47μF
2）用四位整数来表示，直接读数，单位为 pF。右下图所示电容器标称电容为 6800pF

 </td></tr>
</table>

2. 电容器的工作过程

当电容器两端与直流电源相连时，如图 5‑15（a）所示，在电源的作用下，就会有正、负电荷分别向电容器两极板聚集，从而在两极板间建立电场。由于有电场就有电场能量，所以此时电容器是有储能的。我们把这一过程称为电容器的充电过程，其实质是电路中的电能转变为电容器电场能量的过程，是一个储能的过程。此时如果撤去电源，由于介质不能导电，两个极板上的异号电荷无法中和，电场依然存在。

将充过电的电容器与负载相连时，如图 5‑15（b）所示，在电场力的作用下，就会有正、负电荷分别通过负载不断地中和，两极板间的电场随之减弱。最终，当所有电荷中和完毕时，电场随之消失。我们把这一过程称为电容器的放电过程，其实质是电容器中储存的电场能量转变为电路中的电能的过程，是一个释能的过程。

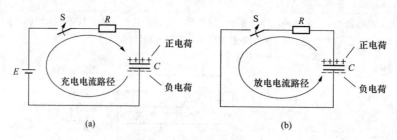

图 5‑15　电容器的充、放电过程
（a）充电过程；（b）放电过程

由前述可知，在电容器的充、放电过程中，有电荷向极板移来或从极板移走，而电荷的定向移动就形成了电流，这就是电容电流。

若电容为常数，选择其电压、电流为关联参考方向，将式（5‑5）代入电流的定义式 $i=\dfrac{\mathrm{d}q}{\mathrm{d}t}$，可知电容器的电压、电流关系为

$$i = C\frac{\mathrm{d}u}{\mathrm{d}t} \tag{5‑7}$$

显然，只有当电容器电压变化时，才会有电容电流存在。

电容器的直流充电或放电过程是极其短暂的。图 5‑16（a）、（b）分别为电容器的直流充电和放电电压随时间变化的波形图。图中在大约几秒内电容器的充电、放电过程就结束了，之后不再有电荷移动，电容器的电压也不再变化，电容器所在支路没有电流，能量没有继续交换。这就是直流电路中的情形：电压 U 不随时间变化，电流为零，故可将电容器视

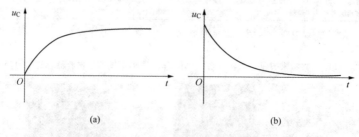

图 5‑16　电容器直流充、放电电压波形图
（a）直流充电电压；（b）直流放电电压

为开路，此时电容器不起作用。这也是我们在直流电路中不讨论电容器的原因。

那么交流电路中，电容器又是如何工作的呢？将电容器与正弦交流电压源相连通后，由于电压源电压随时间一直在变化，一个周期内电容器将经历正向充、放电和反向充、放电的过程，电路中始终有电荷移动，有电流存在，实现了能量不间断的传递，即电容器在交流电路中起作用。具体过程见表5-8。

需要特别指出的是，这里所说的电容电流与电阻电流、电感电流是不同的。电阻电流、电感电流是从元件的一端穿过元件流到元件的另一端的，而电容器的介质不导电，故电容电流实质上是由于不断地充放电而在电容器两极板和其他元件间移动的电荷形成，是电容器所在支路的电流，并非流过电容器的电流。

表5-8　　　　　　　　　　　　**电容器在正弦交流电路中的工作过程**

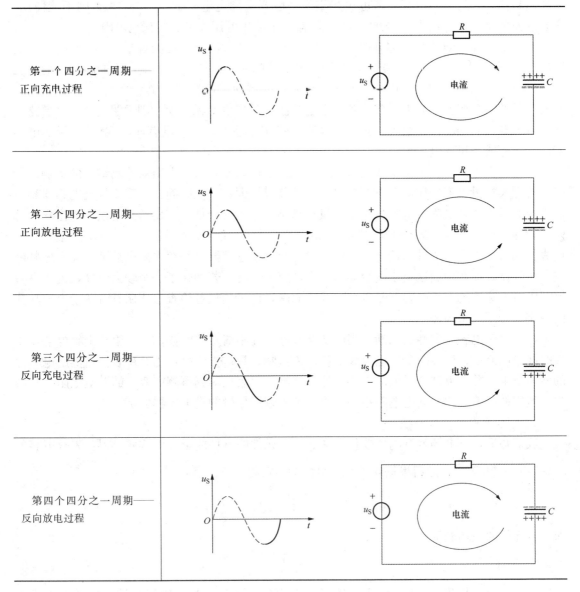

3. 电容器的检测

在实际电路中，常常需要对电容器进行检测，以排除或查明故障，保证电路正常工作。常见的电容器检测项目有：漏电电阻的测量、电容器的断路检测、电容器的击穿检测以及电解电容器极性的判断。

（1）漏电电阻的测量。方法如下：选用万用电表的 R×10k 挡或 R×1k 挡（挡位选择视电容器的容量而定），两表笔分别接触电容器的两根引脚。此时表针首先朝顺时针方向（阻值减小的方向）摆动，然后又慢慢地向逆时针方向回归至阻值为∞附近。此过程实质上是电容器的充电过程，该过程中表针摆动幅度越大，说明电容器的电容量越大。表针静止时所指示的电阻值就是该电容器的漏电电阻。在测量中，如果表针距无穷大较远，则表明漏电电阻小，电容器漏电严重，不能使用。有的电容器在测漏电电阻时，表针退回到无穷大位置后，又顺时针摆动，这表明电容器漏电更严重。一般要求漏电电阻 $R \geqslant 500\text{k}\Omega$，否则不能使用。需要注意的是，电容量小于 6800pF 的电容器，不能用万用表测它的漏电电阻。

（2）电容器的断路（又称开路）、击穿（又称短路）检测。检测容量为 6800pF～1F 的电容器，用 R×10k 挡，红、黑表笔分别接电容器的两根引脚，在表笔接通的瞬间，应能见到表针有一个很小的摆动过程。如若未看清表针的摆动，可将红、黑表笔互换一次后再测，此时表针的摆动幅度应略大一些，若在上述检测过程中表针无摆动，则说明电容器已断路。

若表针向右摆动一个很大的角度，且表针停在那里不动（即没有回归现象），说明电容器已被击穿或严重漏电。

注意：在检测时，手指不要同时碰到两支表笔，以避免人体电阻对检测结果的影响。同时，检测大容量电容器如电解电容器时，由于其容量大，充电时间长，需要根据电容器容量的大小，适当选择量程，电容量越小，量程越小，否则就会把电容器的充电误认为击穿。

检测容量小于 6800pF 的电容器时，由于容量太小，充电时间很短，充电电流很小，万用表检测时无法看到表针的偏转，所以此时只能检测电容器是否存在漏电故障，而不能判断它是否开路。即在检测这类小电容器时，表针应不偏转，若偏转了一个较大角度，说明电容器漏电或击穿。这类小电容器是否存在开路故障，可采用代替检查法或用具有测量电容功能的数字式万用表来检测。

（3）电解电容器极性的判断。当电解电容器极性不清楚的时候，可以根据电解电容器正接时漏电电流小、反接时漏电电流大的特性来判断。具体方法是：用万用表测量电解电容器的漏电电阻，并记下这个阻值的大小，然后将红、黑表笔对调再测电容器的漏电电阻，将两次所测得的阻值对比，漏电电阻小的一次，黑表笔所接触的是电容器的负极。

4. 电容器中的能量交换

我们知道，有电场就有电场能量存在。电容元件的电场能量可以这样求得：先求电容的功率 $p = ui = Cu\dfrac{\mathrm{d}u}{\mathrm{d}t}$，之后根据功率与能量的关系可得

$$W_\text{C} = \int_0^t p\,\mathrm{d}t = \int_0^U Cu\,\mathrm{d}u = \frac{1}{2}CU^2$$

即电容元件的电场能量

$$W_\text{C} = \frac{1}{2}CU^2 \tag{5-8}$$

式（5-8）表明，电容器的电场能量与电容量成正比，与电容器两端电压的平方成正

比，即电压越大，电容所储存的电场能越多。事实上，电容器电压越大，意味着极板上储存的电荷越多，电场就越强，自然电场能量就越多。计算式与前面我们讨论的物理意义是一致的。

二、电感器

电感器，简称电感，又称为电感线圈，俗称线圈，在电路中的应用非常广泛。图 5 - 17 所示为一些常见线圈的外形图。

若将导线缠绕在铁芯上，将得到铁芯电感。若直接将导线绕成线圈状，得到的是空心电感；图 5 - 18（a）、（b）所示为两种电感结构示意图。

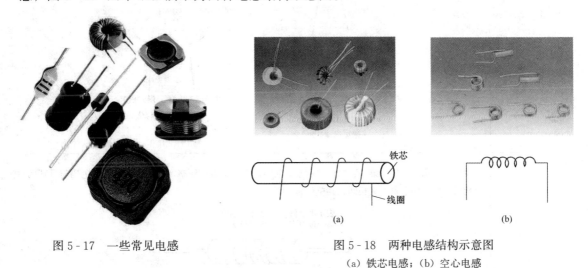

图 5 - 17　一些常见电感

图 5 - 18　两种电感结构示意图
（a）铁芯电感；（b）空心电感

1. 电感的参数及标注

我们知道，通电导线在其周围将产生磁场。将电感通以电流 i，则每匝产生的磁通为 ϕ（磁通方向与电流方向满足右手螺旋定则），N 匝线圈的总磁通为其磁链 $\psi = N\phi$。定义磁链和产生它的电流之比为电感系数，简称电感，用 L 表示，即

$$L = \frac{\psi}{i} \tag{5 - 9}$$

电感系数又叫做自感系数，单位为亨利，简称亨（H），常用单位还有毫亨（mH）。电感系数是电感的重要参数。由定义可知，相同电流下，电感的截面积越大、匝数越多、铁芯的导磁性能越好，电感交链的磁链就越大，电感系数也就越大。由此可知，电感系数的大小是由电感本身决定的，与电感是否通电无关。

电感的参数除了电感系数外，还有品质因数、分布电容以及额定电流等。

（1）品质因数又称为 Q 值，是电感的一个重要参数。品质因数等于电感无功功率与有功功率之比，它反映了电感质量的好坏，故称其为"品质因数"。品质因数数值越大，说明电感的损耗越小，效率就越高。

（2）分布电容又叫固有电容、寄生电容，是指电感的匝与匝之间、电感与地之间、电感与屏蔽盒之间存在的寄生电容。分布电容的存在，使得电感的品质因数下降，稳定性变差。

（3）额定电流是指电感器长期、安全工作所允许的最大电流。它是选用电感时的重要参数。

表 5-9 为电感常用表示及识读方法。

表 5-9	电感常用表示及识读方法
直标法	直接在电感外壳上标出电感的标称值，同时用字母表示额定电流，通常字母 A、B、C、D、E 对应的额定电流分别为 50、150、300、700、1600mA，用Ⅰ、Ⅱ、Ⅲ表示允许偏差 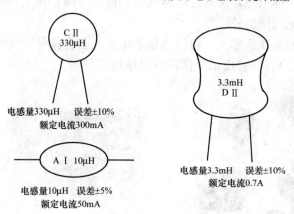
色标法	用色环表示电感量，第一、二位表示有效数字，第三位表示倍率，第四位为误差。色码与色环的对应关系同色环电阻含义相同。其单位为 μH 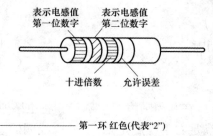 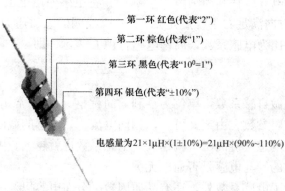

2. 电感的工作过程

若电感电流 i 交变，则产生的磁链也交变，根据法拉第电磁感应定律，在电感两端将感应出电压，这个电压即电感的电压。若选择电感电压与电流为关联参考方向，则有

$$u = \frac{\mathrm{d}\psi}{\mathrm{d}t} \tag{5-10}$$

将式（5-9）代入式（5-10）中可知：若电感系数为常数，电感的电压、电流关系为

$$u = L \frac{\mathrm{d}i}{\mathrm{d}t} \qquad (5-11)$$

显然，只有当电感电流变化时，才会有电感电压存在。直流电路中，电流 I 不随时间变化，电感电压为零，故将其视为短接，电感不起作用。交流电路中，电流随时间变化，电感电压存在，不为零，此时电感线圈起作用。这也是我们在直流电路中不讨论电感的原因。

3. 电感的测量及好坏判断

（1）电感测量。将万用表打到蜂鸣二极管挡，把表笔放在两引脚上，看万用表的读数。

（2）好坏判断。对于贴片电感，此时的读数应为零，若万用表读数偏大或为无穷大则表示电感损坏。对于匝数较多、线径较细的电感，读数会达到几十到几百。通常情况下电感的直流电阻只有几欧。损坏表现为发烫或电感磁环明显损坏。若电感不是严重损坏，而又无法确定时，可用电感表测量其电感量或用替换法来判断。

4. 电感中的能量交换

我们知道，有电流通过导体，在导体周围就会有磁场，有磁场就有磁场能量存在。电感元件的磁场能量可以这样求得：先求电感的功率 $p = ui = Li\dfrac{\mathrm{d}i}{\mathrm{d}t}$，之后根据功率与能量的关系可得

$$W_{\mathrm{L}} = \int_0^t p\,\mathrm{d}t = \int_0^I Li\,\mathrm{d}t = \frac{1}{2}LI^2$$

即电感储存的磁场能量

$$W_{\mathrm{L}} = \frac{1}{2}LI^2 \qquad (5-12)$$

可见，电感储存的磁场能量与电感系数成正比，与通过电感电流的平方成正比。可见电流越大，电感所储存的磁场能量越多，这与我们提到的电流越大、产生的磁场越强、磁场能量越多是一致的。

例题分析

例 5-3　一个电感系数为 $1.59\mathrm{H}$ 的电感中流过的电流为 $i(t) = 0.44\sqrt{2}\sin(314t+30°)\mathrm{A}$，求电感的电压 $u(t)$。

解　设电感电压与电流为关联参考方向，则有

$$u = L \frac{\mathrm{d}i}{\mathrm{d}t}$$

将 $i(t) = 0.44\sqrt{2}\sin(314t+30°)\mathrm{A}$ 代入得

$$u(t) = L \frac{\mathrm{d}i(t)}{\mathrm{d}t} = 1.59 \times 0.44\sqrt{2}\cos(314t+30°) \times 314 = 220\sqrt{2}\sin(314t+120°)(\mathrm{V})$$

【任务实施】

（1）学习电容器相关知识，选取 3 个电容器，读出其标称值。接着选取 3 个电容器，用万用表进行短路和断路检测，以判断其是否损坏。

（2）应用仿真软件，观察并画出电容器充、放电过程的波形，并回答相关问题。

（3）学习电感相关知识，选取 3 个电感，读出其标称值。

【一体化学习任务书】

任务名称： 识别电容器和电感线圈

姓名 ＿＿＿＿＿＿　　　所属电工活动小组 ＿＿＿＿＿＿　　　得分 ＿＿＿＿＿＿

说明： 请按照任务书的指令和步骤完成各项内容，课后交回任务书以便评价。

1. 学习电容器相关知识。

■ 教师讲解并演示电容器的识别方法，具体内容见表5-7。

■ 电容器的识别。选取3个电容器，读出其标称值，填入表5-10中。

■ 教师演示电容器漏电电阻的测量、电容器短路的测量、电容器开路的测量以及电解电容器极性的判断。

■ 电容器的测试。选取3个电容器，用万用表进行短路和断路测量，以判断其是否损坏，填入表5-10中。

表5-10　　　　　　　　　　　　学习电容器相关知识

电容器编号	标称读数	测试结果
1		
2		
3		

2. 应用仿真软件，分别给电容器通入直流电与交流电，如图5-19、图5-20所示。观察电容器充、放电过程的波形，填入表5-11中。

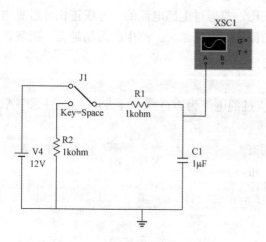

图5-19　直流电源对电容器充、
放电仿真电路

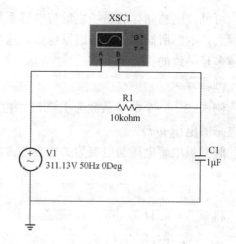

图5-20　交流电源对电容器充、
放电仿真电路

表 5 - 11　　　　　　　　　　**观察电容器的充、放电过程的波形**

步骤	内　容　描　述
1	打开仿真软件
2	按图 5 - 19 接线。反复切换单刀双掷开关，观察电容支路接通电源时，直流电源对电容器充电时的电压波形。调节示波器，使电压波形完整、清晰地呈现出来，并绘于此处 *(坐标图：纵轴 u，横轴 t，原点 O)*
3	在图 5 - 19 中，反复切换单刀双掷开关，观察开关与电阻 R2 接通时，电容器对电阻放电时的电压波形。调节示波器，使电压波形完整、清晰地呈现出来，将示波器显示的电压波形绘于此处 *(坐标图：纵轴 u，横轴 t，原点 O)*
4	按图 5 - 20 接线。观察交流电源对电容器充、放电时的电压波形。调节示波器，使电压波形完整、清晰地呈现出来，并绘于此处 *(坐标图：纵轴 u，横轴 t，原点 O)*

3. 学生自学电感的识别方法，见表 5 - 9。选取 3 个电感，读出其标称值，填入表 5 - 12 中。

表 5 - 12　　　　　　　　　　**电 感 的 识 别**

编号	标　称　读　数
1	
2	
3	

■ 学习后的心得体会。

通过本任务的学习，我知道了_____

■ 对任务完成的过程进行自评，并写出今后的打算。

自评标准	参与完成所有活动，自评为优秀；缺一个，为良好；缺两个，为中等；其余为加油
自评结果	
今后打算	

任务三　分析电阻、电感和电容在正弦交流电路中的规律

【任务描述】

分析电阻、电感和电容在正弦交流电路中的规律，掌握正弦交流电路中电阻、电感和电容的电压、电流关系，进一步熟悉用相量分析交流电路的方法。

【相关知识】

正弦交流电路中，除了电阻元件，还有电感元件和电容元件。我们不仅要掌握它们电压、电流的一般关系，还要掌握其在正弦交流电路中所特有的相量关系式。

一、电阻元件

根据电阻元件的性质，如图 5-21（a）所示，关联参考方向下，线性电阻元件的电压、电流关系为 $u=Ri$。设电阻的电流为

$$i(t) = I_m \sin(\omega t + \psi_i) = \sqrt{2} I \sin(\omega t + \psi_i)$$

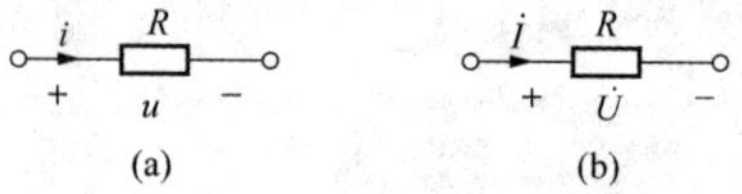

则关联参考方向下，电阻电压为

$$u = Ri = \sqrt{2} RI \sin(\omega t + \psi_i)$$

其中

$$U = RI \qquad (5-13)$$
$$\psi_u = \psi_i \qquad (5-14)$$

图 5-21　电阻元件的电路图和相量模型
（a）电阻元件电路图；（b）电阻元件相量模型

可见，当电阻电流为正弦函数时，电压也是同频正弦量，且满足：①电压、电流有效值关系遵循欧姆定律；②电压、电流同相。

将电压、电流表示成相量：$\dot{I} = I\angle\psi_i$，$\dot{U} = U\angle\psi_u$，有

$$\dot{U} = U\angle\psi_u = RI\angle\psi_i = R\dot{I}$$

由上述分析可知，电阻元件的电压和电流存在以下关系

$$\dot{U} = R\dot{I} \qquad (5-15)$$

图 5-21（b）所示为电阻元件的相量模型。图中，元件的电压、电流分别用其相量表示，元件的参数用电压、电流相量之比 R 表示（因 $\dot{U}/\dot{I} = R$）。

一般地，定义 $Z = \dot{U}/\dot{I}$，因其为两个复数之比，且反映对正弦交流电流的阻碍能力的大小，故称为复数阻抗，简称复阻抗。定义 $Y = \dot{I}/\dot{U}$，因其为复阻抗的倒数，且反映对正弦交流电流的导通能力的大小，故称为复数导纳，简称复导纳。显然，电阻元件的复阻抗 $Z = R$，复导纳 $Y = 1/R = G$。

注意：$\dot{U}=R\,\dot{I}$ 中，电压、电流是关联参考方向，而 $U=RI$ 与参考方向的选择无关。
图 5-22 为电阻元件电压、电流波形图及相量图。

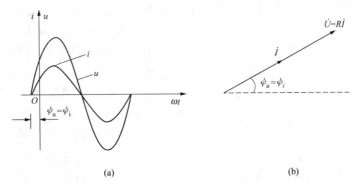

图 5-22 电阻元件电压、电流波形图及相量图
(a) 波形图；(b) 相量图

二、电感元件

电感元件就是电感的理想化电路模型。

定义电感元件为二端元件，其通过的电流与产生的磁场方向满足右手螺旋关系，其电流大小与磁链为代数关系。若其电感系数是常数，则称为线性电感元件，否则，为非线性电感元件。空心线圈的电感系数是常数，通常若不加以说明，我们讨论的都是线性电感元件。

根据电感元件的性质，在关联参考方向下 [见图 5-23（a）]，线性电感元件的电压、电流关系为

$$u = L\,\frac{\mathrm{d}i}{\mathrm{d}t}$$

当电感电流为正弦量时，设

$$i(t) = \sqrt{2}I\sin(\omega t + \psi_i)$$

则电感电压

$$u = L\,\frac{\mathrm{d}i}{\mathrm{d}t} = \sqrt{2}\omega L I\sin(\omega t + \psi_i + 90°)$$

其中

$$U = \omega L I \tag{5-16}$$

$$\psi_u = \psi_i + 90° \tag{5-17}$$

令

$$X_L = \omega L \tag{5-18}$$

称 X_L 为电感元件的电抗，简称感抗。则式（5-16）变为

$$U = X_L I \tag{5-19}$$

可见，当电感电流为正弦量时，电感电压也是同频正弦量，且满足：①电压、电流的有效值成正比；②电压比电流超前 90°。

将电压、电流表示成相量，则

$$\dot{U} = U\angle\psi_u = X_L I\angle(\psi_i + 90°) = X_L I\angle\psi_i \cdot \angle 90° = \mathrm{j}X_L\,\dot{I}$$

即

$$\dot{U} = jX_L \dot{I} \qquad (5-20)$$

图 5-23 所示为电感元件的电气符号和相量模型，其复阻抗为 $j\omega L$。

图 5-23　电感元件的电气符号和相量模型
（a）电感元件的电气符号；（b）电感元件的相量模型

对比式（5-13）与式（5-19）可知，感抗与电阻类似，均反映元件对电流的阻碍作用，所以它的单位也是欧姆。另一方面，由 $X_L = \omega L$ 可知，不同频率下，同一电感元件的感抗不同，即同一电感元件对不同频率的交流电的阻碍作用不同。低频时，感抗小，电流易通过；高频时，感抗大，电流不易通过。所以对交流来说，电感具有"通低频阻高频"的特性。而直流下，电感电压为 0，电感元件相当于短路。故又可以说"电感具有通直流，阻交流"的特性。

图 5-24 所示为电感元件电压、电流波形图和相量图。

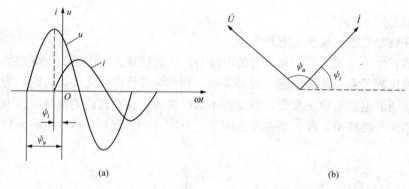

图 5-24　电感元件电压、电流波形图和相量图
（a）波形图；（b）相量图

由上述分析可知：关联参考方向下，电感元件的电压、电流存在以下关系：$\dot{U} = jX_L \dot{I}$。注意：$\dot{U} = X_L \dot{I}$ 是错误的，因 $\dot{U}$、$\dot{I}$ 的初相不同。

三、电容元件

电容元件就是电容器的理想化电路模型。

定义电容元件为二端元件，其两极板总是储存着等量异号的正、负电荷，其极间电压和极板上电荷大小存在着代数关系。若电容元件电容量是常数，则称其为线性电容元件，否则，为非线性电容元件。

根据电容元件的性质，在关联参考方向下，线性电容元件的电压、电流关系为

$$i = C \frac{\mathrm{d}u}{\mathrm{d}t}$$

当电容电压为正弦量时，设

$$u(t) = \sqrt{2}U\sin(\omega t + \psi_u)$$

则电容电流

$$i = C \frac{\mathrm{d}u}{\mathrm{d}t} = \sqrt{2}\omega CU\sin(\omega t + \psi_u + 90°)$$

其中

$$I = \omega C U$$

即

$$U = \frac{1}{\omega C} I \qquad\qquad (5 \text{-} 21)$$

$$\psi_i = \psi_u + 90° \qquad\qquad (5 \text{-} 22)$$

令

$$X_C = \frac{1}{\omega C} \qquad\qquad (5 \text{-} 23)$$

称 X_C 为电容元件的电抗，简称容抗。式（5-21）变为

$$U = X_C I \qquad\qquad (5 \text{-} 24)$$

可见，当电容电压为正弦量时，电容电流也是同频正弦量，且满足：①电压、电流的有效值成正比；②电压比电流滞后 $90°$。

将电压、电流表示成相量，则

$$\dot{U} = U\angle \psi_u = X_C I \angle (\psi_i - 90°) = X_C I \angle \psi_i \cdot \angle -90° = -\mathrm{j}X_C \dot{I}$$

即

$$\dot{U} = -\mathrm{j}X_C \dot{I} \qquad\qquad (5 \text{-} 25)$$

图 5-25 所示为电容元件的电气符号和相量模型，其复阻抗为 $\dfrac{1}{\mathrm{j}\omega C}$。

对比可知，容抗与感抗、电阻类似，均反映元件对电流的阻碍作用，所以它的单位也是欧姆。另一方面，由 $X_C = \dfrac{1}{\omega C}$ 可知，不同频率

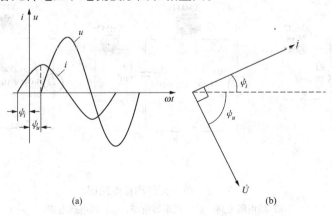

图 5-25　电容元件的电气符号和相量模型
(a) 电容元件的电路图；(b) 电容元件的相量模型

下，同一电容元件的容抗不同。高频时，容抗小，电流易通过；低频时，容抗大，电流不易通过。所以对交流来说，电容具有"通高频阻低频"的特性。而在直流电路中，电容电流为 0，电容元件相当于开路，故又可以说电容具有"通交流，隔直流"的特性。

图 5-26 为电容元件电压、电流波形图和相量图。

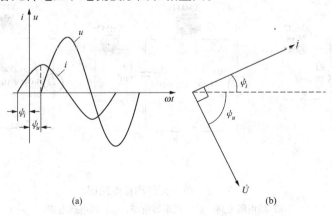

(a)　　　　　　　　　　　　(b)

图 5-26　电容元件电压、电流波形图和相量图
(a) 波形图；(b) 相量图

由上述分析可知：关联参考方向下，电容元件的电压、电流存在关系 $\dot{U}=-\mathrm{j}X_\mathrm{C}\dot{I}$。注意：式 $\dot{U}=X_\mathrm{C}\dot{I}$ 是错误的，因 $\dot{U}$、$\dot{I}$ 的初相不同。

例题分析

例5-4 某空心电感的直流电阻很小（可略），其电感系数 $L=100\mathrm{mH}$，将其接在某正弦电源上，已知正弦电源电压 $u(t)=\sqrt{2}\times100\sin(314t+30°)\mathrm{V}$，求流过电感的电流。

解 将空心电感视为一个理想电感元件，已知其电压 $u(t)=\sqrt{2}100\sin(314t+30°)\mathrm{V}$ 是正弦量，则电流也是正弦量，关联参考方向下，其三要素分别为

$$I=\frac{U}{X_\mathrm{L}}=\frac{U}{\omega L}=\frac{100}{314\times0.1}=3.18(\mathrm{A})$$

$$\omega=314\mathrm{rad/s}$$

电流滞后电压 $90°$，故 $\psi_i=\psi_u-90°=-60°$。

则

$$i(t)=\sqrt{2}\times3.18\sin(314t-60°)\mathrm{A}$$

【任务实施】

（1）应用仿真软件，搭接正弦交流电路，测量任意电阻、电感和电容元件的电压与电流，完成相关的计算，找到电压、电流与元件参数的关系。

（2）实验台上，测量灯泡、电感和电容元件的电压与电流，完成相关的计算，找到电压、电流与元件参数的关系。

【一体化学习任务书】

任务名称：分析电阻、电感和电容在正弦交流电路中的规律

姓名_____　　所属电工活动小组_____　　得分_____

说明：请按照任务书的指令和步骤完成各项内容，课后交回任务书以便评价。

应用仿真软件，搭接正弦交流电路，如图5-27所示，测量任意电阻、电感和电容元件的电压与电流，记录于表5-13中。

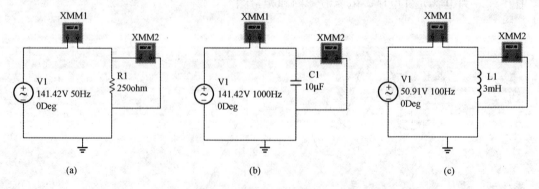

图5-27 单一元件测量电路图

(a) 纯电阻电路；(b) 纯电容电路；(c) 纯电感电路

表 5 - 13　　　　　　　　　**测量电阻、电感和电容元件的电压与电流**

元件	元件参数	电压 U	电流 I	U/I	电压、电流比值与 元件参数关系
电阻元件 1	$R_1 =$				
电阻元件 2	$R_2 =$				
电感元件 1	$L_1 =$ 计算 $X_{L1} = \omega L_1 =$				
电感元件 2	$L_2 =$ 计算 $X_{L2} = \omega L_2 =$				
电容元件 1	$C_1 =$ 计算 $X_{C1} = \dfrac{1}{\omega C_1} =$				
电容元件 2	$C_2 =$ 计算 $X_{C2} = \dfrac{1}{\omega C_2} =$				

在实验台上，测试实际元件的电压、电流。

■ 按照表 5 - 14 选取实验元件。

表 5 - 14　　　　　　　　　　　**实 验 元 件**

元件名称	规格	数量
灯泡	220V、40W	1
电感	0.35H/0.8A	1
电容	4.7μF/500V	1
自耦交流调压器	2kVA/0~250V	1
交流电压表	0~75/150/300/600V	3
交流电流表	0~1/2A	1

■ 按图 5 - 28 所示连接电路。注意各电压表、电流表量程的选择。

■ 将自耦调压器出线端与图 5 - 28 端钮相连，而自耦调压器的进线端接于 220V 交流电源。注意，调压器的调压手轮在接通电源前一定要在零位。

■ 检查电路无误后，接通 220V 工频电源，逐渐升高电压。在调高电压的过程中，注意电流表的数值不要超过电感元件的额定电流。然后读出各电压、电流值。将数据记录于表 5 - 15 中。

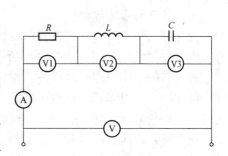

图 5 - 28　实验电路

表 5 - 15 数 据 记 录

元件	元件参数	电压 U	电流 I	U/I	电压、电流比值与元件参数关系
灯泡	$R_1=$				
电感	$L_1=$ 计算 $X_{L1}=\omega L_1=$				
电容	$C_1=$ 计算 $X_{C1}=\dfrac{1}{\omega C_1}=$				
电路	$U=U_1+U_2+U_3$ 吗？				

■ 学习后的心得体会。

通过本任务的学习，我知道了 _____

_____。

■ 对任务完成的过程进行自评，并写出今后的打算。

自评标准	参与完成所有活动，自评为优秀；缺一个，为良好；缺两个，为中等；其余为加油
自评结果	
今后打算	

任务四　安装调试和计算荧光灯电路

【任务描述】

通过安装调试和计算荧光灯电路，了解荧光灯电路的工作原理及组成，理解 RL 串联电路的特点。

【相关知识】

一、荧光灯基本原理

荧光灯，俗称日光灯，主要由辉光启动器、灯管及镇流器三个元件组成，图 5 - 29（a）所示为实际组装图，图 5 - 29（b）所示为原理接线图。

荧光灯的工作原理是这样的：刚接上电源，电路不通，电源电压通过灯丝、镇流器加到辉光启动器上，引起辉光放电，使辉光启动器两触头闭合，电路接通，于是有一较大的电流流过灯丝，使灯丝发热发射电子。这时，辉光启动器两触头间的电压为零，管内辉光放电停止。双金属片冷却，两触头重新断开，在触头断开的瞬间，镇流器断电，它将产生很高的自感电动势，此自感电动势与电源电压串联后加在灯管两端，在此高电压作用下，灯丝发射的电子使水银蒸气产生碰撞电离，电离时发出的紫外线照到灯管内壁的荧光粉上，灯管即开始发光。

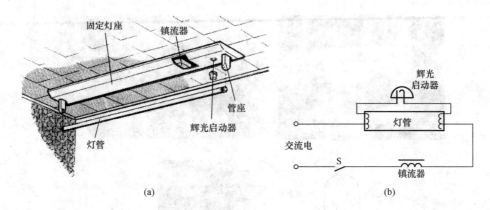

图 5 - 29　荧光灯组装及其原理接线

(a) 实际组装；(b) 原理接线

灯管发光后，电压主要降落在镇流器上，灯管两端的电压（即辉光启动器两端电压）较低，为 80～110V，不足以使辉光启动器的气体放电，因此辉光启动器的触头不再闭合，保证了灯管的连续点燃。

下面看一下荧光灯的各个组成部分。

1. 灯管

荧光灯管结构如图 5 - 30 所示，它是一只真空玻璃管，管子内壁均匀地涂有一层薄的荧光粉，灯管两端各有一个阳极和灯丝，灯丝是钨丝绕制成的，外涂氧化物，灯丝的作用是发射电子，阳极焊在灯丝上，是镍丝做成的，它的作用是当它的电位为正（及处于交流电的正半周）时，吸收部分奔向灯丝的高速运动的电子，以减少电子对灯丝的冲击。

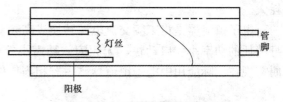

图 5 - 30　荧光灯管结构图

灯管里充有惰性气体氩气及汞（俗称水银）蒸气，灯管开始工作时，先是氩气电离，然后过渡到水银蒸气电离，因水银蒸气电离时会发出紫外线，紫外线照射到管壁，荧光粉就会发出像日光的光线来。

2. 辉光启动器

辉光启动器的作用是与镇流器配合点燃荧光灯。辉光启动器结构如图 5 - 31 所示，它是个辉光放电管，两个触头的电极装在装有氖气的小玻璃管内，倒 U 形电极是由膨胀系数不同的两种金属片制成，内层金属的膨胀系数大，在两电极间加上电源电压后，泡内气体产生辉光放电，倒 U 形双金属片在正负离子的冲击下受热膨胀，趋于伸直，使两触头闭合，这时电极间的电压降为零，于是气体放电停止，双金属片经冷却而恢复到原来的位置，两触头重新断开。为了避免辉光启动器两触头断开时产生火花，通常用一只电容量很小的电容与触头并联。

3. 镇流器

实际应用中有两种镇流器，电感镇流器和电子镇流器。电感镇流器是一个铁芯线圈，如图 5 - 32 所示，该镇流器的作用有两个：一是在荧光灯启动时，产生一个较高的自感电动势，使灯管点燃；二是在荧光灯工作时，限制灯管的电流。

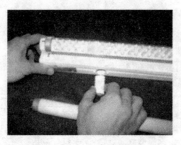

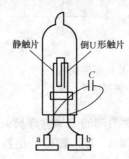

图 5-31　辉光启动器拆分结构

　　电感镇流器由于结构简单，制作方便、成本低且使用寿命长，作为第一种荧光灯配合工作的镇流器，它的市场占有率曾经非常大，但它的缺点也很显著，就是体积大，有噪声，功耗大。

　　电子镇流器是将工频交流电源转换成高频交流电源的变换器，如图 5-33 所示。具有自身消耗的功率小、启动快，无频闪，噪声小等优点。其缺点是电路设计较复杂，维修不方便。现在实际应用中电子镇流器已占有相当比例。

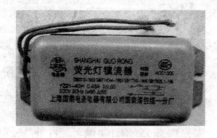

图 5-32　电感镇流器　　　　　　　　　　　图 5-33　电子镇流器

二、荧光灯电路的故障及其维修

1. 荧光灯电路故障

荧光灯电路常见故障有：打开电源开关，灯管不亮；灯管亮时亮度不够，灯管灯光闪烁等。

2. 故障原因

造成这些现象的原因很多，例如：

（1）辉光启动器损坏；

（2）灯管钨丝烧断；

（3）整流器线圈损坏；

（4）荧光灯灯管的灯丝接触处松动，造成接触不良；

（5）若有电子整流器，则电子整流器的整流桥（4 个二极管）和开关管（晶体管或 MOS 场效应晶体管）、振荡电路的电感和电容易损坏、负载电路中的电容易击穿等。

3. 检修方法

荧光灯电路故障的检修方法常见的有：观察法、替换法、测量电阻法等。

（1）观察法。就是用眼睛观察电源插座、开关、灯管连接部件有无明显的松动、断裂、烧焦，灯管两端是否烧黑等明显特征。如果有，该处可能有故障，然后着手进行排除。

（2）替换法。

1）各连接部件检查：断电情况下，通常用万用表进行测量各连接部件两端的电阻，如果电阻很小，说明该处没有故障，如果电阻很大，说明该处有故障。

2）辉光启动器、灯管、镇流器（电子整流器）：用一个好的备用器件分别去替换它们，如果能正常工作，则原器件损坏。

（3）测量电阻法。对灯管、镇流器等测量其电阻，再与正常值进行比较，判断故障所在。

三、荧光灯电路的分析与计算

荧光灯电路的模型，本质上就是 RL 串联电路。其中灯管用 R 等效，镇流器用 L 等效，这里我们暂且将其视为线性元件来分析。所以分析荧光灯电路，其实就是分析 RL 串联电路。

选各元件的电压、电流为关联参考方向，如图 5 - 34 所示。

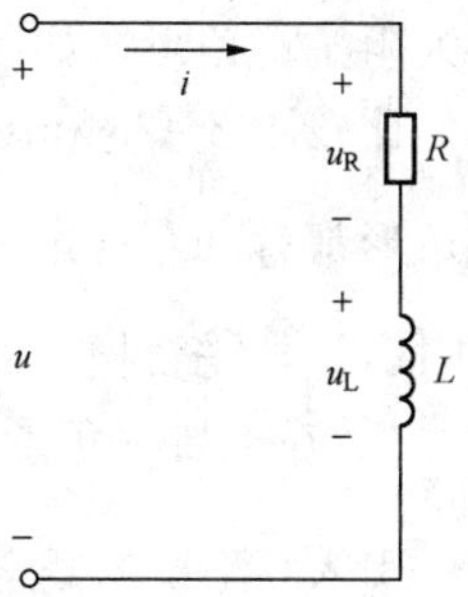

据 KVL，有

$$u = u_R + u_L$$

相量形式的 KVL 为

$$\dot{U} = \dot{U}_R + \dot{U}_L$$

据电阻、电感元件的电压、电流关系 $\dot{U} = R\dot{I}$、$\dot{U} = \mathrm{j}X_L\dot{I}$ 得

$$\dot{U} = \dot{U}_R + \dot{U}_L = R\dot{I} + \mathrm{j}X_L\dot{I} = (R + \mathrm{j}X_L)\dot{I} \quad (5 - 26)$$

令

$$Z = \frac{\dot{U}}{\dot{I}} = R + \mathrm{j}X_L \quad (5 - 27)$$

图 5 - 34　荧光灯电路的
电路模型图

为电路的复阻抗。那么，式（5 - 26）可以表示为

$$\dot{U} = Z\dot{I} \quad (5 - 28)$$

图 5 - 35 所示为荧光灯电路的相量图。

图中，由 $\dot{U}$、$\dot{U}_R$、$\dot{U}_L$ 构成一个直角三角形，称为电压三角形，如图 5 - 36 所示。

从图 5 - 36 中可以得出

$$U = \sqrt{U_R^2 + U_L^2} \quad (5 - 29)$$

$$\varphi = \arctan \frac{U_L}{U_R} \quad (5 - 30)$$

式中　$\dot{U}_L$、$\dot{U}_R$——电感电压和电阻电压；

φ——端电压超前电流的角度。

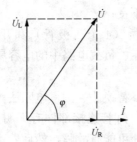
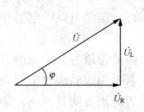

图 5-35　荧光灯电路的相量图　　　　图 5-36　电压三角形

观察式（5-27），可得

$$Z = \frac{\dot{U}}{\dot{I}} = \frac{U \angle \psi_u}{I \angle \psi_i} = \frac{U}{I} \angle (\psi_u - \psi_i)$$

复阻抗的模 $|Z| = \dfrac{U}{I}$，称为阻抗；其幅角为 $(\psi_u - \psi_i)$，即电压超前电流的角度 φ，称为阻抗角，$\varphi = \psi_u - \psi_i$。

另一方面，由 $Z = R + jX_L$ 可得

$$Z = R + jX_L = \sqrt{R^2 + X_L^2} \angle \arctan \frac{X_L}{R}$$

可知，其阻抗 $|Z| = \sqrt{R^2 + X_L^2}$，阻抗角 $\varphi = \arctan \dfrac{X_L}{R}$。由此我们构造了一个直角三角形，称为阻抗三角形，如图 5-37 所示。

比较图 5-36 和图 5-37，可以看出电压三角形和阻抗三角形是相似三角形，两个直角三角形都有一个锐角为 φ，且对应边长之比为电路的电流，即 $\dfrac{U}{|Z|} = \dfrac{U_R}{R} = \dfrac{U_L}{X_L} = I$。在电路分析时，常常需要把二者结合起来使用。例如：可以在阻抗三角形中根据元件参数求出阻抗角 φ，之后在电压三角形中根据边角关系求出电压值。

引入复阻抗的概念后，我们可以求出各元件的复阻抗。对电阻元件，其复阻抗 $Z_R = \dfrac{\dot{U}_R}{\dot{I}_R} = R$；对电感元件，其复阻抗 $Z_L = \dfrac{\dot{U}_L}{\dot{I}_L} = jX_L$。用电压相量、电流相量表示电压、电流，用元件的复阻抗表示元件的参数，就可以得到上述电路的相量模型图，如图 5-38 所示。在正弦交流电路中将经常用到电路的相量模型图。

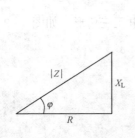
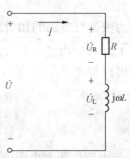

图 5-37　阻抗三角形　　　　图 5-38　荧光灯电路的相量模型

例题分析

例 5-5　把一个电阻为 20Ω、电感为 48mH 的线圈接到 $u=220\sqrt{2}\sin(314t+90°)\text{V}$ 的交流电源上。求：（1）线圈的感抗；（2）线圈的阻抗；（3）电流的有效值；（4）电流的瞬时值表达式。

解法一：电压的相量　$\dot{U}=220\angle90°\text{V}$

线圈的感抗　$X_\text{L}=\omega L=314\times48\times10^{-3}=15.072(\Omega)$

线圈的复阻抗　$Z=R+jX_\text{L}=20+j15.072=25\angle37°(\Omega)$

线圈的阻抗　$|Z|=25\Omega$

线圈的电流　$\dot{I}=\dfrac{\dot{U}}{Z}=\dfrac{220\angle90°}{25\angle37°}=8.8\angle53°(\text{A})$

则电流的有效值　$I=8.8\text{A}$

电流的瞬时表达式　$i=8.8\sqrt{2}\sin(314t+53°)(\text{A})$

解法二：线圈的感抗　$X_\text{L}=\omega L=314\times48\times10^{-3}=15.072(\Omega)$

线圈的阻抗　$|Z|=\sqrt{R^2+X_\text{L}^2}=\sqrt{20^2+15^2}=25(\Omega)$

电流的有效值　$I=\dfrac{U}{|Z|}=\dfrac{220}{25}=8.8(\text{A})$

阻抗角，也是电压超前电流的相位差　$\varphi=\arctan\dfrac{X_\text{L}}{R}=\arctan\dfrac{15}{20}=37°$

电流的瞬时值表达式　$i=\sqrt{2}\times8.8\sin(314t+53°)\text{A}$

例 5-6　RL 串联电路，已知电阻为 100Ω，电感为 0.5H。现在将它接于 50Hz、220V 的交流电源上。求：电路的电流；画出电路电压、电流相量图。

解　关联参考方向下，设电压为参考相量，$\dot{U}=220\angle0°\text{V}$。

电路的阻抗　$Z=R+jX_\text{L}=R+j\omega L=100+j314\times0.5=100+j157=186.1\angle57.5°(\Omega)$

电路的电流　$\dot{I}=\dfrac{\dot{U}}{Z}=\dfrac{220\angle0°}{186.1\angle57.5°}=1.182\angle-57.5°(\text{A})$

电阻及电感的电压　$\dot{U}_\text{R}=R\dot{I}=100\times1.182\angle-57.5°=118.2\angle-57.5°(\text{V})$

$\dot{U}_\text{L}=jX_\text{L}\dot{I}=j157\times1.182\angle-57.5°=185.6\angle42.5°(\text{V})$

电路的相量图如图 5-39 所示。

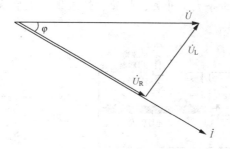

图 5-39　电路的相量图

【任务实施】

（1）安装调试荧光灯电路。拆分荧光灯，认识荧光灯照明线路的主要部件，观察荧光灯的实体电路图和接线图，画出荧光灯电路模型图。将灯架、灯管、辉光启动器、镇流器、开关组装起来，完成荧光灯照明线路连接，并调试使其正常发光。

（2）荧光灯电路仿真。用 RL 串联电路来模拟荧光灯电路，测量电路的电流、灯管电压、镇流器电压，分析各电压的关系。

【一体化学习任务书】

任务名称：安装调试和计算荧光灯电路

姓名＿＿＿＿＿＿　　　　所属电工活动小组＿＿＿＿＿　　　　　　　　得分＿＿＿＿＿

说明：请按照任务书的指令和步骤完成各项内容，课后交回任务书以便评价。

1. 安装调试荧光灯电路。

■ 拆分荧光灯，将荧光灯所有能拆开的部分全部拆下。

■ 观察荧光灯的部件，记录于表 5-16 中。

表 5-16　　　　　　　　　　荧 光 灯 的 部 件

元 件 名 称	数　　　量

■ 重新装好荧光灯，并检查是否发光。

■ 观察荧光灯的实体电路图和接线图，如图 5-40 所示，用给定的符号在表 5-17 中画出荧光灯各部件的连接图——电路模型图。

■ 在实训台上用给定的导线、开关、灯管、镇流器、电容和辉光启动器连成荧光灯电路，使荧光灯发光。

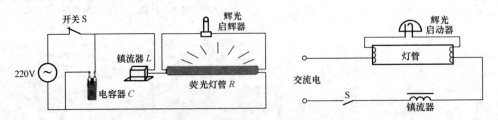

图 5-40　荧光灯实体电路图和接线图

表 5 - 17　　　　　　　　　　　　荧光灯电路模型图

荧光灯元件		荧光灯电路模型图
元件名称	符号	
灯管	 ▭	
镇流器	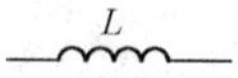 L	
辉光启动器	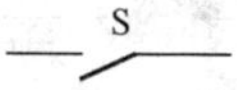 S	
导线		
电容	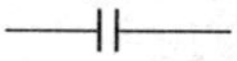 C	

■　检查、调试荧光灯。确认荧光灯正确接线的条件下，如果仍出现不能正常发光的情况，按表 5-18 所示方法检查并处理。

表 5 - 18　　　　　　　　荧光灯故障检查及处理方法

故 障 表 现	检 查 项 目	处 理 方 法
荧光灯不亮	灯座或辉光启动器是否接触不良 镇流器是否断路 电源电压是否为额定值	紧固灯座，转动辉光启动器 万用表测试镇流器是否断路 检测电压是否合适
荧光灯灯光波动或两头发光	管座是否松动 辉光启动器是否损坏 灯管是否发生故障 电压是否过低	紧固管座 换辉光启动器 换灯管 调电压到额定值
灯管两端发黑或有黑斑	灯管是否发生故障 辉光启动器是否发生故障 是否为镇流器配置不符	换灯管 换辉光启动器 检查镇流器是否符合配置
灯光闪烁或光在灯管内流动	是否为新灯管暂时现象 是否为灯管质量问题 是否为镇流器故障 是否为辉光启动器接触不好	观察一段时间 换灯管 换镇流器 转动辉光启动器观察

2. 荧光灯电路仿真。用 RL 串联电路模拟荧光灯电路，如图 5-41 所示。设荧光灯管电阻 $R_1 = 250\Omega$，电感镇流器电阻 $R_2 = 65\Omega$，电感 $L = 1.42H$，接到 220V、50Hz 的交流电源上，测量电路的电流、灯管电压、镇流器电压，分析各电压的关系，记录于表 5-19 中。

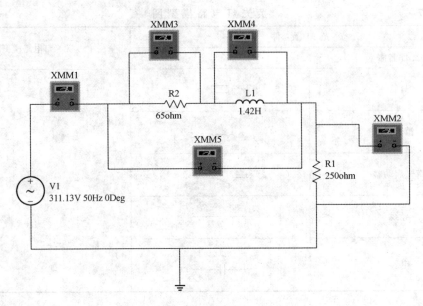

图 5 - 41　荧光灯电路

表 5 - 19　　　　　　　　　　　　荧 光 灯 电 路 仿 真

项目	计 算 值	
电路的总电流	$I=$	
电路的端电压	$U=$	
灯管电压	$U_{R1}=$	
镇流器电压	$U_{RL}=$	镇流器电阻电压 $U_{R2}=$
		镇流器电感电压 $U_L=$
结论	（1）U_{R2}、U_L 与 U_{RL} 关系式 （2）$U_{R1}+U_{R2}$、U_L 与 U 的关系式	

■　学习后的心得体会。

通过本任务的学习，我知道了 _____

_____。

■　对任务完成的过程进行自评，并写出今后的打算。

自评标准	参与完成所有活动，自评为优秀；缺一个，为良好；缺两个，为中等；其余为加油
自评结果	
今后打算	

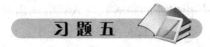

A 类（难度系数 1.0 及以下）

5-1　照明用交流电的电压是 220V，动力供电线路的电压是 380V，它们的有效值、最大值各是多少？

5-2　一个正弦交流电的频率是 50Hz，有效值为 5A，初相是 $-\dfrac{\pi}{2}$，写出它的瞬时值表达式。

5-3　已知交流电压 $u=14.1\sin\left(100\pi t+\dfrac{\pi}{6}\right)$V，求：①交流电压的有效值、初相位；②$t=0.1$s 时，交流电压的瞬时值。

5-4　已知交流电流 $i=10\sin\left(314t+\dfrac{\pi}{4}\right)$A，求：交流电流的有效值、初相位和频率。

5-5　图 5-42 所示是一个按正弦规律变化的交流电的波形图，根据波形图求出它的周期、频率、角频率、初相、有效值，并写出它的解析式。

5-6　已知正弦交流电流的振幅为 10A，频率为 50Hz，初相角 $\varphi=-15°$，写出正弦电流的瞬时表达式。它的周期是多少？有效值多大？

5-7　两个交流电压 $u_1=220\sqrt{2}\sin\left(100\pi t+\dfrac{\pi}{6}\right)$V，$u_2=380\sqrt{2}\sin\left(100\pi t+\dfrac{\pi}{3}\right)$V。试求：各交流电压的最大值、有效值、角频率、频率、周期、初相和它们之间的相位差，指出它们之间的"超前"或"滞后"关系，并画出它们的相量图。

5-8　已知三个同频率的正弦电压：

$$u_1=141\sin 100\pi t\,\text{V},\quad u_2=141\sin\left(100\pi t-\dfrac{2\pi}{3}\right)\text{V},\quad u_3=141\sin\left(100\pi t+\dfrac{2\pi}{3}\right)\text{V}。$$

①求它们的振幅、频率和周期；②求每两个电压间的相位差，并指出超前、滞后关系；③若选取 u_2 为参考正弦量，重新写出它们的解析式。

5-9　图 5-43 所示的相量图中，已知 $U=220$V，$I_1=10$A，$I_2=5\sqrt{2}$A，写出它们的解析式。

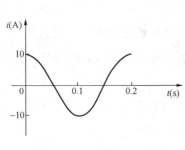

图 5-42　习题 5-5 图

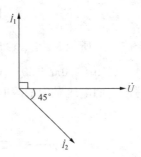

图 5-43　习题 5-9 图

5-10　一个 1000Ω 的纯电阻负载，接到一个 $u=311\sin(314t+30°)$V 的电源上，求负载中电流的瞬时值表达式，并画出电压和电流的相量图。

5-11　现有一个 220V、200W 的灯泡接在电压 $u=220\sqrt{2}\sin(314t+30°)$V 的电源上。

求：①流过灯泡的电流 I；②写出电流的瞬时表达式；③画出电压、电流的相量图。

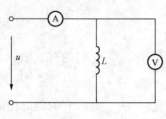

图 5 - 44 习题 5 - 12 图

5 - 12 在图 5 - 44 中，已知：$L=500\text{mH}$，$u=141\sin(100t+60°)\text{V}$。求：①交流电压表和电流表的读数；②写出电流的瞬时表达式；③画出电压、电流的相量图。

5 - 13 一个电感的电感系数为 0.5H，电阻可以忽略不计，把它接在 50Hz、220V 的交流电源上，求通过电感的电流。若以电压作为参考相量，写出电流瞬时值表达式，并画出电压和电流的相量图。

5 - 14 有一个电感，其电阻可以忽略不计，把它接在 50Hz、220V 的交流电源上，测得通过电感的电流为 2A，求电感的电感系数。

5 - 15 一个线圈的电阻只有几欧，电感系数为 0.6H，把线圈接在 50Hz 的交流电中，它的感抗是多大？（从感抗和电阻的大小来说明为什么粗略计算时，可以忽略电阻的作用而认为它是一个纯电感电路。）

5 - 16 在一个 $100\mu\text{F}$ 的电容器两端加 $u=110\sqrt{2}\sin(100t-30°)\text{V}$ 的正弦电压。求：①通过电容器电流的有效值和瞬时值；②画出电压、电流的相量图。

5 - 17 试计算电容为 100pF 的电容器，对频率为 10^6Hz 的高频电流和频率为 10^3Hz 的音频电流的容抗各是多少？

5 - 18 把 $100\mu\text{F}$ 的某电容器接在 50Hz、220V 的交流电源上，通过电容器的电流是多大？把电容器换为 $0.05\mu\text{F}$，通过电容器的电流是多大？

5 - 19 已知加在 $2\mu\text{F}$ 电容器上的交流电压为 $u=220\sqrt{2}\sin314t\text{V}$，求通过电容器的电流，写出电流瞬时值的表达式，并画出电流、电压相量图。

5 - 20 图 5 - 45 给出了 R、L、C 三种元件的电路模型，试分别写出三种元件的电压、电流关系的相量形式，指出电压、电流的相位关系。

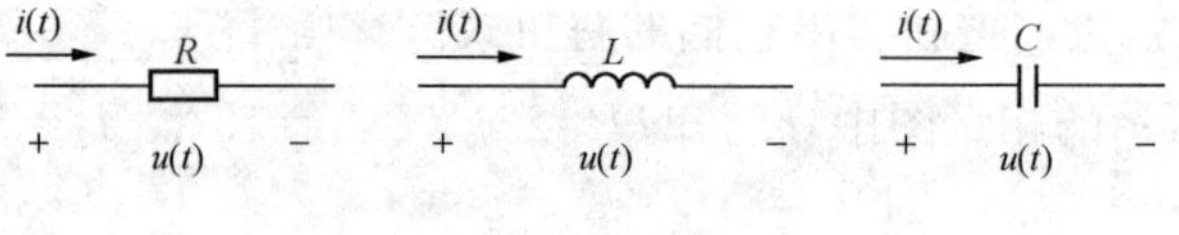

图 5 - 45 习题 5 - 20 图

5 - 21 图 5 - 46 所示 R、L、C 串联电路中，50Hz 正弦电流 $i(t)$ 通过其中。电流初相为 30°，即 $i(t)=\sqrt{2}I\sin(100\pi t+30°)\text{A}$。$R$、$L$、$C$ 元件电压 $u_R(t)$、$u_L(t)$、$u_C(t)$ 也相应为正弦量，分别写出它们电压对应的瞬时表达式。

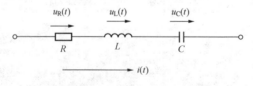

图 5 - 46 习题 5 - 21 图

5 - 22 荧光灯电路中的镇流器的作用是什么？如何等效荧光灯电路？

5‐23　荧光灯电路可以看成是一个 R、L 串联电路，若已知灯管电阻为 300Ω，镇流器的感抗为 520Ω，电源的端电压为 $220V$。①画出电流、电压相量图；②求电路中的电流；③求灯管两端和镇流器两端的电压；④求电流和端电压的相位差。

5‐24　交流接触器线圈的电阻为 220Ω，电感系数为 $10H$，接到电压为 $220V$、频率为 $50Hz$ 的交流电源上，问线圈中电流多大？如果不小心将此接触器接到 $220V$ 直流电源上，问线圈中电流又将是多大？若线圈允许通过的电流为 $0.1A$，会出现什么后果？

5‐25　在一个 R、L、C 串联电路中，已知电阻为 8Ω，感抗为 10Ω，容抗为 4Ω，电路的端电压为 $220V$，求电路中的总电抗、电流、各元件两端的电压以及电流和端电压的相位关系，并画出电流、电压相量图。

5‐26　为了使一个 $36V$、$0.3A$ 的灯泡接到电压为 $220V$、频率为 $50Hz$ 的交流电源上能正常工作，可以串联一个电容器限流，问要串联一个多大的电容才能达到要求？

5‐27　已知 R、L、C 串联电路中，$R=40\Omega$，$X_L=50\Omega$，$X_C=20\Omega$，电源电压 $u=220\sqrt{2}\sin314t\,V$，试求：①电路中的电流 I；②各元件上的电压 U_R、U_L、U_C。

B 类（难度系数 1.0 及以上）

5‐28　求交流电压 $u_1=U_m\sin\omega t$，$u_2=U_m\left(\sin\omega t+\dfrac{\pi}{2}\right)$ 的相位差，并画出它们的波形图和相量图。

5‐29　已知两个同频率的正弦交流电压，它们的频率是 $50Hz$，有效值分别为 $12V$ 和 $6V$，而且前者超前后者 $\dfrac{\pi}{2}$ 的相位角，试写出它们的电压瞬时值表达式，并在同一坐标中画出它们的波形图及相量图。

5‐30　在图 5‐47 所示的移相电路中，已知电容为 $0.01\mu F$，输入电压 $u=\sqrt{2}\sin1200\pi t\,V$，欲使输出电压的相位向落后方向移动 $60°$，问应配多大的电阻？此时的输出电压是多大？

5‐31　一个电感线圈接到电压为 $120V$ 的直流电源上，测得电流为 $20A$；接到电压为 $220V$、频率为 $50Hz$ 的交流电源上，测得电流为 $28.2A$，求线圈的电阻和电感。

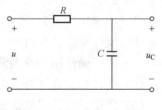

图 5‐47　习题 5‐30 图

项目六
分析计算复杂正弦交流电路

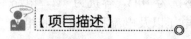【项目描述】

　　学习相量分析法，掌握复杂正弦交流电路的分析计算方法；通过测量并计算正弦交流电路的功率，学会正弦交流电路的功率的计算和测量方法；分析并实现荧光灯电路功率因数的提高；分析收音机调谐回路，掌握串并联谐振电路的特性。

【知识目标】

　　（1）掌握相量分析法的分析思路；
　　（2）掌握正弦交流电路的功率计算公式；
　　（3）理解正弦交流电路的功率的测量方法；
　　（4）理解提高功率因数的意义和方法；
　　（5）掌握补偿电容关系式；
　　（6）理解串、并联谐振电路的特性。

【能力目标】

　　（1）会应用相量分析法分析复杂正弦交流电路；
　　（2）能计算正弦交流电路的功率；
　　（3）能正确使用功率表测量正弦交流电路的功率；
　　（4）会计算和选择补偿电容的大小；
　　（5）能正确计算串联谐振电路。

【教学环境】

　　多媒体教室，具备计算机和投影仪；电工实训室或电工教学车间，具备相关仪器仪表、元器件和操作台。

任务一　学习相量分析法

【任务描述】

　　以 RLC 串联电路、RLC 并联电路为例，学习相量分析法，会用相量分析法分析正弦交流电路。

【相关知识】

一、相量分析法分析 *RLC* 串联电路

1. 电压和电流关系

电阻 R、电感 L 和电容 C 串联的正弦交流电路如图 6-1（a）所示。

设电流 $i=\sqrt{2}I\sin\omega t$ 为参考正弦量，由 KVL 可得

$$u = u_R + u_L + u_C$$

则对应的相量形式为

$$\dot{U} = \dot{U}_R + \dot{U}_L + \dot{U}_C$$

相应相量形式的 *RLC* 串联电路图，称为相量模型图如图 6-1（b）所示。

由于 $\dot{U}_R = R\dot{I}$、$\dot{U}_L = jX_L\dot{I}$、$\dot{U}_C = -jX_C\dot{I}$，则

$$\dot{U} = R\dot{I} + jX_L\dot{I} - jX_C\dot{I} = [R + j(X_L - X_C)]\dot{I} = Z\dot{I} \qquad (6-1)$$

式（6-1）就是 *RLC* 串联电路电压和电流关系的相量形式。

根据式（6-1）作电压、电流的相量图。在作串联电路的相量图时，一般选取电流 $\dot{I}$ 为参考相量比较方便，把它画在正实轴的方向上，$\dot{U}_R$ 与电流同相，$\dot{U}_L$ 比电流超前 90°，$\dot{U}_C$ 比电流滞后 90°，应用相量相加得出端口电压 $\dot{U}$，如图 6-1（c）所示（图中设 $X_L > X_C$）。由相量图可以看出，$\dot{U}_R$、$\dot{U}_X = \dot{U}_L + \dot{U}_C$ 和 $\dot{U}$ 组成直角三角形，称为电压三角形。

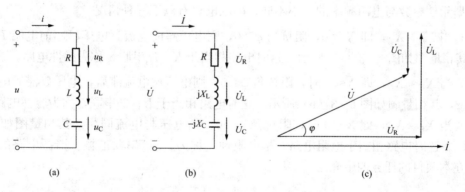

图 6-1 *RLC* 串联电路及其相量图
(a) 电路图；(b) 相量模型；(c) 相量图

因此，*RLC* 串联电路中，用电压表测得的端口电压值和各元件电压值的关系并不是简单的加减关系，而应该用相量分析法根据电压三角形进行分析。由电压三角形可得

$$U = \sqrt{U_R^2 + (U_L - U_C)^2} = \sqrt{U_R^2 + U_X^2}$$

式中 $U_X = |U_L - U_C|$——电抗电压。

根据复阻抗的定义，式（6-1）中

$$Z = \frac{\dot{U}}{\dot{I}} = R + j(X_L - X_C) = R + jX$$

就是该串联电路的复阻抗：它的实部 R 等于电阻元件的电阻；虚部 $X = X_L - X_C$ 称为电路的等效电抗，等于感抗 X_L 减去容抗 X_C，它反映了感抗与容抗的综合限流作用。复阻抗只与

电路元件参数和电源频率有关，而与电压、电流的相量无关。

复阻抗可用极坐标形式表示为

$$Z = \frac{\dot{U}}{\dot{I}} = \frac{U\angle\psi_u}{I\angle\psi_i} = \frac{U}{I}\angle(\psi_u - \psi_i) = |Z|\angle\varphi$$

这里

$$|Z| = \frac{U}{I}, \quad \varphi = \psi_u - \psi_i \tag{6-2}$$

式（6-2）中，端口电压有效值与电流有效值的比值 $|Z|$ 为复阻抗的模，称为阻抗（模），端口电压比电流超前的相角 φ 为复阻抗的幅角，称为阻抗角。复阻抗的极坐标形式与代数形式之间有下列关系

$$Z = |Z|\angle\varphi = |Z|\cos\varphi + \mathrm{j}|Z|\sin\varphi = R + \mathrm{j}X$$

其中

$$R = |Z|\cos\varphi, \quad X = |Z|\sin\varphi$$

或

$$|Z| = \sqrt{R^2 + X^2}, \quad \varphi = \arctan\frac{X}{R}$$

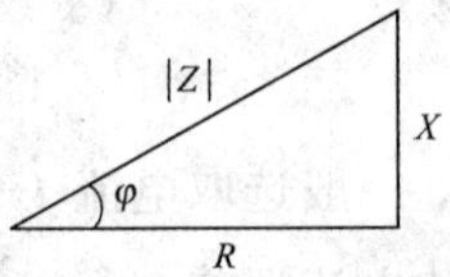

显然，串联电路的 R、X 和阻抗 $|Z|$ 构成一个直角三角形，如图 6-2 所示，称为阻抗三角形。阻抗三角形也可由电压三角形的各边长（即有效值）除以电流有效值得出，因此阻抗三角形与电压三角形是相似三角形。

图 6-2　阻抗三角形

2. 电路的三种情况

根据元件参数与电源频率的大小不同，串联电路有以下三种情况：

（1）当 $X_L > X_C$，即 $X > 0$，阻抗角 $\varphi > 0$，则电压超前电流，电压 $\dot{U}$ 超前电流 $\dot{I}$ 的角度为 φ，其相量图如图 6-3（a）所示。这时电路相当于 R、L 串联，称为感性电路。

（2）当 $X_L < X_C$，即 $X < 0$ 时，阻抗角 $\varphi < 0$，则电压比电流滞后，电压 $\dot{U}$ 滞后电流 $\dot{I}$ 的角度为 φ，其相量图如图 6-3（b）所示。这时电路相当于 R、C 串联，称为容性电路。

（3）当 $X_L = X_C$，即 $X = 0$ 时，阻抗角 $\varphi = 0$，则电压与电流同相，其相量图如图 6-3（c）所示。这时电路相当于电阻电路，呈电阻性，称为 RLC 串联谐振。谐振电路的有关问题，将在本项目的任务四中介绍。

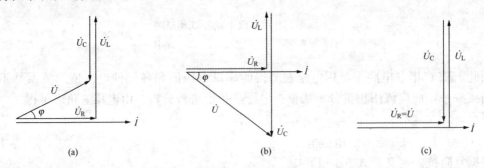

图 6-3　RLC 串联电路相量图
(a) $X>0$；(b) $X<0$；(c) $X=0$

由上面分析可知：串联电路中阻抗角的取值范围为 $-90° < \varphi < 90°$，当电源频率不变时，改变电路参数 L 或 C 可以改变电路的性质；若电路参数不变，也可以改变电源频率以改变

电路的性质。

二、相量分析法分析 *RLC* 并联电路

1. 电压和电流的关系

电阻 R、电感 L 和电容 C 并联电路如图 6-4（a）所示，其对应的相量模型如图 6-4（b）所示。

由相量形式的 KCL 可得

$$\dot{I} = \dot{I}_R + \dot{I}_L + \dot{I}_C = \frac{\dot{U}}{R} + \frac{\dot{U}}{j\omega L} + \frac{\dot{U}}{\frac{1}{j\omega C}} = \left(\frac{1}{R} - j\frac{1}{\omega L} + j\omega C\right)\dot{U}$$

$$= [G - j(B_L - B_C)]\dot{U} = (G - jB)\dot{U} = Y\dot{U} \qquad (6\text{-}3)$$

式（6-3）就是 *RLC* 并联电路电压和电流关系的相量形式。

根据式（6-3）可以作出电压、电流的相量图。在作并联电路的相量图时，一般选取电压 $\dot{U}$ 为参考相量比较方便，把它画在正实轴的方向上，$\dot{I}_R$ 与电压同相，$\dot{I}_L$ 比电压滞后 90°，$\dot{I}_C$ 比电压超前 90°，应用相量相加得出电流相量 $\dot{I}$，如图 6-4（c）所示（图中设 $B_L > B_C$）。由相量图可以看出，$\dot{I}_R$、$\dot{I}_X = \dot{I}_L + \dot{I}_C$ 和 $\dot{I}$ 组成直角三角形，称为电流三角形。

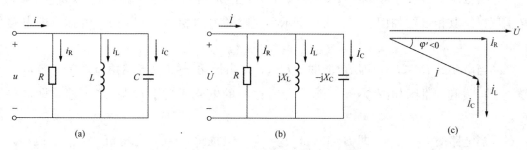

图 6-4 *RLC* 并联电路
（a）电路图；（b）相量模型；（c）相量图

根据复导纳的定义，式（6-3）中

$$Y = \frac{\dot{I}}{\dot{U}} = G - j(B_L - B_C) = G - jB$$

就是该并联电路的复导纳：它的实部 G 为电阻元件的电导，虚部 $B = B_L - B_C$ 称为电路的等效电纳，其中感纳 $B_L = \frac{1}{X_L} = \frac{1}{\omega L}$，容纳 $B_C = \frac{1}{X_C} = \omega C$。复导纳也是由电路元件参数和电源频率决定的，与电压、电流的相量无关。

复导纳也可用极坐标形式表示为

$$Y = \frac{\dot{I}}{\dot{U}} = \frac{I\angle\psi_i}{U\angle\psi_u} = \frac{I}{U}\angle(\psi_i - \psi_u) = |Y|\angle\varphi'$$

式中

$$|Y| = \frac{I}{U}, \quad \varphi' = \psi_i - \psi_u = -\varphi \qquad (6\text{-}4)$$

式（6-4）中，端口电流有效值与电压有效值的比值 $|Y|$ 为复导纳的模，称为导纳（模），端口电流比电压超前的相角 φ' 为复导纳的幅角，称为导纳角。复导纳的极坐标形式与代数形式之间有下列关系

$$Y = |Y| \angle -\varphi = |Y|\cos\varphi - j|Y|\sin\varphi = G - jB$$

其中

$$G = |Y|\cos\varphi, \quad B = |Y|\sin\varphi$$

或

$$|Y| = \sqrt{G^2 + B^2}, \quad \varphi = \arctan\frac{B}{G}$$

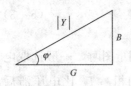

图6-5　导纳三角形

显然，并联电路的 G、B 和导纳模 $|Y|$ 构成一个直角三角形，如图6-5所示，称为导纳三角形。导纳三角形也可由电流三角形的各边长除以电压有效值得出，因此导纳三角形与电流三角形是相似三角形。

2. 电路的三种情况

根据元件参数与电源频率的大小不同，并联电路也有以下三种情况：

（1）当电路的 $B_L > B_C$，即 $B > 0$ 时，$I_L > I_C$，阻抗角 $\varphi > 0$（导纳角 $\varphi' < 0$），电流 $\dot{I}$ 滞后端电压 $\dot{U}$，其相量图如图6-6（a）所示。这时的电路相当于 G 与 B_L 并联，即电路呈感性。

（2）当电路的 $B_L < B_C$，即 $B < 0$ 时，$I_L < I_C$，阻抗角 $\varphi < 0$（导纳角 $\varphi' > 0$），电流 $\dot{I}$ 超前端电压 $\dot{U}$，其相量图如图6-6（b）所示。这时的电路相当于 G 与 B_C 并联，即电路呈容性。

（3）当电路的 $B_L = B_C$，即 $B = 0$ 时，$I_L = I_C$，阻抗角 $\varphi = 0$，总电流 $\dot{I} = \dot{I}_R$ 最小，电流 $\dot{I}$ 与端电压 $\dot{U}$ 同相，其相量图如图6-6（c）所示。这时电路的性质为电阻，称为并联谐振电路。

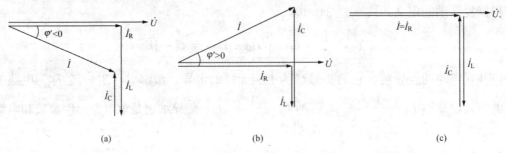

图6-6　RLC并联电路的三种情况

(a) $B > 0$；(b) $B < 0$；(c) $B = 0$

三、正弦交流电路的相量分析法

正弦交流电路中引入相量及复阻抗、复导纳后，各元件的伏安关系的相量形式、基尔霍夫的相量形式与电阻电路完全类同。正弦交流电路应用相量分析法进行分析计算，所谓相量

分析法就是应用正弦量的相量表示电压、电流，用复阻抗与复导纳形式表示 R、L、C 元件参数，将时域正弦交流电路变换为相量模型。只要把正弦交流电路中的元件用相应的相量模型表示，电流、电压变量用相应的相量表示，则电路的所有定律、定理和分析方法（包括网络变换法和网络方程法），都可以直接用于正弦交流电路的分析和计算。

需要注意的是：要用电压、电流相量代替正弦电压、电流，用复阻抗 Z 对应电阻电路中的电阻，用复导纳 Y 对应电阻电路中的电导。分析电阻电路所列方程是实数域的线性代数方程，而用相量分析法分析正弦交流电路所列的方程，则是复数域线性代数方程，因此，前者是实数运算，而后者是复数运算。

例题分析

例 6-1 一个 220V、60W 的白炽灯接到 50Hz、380V 正弦电源上，如果分别用一个电阻或一个电感（或一个电容）和它串联。试求所需串联的电阻、电感、电容的值分别为多少？如果将白炽灯接到 380V 直流电源上，这三种情况的后果分别如何？

解 这盏白炽灯的电阻为

$$R' = \frac{U^2}{P} = \frac{220^2}{60} = 806.7(\Omega)$$

把它接在 50Hz、380V 正弦电源上和一个电阻相串联时，串联电阻应该承受的电压为 $380 - 220 = 160(V)$，其阻值计算如下：

$$\frac{220}{806.7} = \frac{160}{R}$$

解得 $R = 586.7\Omega$。

接到 380V 直流电源上时情况不变。

白炽灯在 50Hz、380V 正弦电源上和一个电感相串联时，其电感的计算过程如下：

$$I = \frac{P_N}{U_N} = \frac{60}{220} = 0.273(A)$$

$$U_L = \sqrt{380^2 - 220^2} = 309.8(V)$$

$$L = \frac{U_L}{I\omega} = \frac{309.8}{0.273 \times 314} = 3.61(H)$$

接到 380V 直流电源上时，与白炽灯串联的电感元件相当于短路，此时白炽灯承受 380V 电压，白炽灯将被烧毁。

白炽灯在 50Hz、380V 正弦电源上和一个电容相串联时，其电容的计算过程如下

$$U_C = \sqrt{380^2 - 220^2} = 309.8(V)$$

$$C = \frac{I}{U\omega} = \frac{0.273}{309.8 \times 314} = 2.81(\mu F)$$

接到 380V 直流电源上时，与白炽灯串联的电容元件相当于断路，故白炽灯不发光。

例 6-2 电路如图 6-7 所示，已知 $u_{S1} = 10\sqrt{2}\sin(1000t + 60°)V$，$u_{S2} = 6\sqrt{2}\sin1000tV$，$R = 8\Omega$，$L = 40mH$，$C = 20\mu F$。用节点电压法求电流 i 的瞬时值表达式。

解 各支路的复导纳分别为

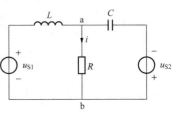

图 6-7 例 6-2 图

$$Y_1 = \frac{1}{j\omega L} = \frac{1}{j1000 \times 40 \times 10^{-3}} = -j0.025 = 0.025\angle -90°(\text{S})$$

$$Y_2 = j\omega C = j1000 \times 20 \times 10^{-6} = j0.02 = 0.02\angle 90°(\text{S})$$

$$Y_3 = \frac{1}{R} = 0.125\text{S}$$

电源电压 u_{S1}、u_{S2} 的相量形式为 $\dot{U}_{S1} = 10\angle 60°\text{V}$，$\dot{U}_{S2} = 6\angle 0°\text{V}$。

选择 b 为参考节点，则 a 点的节点电压为

$$\begin{aligned}
\dot{U}_a &= \frac{Y_1 \dot{U}_{S1} - Y_2 \dot{U}_{S2}}{Y_1 + Y_2 + Y_3} \\
&= \frac{0.025\angle -90° \times 10\angle 60° - 0.02\angle 90° \times 6\angle 0°}{-j0.025 + j0.02 + 0.125} \\
&= 2.616\angle -46.2°(\text{V})
\end{aligned}$$

所以

$$\dot{I} = Y_3 \dot{U}_a = 0.125 \times 2.616\angle -46.2° = 0.327\angle -46.2°(\text{A})$$

$$i = 0.327\sqrt{2}\sin(1000t - 46.2°)\text{A}$$

实践应用　认识交流电动机

交流电动机是将电能转变为机械能的一种设备。交流电动机主要由一个用以产生磁场的

电磁铁绕组（或分布的定子绕组）和一个旋转电枢（或转子）组成，并且定子和转子是采用同一电源，所以定子和转子中电流的方向变化总是同步的，即当线圈中的电流方向改变时，电磁铁中的电流方向也改变，根据左手定则，线圈所受电磁力方向不变，线圈能继续转下去。交流电动机就是利用这个原理而工作的。

交流电动机分为异步电动机和同步电动机两类。图 6-8 所示为单相异步电动机的外形。

图 6-8　单相异步电动机的外形

　【任务实施】

参考 *RLC* 串联正弦交流电路的分析思路，完成对 *RLC* 并联正弦交流电路的分析；列表总结 *RLC* 串联正弦交流电路与电阻串联的直流电路的分析思路和步骤的异同点、通过练习总结 *RLC* 并联正弦交流电路与电阻并联直流电路的分析思路和步骤的异同点，得出相量分析法的思路。

【一体化学习任务书】

任务名称：学习相量分析法

姓名_____　　　　所属电工活动小组_____　　　　得分_____

说明：请按照任务书的指令和步骤完成各项内容，课后交回任务书以便评价。

1. 参考 *RLC* 串联正弦交流电路的分析思路，完成表 6-1 所示 *RLC* 并联正弦交流电路的分析。

表 6 - 1   *RLC* 并联正弦交流电路的分析

步骤	内 容 描 述
1	作出 *RLC* 并联正弦交流电路图
2	据 KCL，列写节点电流相量方程
3	列写电阻、电感、电容元件电压和电流相量关系
4	端电压与总电流相量关系
5	作 *RLC* 并联正弦交流电路的相量图。可参考以下提示步骤： (1) 设端电压为参考相量，作出端电压相量 (2) 根据电阻电压、电流同相的特征，作出电阻电流相量 (3) 根据串感串电压超前电流 90°的特征，作出电感电流相量 (4) 根据电容电流超前电压 90°的特征，作出电容电流相量 (5) 根据 KCL，作出总电流相量
6	找出相量图中由三个电流构成的直角三角形——电流三角形，并单独画出来
7	据电流三角形，写出三个电流的大小关系式

    2. 总结 *RLC* 串联正弦交流电路与电阻串联的直流电路的分析思路和步骤的异同点，完成表 6-2。

表 6 - 2   电阻串联直流电路与 *RLC* 串联正弦交流电路的关系对照

电路	电阻串联	*RLC* 串联
电路图	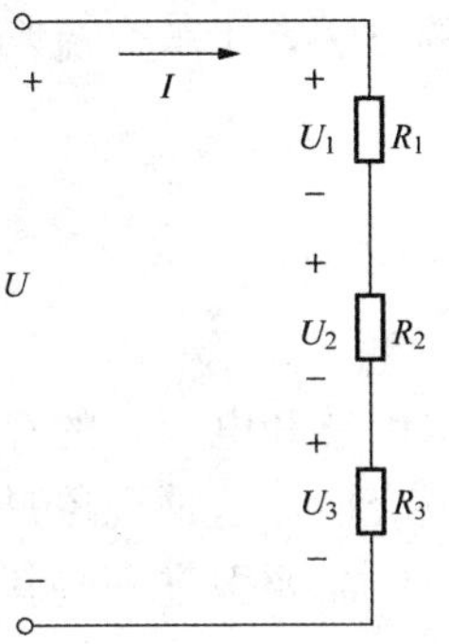	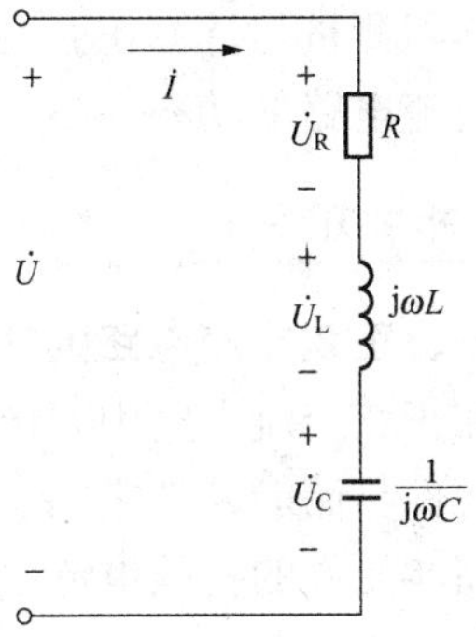
KCL	各元件电流_____，等于支路电流	各元件电流相量_____，等于支路电流相量
KVL	$\sum U = 0$ 即_____	$\sum \dot{U} = $ _____ 即_____

续表

电路	电阻串联		RLC 串联
各元件电压和电流关系	$\dot{U}_1=$ _____ $\dot{U}_2=$ _____ $\dot{U}_3=$ _____		$\dot{U}_R=R\dot{I}=Z_R\dot{I}$ $\dot{U}_L=jX_L\dot{I}=Z_L\dot{I}$ $\dot{U}_C=-jX_C\dot{I}=Z_C\dot{I}$
端电压总电流关系	$U=$ _____ I		$\dot{U}=$ _____ $\dot{I}$
等效电阻（复阻抗）	$R_i=$ _____ + _____ + _____		$Z=Z_R+$ _____ + _____

　　总结：RLC 串联正弦交流电路与电阻串联的直流电路的分析依据和分析步骤是 _____ 的，只是直流电路中电压、电流用 U、I，对应正弦交流电路中电压、电流用 _____ ；直流电路中元件参数为 R，对应正弦交流电路中元件参数用 _____ 。

■ 学习后的心得体会。

通过本任务的学习，我知道了 _____

_____

_____ 。

■ 对任务完成的过程进行自评，并写出今后的打算。

自评标准	参与完成所有活动，自评为优秀；缺一个，为良好；缺两个，为中等；其余为加油
自评结果	
今后打算	

任务二　测量并计算正弦交流电路的功率

【任务描述】

　　学习测量与计算正弦交流电路功率的方法，了解交流功率表的结构，会使用交流功率表测量交流电路的功率。

【相关知识】

一、正弦交流电路的功率

　　在正弦交流电路中，由于储能元件（电感和电容）的存在，使得电源与储能元件之间或储能元件与储能元件之间发生能量的往返交换，这种现象是电阻电路中所没有的。因此，对含有储能元件的正弦电流电路功率的分析，需要引进一些新的概念，如无功功率、功率因数等，这些概念在电力工业中是十分重要的。

　　1. 正弦交流电路功率的基本概念

　　（1）瞬时功率。任意一个有源或无源二端网络的瞬时功率为

$$p = ui$$

　　在选取 u、i 参考方向一致时，计算所得应视为网络吸收的功率；选取 u、i 参考方向不

一致时，计算所得应视为网络发出的功率。

设电压比电流超前 φ，并设

$$i = \sqrt{2}I\sin\omega t, \quad u = \sqrt{2}U\sin(\omega t + \varphi)$$

瞬时功率为

$$p = ui = 2UI\sin(\omega t + \varphi)\sin(\omega t) = UI\cos\varphi - UI\cos(2\omega t + \varphi)$$

经三角变换可得

$$p = UI\cos\varphi(1 - \cos2\omega t) + UI\sin\varphi\sin2\omega t \tag{6-5}$$

式（6-5）表明，该二端网络吸收的瞬时功率又可看成由以下两个分量组成：

第一个分量 $UI\cos\varphi(1 - \cos2\omega t)$，是一个大小变化而传输方向不变的瞬时功率分量，恒为正值，且它的零值或最大值与电流的零值或最大值同时出现，这与电阻元件吸收的瞬时功率情况相同，所以它代表网络的等效电阻所吸收的瞬时功率。

第二个分量 $UI\sin\varphi\sin(2\omega t)$，是时间的正弦函数，其振幅为 $UI\sin\varphi$。在电流的一个周期内，该瞬时功率分量两次为正，两次为负，与电感元件或电容元件的瞬时功率相似，因此，该瞬时功率分量代表网络的储能元件与电源之间往返交换的瞬时功率。

（2）平均功率（有功功率）。瞬时功率在一个周期内的平均值称为平均功率，用大写字母 P 表示，由式（6-5）可得

$$P = \frac{1}{T}\int_0^T p\,dt = \frac{1}{T}\int_0^T [UI\cos\varphi - UI\cos(2\omega t + \varphi)]dt = UI\cos\varphi \tag{6-6}$$

式（6-6）表明：对无源二端网络而言，平均功率等于网络中等效电阻吸收的瞬时功率中的恒定分量，即网络等效电阻吸收的平均功率，反映了网络中的电能转换成其他形式能量的平均速率，因此平均功率又称为有功功率，单位是瓦特（W）。

（3）无功功率。电感或电容元件虽不消耗能量，但它们的存在将引起网络与电源之间的能量往返交换，从而增加了输电线路的能量损耗。为了定量地衡量电路与电源之间能量交换的规模，把能量交换的最大速率，即瞬时功率中的第二个分量 $UI\sin\varphi\sin(2\omega t)$ 的最大值定义为无功功率，用大写字母 Q 表示，则

$$Q = UI\sin\varphi \tag{6-7}$$

"无功功率"的名称是相对有功功率而言的。无功功率的单位叫乏尔，简称乏（var）。无功功率虽然不是"消耗"的功率，但不能把它理解为"无用"的功率，因为无功功率是某些电气设备进行正常工作所必需的。如变压器和交流电动机等赖以工作的磁场，就是由无功功率建立的。因此无功功率是发电厂和电力系统中的重要经济技术指标之一。

由于不同网络的阻抗角有正有负，所以无功功率也有正、负之分。感性电路中，$\varphi > 0$，$Q > 0$；容性电路中，$\varphi < 0$，$Q < 0$。

（4）视在功率。发电机、变压器等电气设备都是按照额定电压和额定电流（均指有效值）进行设计、制造和使用的，通常把额定电压与额定电流的乘积称为设备的额定容量，用以表示该设备所能输出的最大功率。因此，将电压有效值与电流有效值的乘积定义为视在功率，用大写字母 S 表示，即

$$S = UI \tag{6-8}$$

为了与有功功率、无功功率加以区别，视在功率的单位为伏安（VA）。

由式（6-6）～式（6-8）可知，同一网络的有功功率 P、无功功率 Q 和视在功率 S 三

者之间具有下列关系

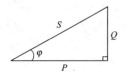

图 6-9 功率三角形

$$S = \sqrt{P^2 + Q^2}$$

$$P = S\cos\varphi$$

$$Q = S\sin\varphi = P\tan\varphi$$

即 P、Q、S 构成一个与 RLC 串联电路电压三角形或阻抗三角形相似的功率三角形，如图 6-9 所示。

2. 电阻、电感、电容电路的功率

（1）纯电阻电路的功率。在纯电阻电路中，由于电压与电流同相，即相位差 $\varphi = 0$，则有功功率为

$$P_R = UI\cos\varphi = UI = I^2 R = \frac{U^2}{R}$$

无功功率为

$$Q_R = UI\sin\varphi = 0$$

（2）纯电感电路的功率。在纯电感电路中，由于电压比电流超前 $90°$，即电压与电流的相位差 $\varphi = 90°$，则有功功率为

$$P_L = UI\cos\varphi = 0$$

无功功率为

$$Q_L = UI = I^2 X_L = \frac{U^2}{X_L}$$

（3）纯电容电路的功率。在纯电容电路中，由于电压比电流滞后 $90°$，即电压与电流的相位差 $\varphi = -90°$，则有功功率为

$$P_C = UI\cos\varphi = 0$$

无功功率为

$$Q_C = -UI = -I^2 X_C = -\frac{U^2}{X_C}$$

以上各元件的功率表明：电阻元件是耗能元件，电感和电容元件是储能元件；电感元件的无功功率与电容元件的无功功率总是异号的，这说明电容元件的电场能量与电感元件的磁场能量具有相互补偿的作用，这种特性在实际中得到广泛应用。

二、交流功率表的使用

交流功率表属于电测仪表中的电动系仪表。电动系仪表可以做成交直流两用的电流表和电压表，还可以做成功率表、功率因数表、相位表和频率表等。

1. 电动系测量机构

电动系仪表的结构如图 6-10 所示，它有两个线圈：固定线圈 1 和可动线圈 2。固定线圈分成两部分，这两部分空间上彼此平行排列，可以使两个线圈之间的磁场比较均匀。可动线圈和指针固定在转轴上。反作用力矩由游丝 3 产生，空气阻尼器产生阻尼力矩。

当固定线圈通以直流电流 I_1 时，在固定线圈中就建立磁场。在可动线圈中通以直流电流 I_2 时，则将在固定线圈产生的磁场中受到电磁力 F 的作用而产生转动力矩，使仪表的可动部分发生偏转，直到转动力矩与游丝所产生的反作用力矩互相平衡时停止偏转，指示出读数来。如果 I_1 和 I_2 的方向同时改变，则电磁力 F 的方向不会改变。也就是说，动圈所受到的转动力矩方向不会改变，因此电动系仪表能够交直流两用。

2. 电动系功率表的结构

电动系测量机构作为功率表时，固定线圈串联接入电路，通过固定线圈的电流就是负载电流 I，因此我们常称固定线圈为功率表的电流线圈。可动线圈与附加电阻串联后并联接至负载两端，这时连接到可动线圈支路两端的电压就是负载电压 U，因此可动线圈常称为电压线圈，它所在的支路称为功率表的电压支路。电动系功率表的原理如图 6-11 所示，图中电流线圈用一水平粗实线表示，电压线圈用一竖直细实线表示，两实线在圆内垂直交叉，表示电流和电压相乘。

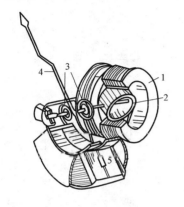

图 6-10　电动系仪表的结构示意图
1—固定线圈；2—可动线圈；3—游丝；
4—指针；5—空气阻尼器叶片

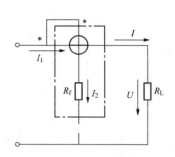

图 6-11　电动系功率表的原理

3. 功率表的正确使用

下面以 D26-W 型功率表为例，对功率表的使用方法进行介绍，其他型号功率表的使用方法与之类似。图 6-12 所示为 D26-W 型功率表。

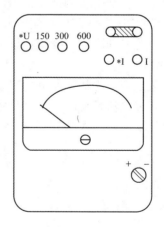

图 6-12　D26-W 型功率表

（1）正确选择量程。功率表的量程取决于功率表的电流量程和电压量程，且必须使电流量程允许通过负载电流，电压量程能承受负载电压。D26-W 型功率表是多量程的，有两个电流量程，三个电压量程。电流量程由电流线圈采用串联或并联的方法来实现，并联时比串联时大一倍。电压量程由电压线圈串联不同的附加电阻来实现。

测量过程中，可能因负载功率因数过低而使功率表的指针偏转角较小，这时绝对不允许随意减小电压或电流量程，以免损坏功率表。

（2）正确接线。要保证正确接线，应做到：①电流线圈应串联于被测电路，电压线圈应并联于被测电路；②按照功率表的发电机端接线规则，即将电压线圈和电流线圈的"＊"端接在电源同一极上，这样才能保证功率表的指针正向偏转。

图 6 - 13 所示是功率表的两种正确接线。图 6 - 13（a）所示电路中，功率表的电压线圈的"＊"端向前接到电流线圈的"＊"端，简称功率表电压线圈的前接法，该接法比较适用于负载阻抗远大于功率表电流线圈阻抗的情况。

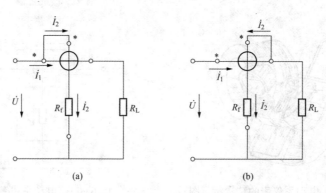

图 6 - 13　功率表的两种正确接线方法

(a) 前接法；(b) 后接法

图 6 - 13（b）所示电路中，功率表的电压线圈的"＊"端向后接到电流线圈的非"＊"端，简称功率表电压线圈的后接法。该接法比较适用于负载阻抗远小于功率表电压支路阻抗的情况。

需要指出的是，尽管功率表的接线正确，但指针也可能反向偏转（如用两表法测三相功率时），这时需改变其中一个线圈中电流的方向使之正偏，一般将电流线圈的两个端钮换接，而不应是电压端钮，此时功率表指针虽正偏，但读数应取负值。

4. 功率表的读数

因为功率表一般是多量程的，所以功率表的刻度只标有分格数，而并不标明瓦特数。在选用不同的电压量程和电流量程时，每一分格都代表着不同的瓦特数。每一格所代表的瓦特数称为功率表的分格常数，用 C 表示，即

$$C = \frac{U_m I_m \cos\varphi_m}{\alpha_m}(\text{W/div})　　　　　　　(6 - 9)$$

式中　U_m——功率表的电压量程，V；

　　　I_m——功率表的电流量程，A；

　　　α_m——满刻度格数；

　$\cos\varphi_m$——功率表的额定功率因数，普通功率表的 $\cos\varphi_m = 1$。

用功率表进行测量时，只要求得分格常数 C 和测量时读得的格数 α，则被测功率为

$$P = C\alpha$$

例题分析

例 6 - 3　选用额定电压为 240V，额定电流为 2.5A，具有 150 个分格的功率表

（$\cos\varphi_m=1$）进行测量时，指针读数为 100 格，求功率表的示值。

解　功率表的分格常数为

$$C=\frac{U_m I_m \cos\varphi_m}{\alpha_m}=\frac{240\times2.5\times1}{150}=4(\text{W/div})$$

功率表的示值为

$$P=C\alpha=4\times100=400(\text{W})$$

例 6-4　在三个复阻抗串联的电路中，已知 $Z_1=2+j1\Omega$，$Z_2=5-j3\Omega$，$Z_3=1-j4\Omega$，电路端电压为 $u=20\sqrt{2}\sin314t\text{V}$，求电流 i 和电路的功率 P、Q 和 S，并说明电路的性质。

解　$\dot{I}=\dfrac{\dot{U}}{Z}=\dfrac{\dot{U}}{Z_1+Z_2+Z_3}=\dfrac{20\angle0°}{2+j1+5-j3+1-j4}=2\angle36.86°(\text{A})$

$i=2\sqrt{2}\sin(314t+36.86°)$ A，电流超前电压，所以电路是容性。

$$P=UI\cos\varphi=20\times2\cos(-36.86°)=32(\text{W})$$

或

$$P=I^2(R_1+R_2+R_3)=2^2\times(2+5+1)=32(\text{W})$$

$$Q=UI\sin\varphi=20\times2\sin(-36.86°)=-24(\text{var})$$

或

$$Q=I^2(X_1+X_2+X_3)=2^2\times(1-3-4)=-24(\text{var})$$

$$S=UI=20\times2=40(\text{VA})$$

或

$$S=\sqrt{P^2+Q^2}=\sqrt{32^2+(-24)^2}=40(\text{VA})$$

例 6-5　有一感性负载，其额定有功功率 $P=1100\text{W}$、$\cos\varphi=0.5$，接在 $U=220\text{V}$ 的工频正弦交流电源上，试求负载吸收的无功功率 Q。

解　由 $\cos\varphi=0.5$ 得 $\tan\varphi=1.732$，所以，无功功率 $Q=P\tan\varphi=1100\times1.732=1905.2$（var）。

【任务实施】

（1）学习正弦交流电路有功功率、无功功率、视在功率的概念，掌握三种功率的关系式及对应的功率三角形。计算电路的功率来验证学习效果。

（2）学习功率表及功率测量的相关知识。

（3）教师示范，学生模仿，完成正弦交流电路功率的测量。

（4）学生自己设计正弦交流电路，接入功率表，测量其功率。

【一体化学习任务书】

任务名称：测量并计算正弦交流电路的功率

姓名_____　　　所属电工活动小组_____　　　得分_____

说明：请按照任务书的指令和步骤完成各项内容，课后交回任务书以便评价。

1. 学习正弦交流电路有功功率、无功功率、视在功率的概念，掌握三种功率的关系式及对应的功率三角形，并通过练习验证学习效果，完成表 6-3。

表 6 - 3 　　　　　　　　　　　**正弦交流电路的功率**

正弦交流电路	有功功率	无功功率	视在功率
表达式			
功率三角形			
练习题	两个元件 $R=10\Omega$、$L=10\text{mH}$ 串联，外接 $u=\sqrt{2}\times100\sin1000t\,\text{V}$ 的电压，求电路的 P，Q，S。		

2. 实验台上使用实验模块，教师示范，学生学做，完成正弦交流电路功率的测量，并完成表 6-4。

表 6 - 4 　　　　　　　　　　　**白炽灯电路功率的测量**

步骤	内 容 描 述
1	实验模块如图（a）所示，将一盏白炽灯接到 220V 交流电源，先接入电流表和电压表，测量电路的端电压和总电流，如图（b）所示（注：暂不接入功率表） 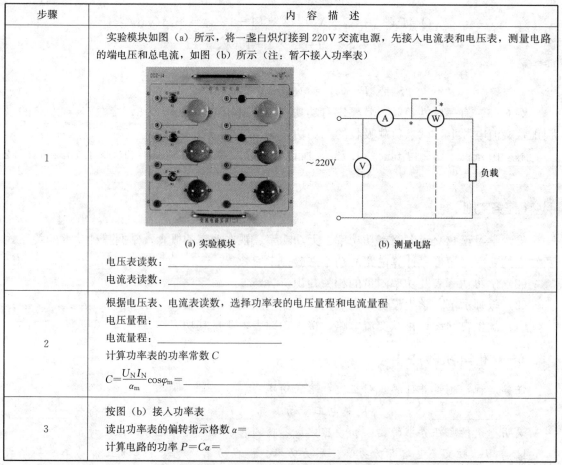 　　（a）实验模块　　　　　　（b）测量电路 电压表读数：＿＿＿＿＿＿＿＿＿ 电流表读数：＿＿＿＿＿＿＿＿＿
2	根据电压表、电流表读数，选择功率表的电压量程和电流量程 电压量程：＿＿＿＿＿＿＿＿＿ 电流量程：＿＿＿＿＿＿＿＿＿ 计算功率表的功率常数 C $C=\dfrac{U_N I_N}{\alpha_m}\cos\varphi_m=$＿＿＿＿＿＿
3	按图（b）接入功率表 读出功率表的偏转指示格数 $\alpha=$＿＿＿＿＿ 计算电路的功率 $P=C\alpha=$＿＿＿＿＿

3. 学生自己设计正弦交流电路，接入功率表，测量其功率，填入表 6 - 5 中。

表 6 - 5 测量正弦交流电路功率

电 路 图 及 参 数	功率测量值

■ 学习后的心得体会。

通过本任务的学习，我知道了 _____

_____

_____。

■ 对任务完成的过程进行自评，并写出今后的打算。

自评标准	参与完成所有活动，自评为优秀；缺一个，为良好；缺两个，为中等；其余为加油
自评结果	
今后打算	

任务三 分析并实现荧光灯电路功率因数的提高

【任务描述】

理解功率因数的意义及提高功率因数的方法，会计算荧光灯电路的功率因数，理解荧光灯电路功率因数提高的方法和意义。

【相关知识】

一、功率因数及其影响

由式（6 - 6）可知，在正弦交流电路中，平均功率 P 一般情况下并不等于视在功率 S。除纯电阻外，一般 P 小于 S，决定平均功率与视在功率关系的是 $\cos\varphi$，称为功率因数，用符号 λ 表示，即

$$\lambda = \cos\varphi = \frac{P}{S} \tag{6 - 10}$$

对于无独立电源的二端网络，端口等效阻抗为 $Z = |Z| \angle \varphi$，阻抗角 φ 称为该网络的功率因数角，是端口电压与端口电流的相位差，即 $\varphi = \psi_u - \psi_i$，因此网络的功率因数角 φ 取决于网络的性质。当网络为感性时，$\varphi > 0$；当网络为容性时，$\varphi < 0$。但无论 φ 是正还是负，$\cos\varphi$ 总为正，单给出 $\cos\varphi$ 值是不能表明电路的性质，因此习惯上在 $\cos\varphi$ 上加以"滞后"或"超前"字样。所谓滞后，是指电流滞后电压，即 $\varphi > 0$ 的情况；所谓超前，是指电流超前电压，即 $\varphi < 0$ 的情况。

　　在工业生产中，负载多为感性。例如常用的异步电动机，在额定负载时功率因数约为 0.7～0.9，而轻载时可降至 0.2～0.3；其他如工频炉、电焊变压器、荧光灯等负载的功率因数也比较低。功率因数不高会有一些不良影响，主要有以下两个方面。

　　1. 增加输电线路的功率损耗

　　当输电线路的电压 U 一定，负载的有功功率 P 也一定时，由式（6-6）可得

$$I = \frac{P}{U\cos\varphi}$$

即输电线路中的电流 I 与功率因数 $\cos\varphi$ 成反比。功率因数越低，输电线路上的电流就越大，线路上的功率损失越大。并且输电线路上的电压降也要增加，因电源电压一定，所以负载的端电压将减少，这将影响负载的正常工作。

　　2. 发电设备的容量不能充分利用

　　发电设备的额定容量 S_N 是一定的。由 $P = S_N\cos\varphi$ 可知，发电设备输出的有功功率与负载的功率因数 $\cos\varphi$ 成正比，功率因数越低，有功功率越小，而无功功率越大，电路中的能量交换规模就越大，从而使发电设备的利用率大为降低。

　　因此，为了节省电能和提高电源设备的利用率，必须提高用电设备的功率因数。按照供用电规则，需高压供电的工业企业用户的平均功率因数不低于 0.95，需低压供电的用户的平均功率因数不低于 0.9。

　　二、提高功率因数的方法

　　提高功率因数，最常用的方法是在感性负载的两端并联适当容量的电容器（靠近负载或装置于用户变电所中），其电路图和相量分析图如图 6-14 所示。

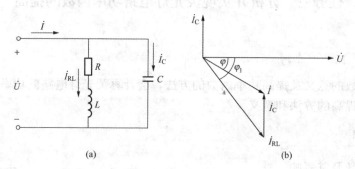

图 6-14　并联电容提高感性负载的功率因数

(a) 电路图；(b) 相量分析图

　　借助相量图分析方法容易证明：在感性负载 RL 支路上并联电容器 C 前后，因额定电压 U 不变，所以流过负载支路的电流 I_{RL} 不变，负载本身的功率因数 $\cos\varphi_1$ 也不变，电路中消耗的有功功率也不变；但并联电容器 C 后，总电压 $\dot{U}$ 与总电流 $\dot{I}$ 的相位差减小了，总的功率因数 $\cos\varphi$ 增大了。

　　注意：功率因数的提高是指电源或电网的功率因数提高，而不是指某个感性负载的功率因数。

　　电容器的作用是补偿了一部分感性负载所需要的无功功率，从而使负载与电源之间的能量交换减少，提高了电源设备的利用率。随电容 C 的增加，φ 减小，$\cos\varphi$ 增大，总电流 I 减

小，补偿的效果也更明显。若继续增大 C 的值，将会出现 $\cos\varphi=1$，甚至过补偿（即使电路变为容性），这是没有必要的，一般功率因数接近 1 即可。

对于额定电压为 U、额定功率为 P、工作频率为 f 的感性负载来说，将功率因数从 $\cos\varphi_1$ 提高到 $\cos\varphi$，设所需并联的电容器容量为 C，由

$$\frac{U}{I_C} = X_C = \frac{1}{\omega C}$$

得

$$C = \frac{I_C}{\omega U} = \frac{I_{RL}\sin\varphi_1 - I\sin\varphi}{\omega U} = \frac{\dfrac{P}{U\cos\varphi_1}\sin\varphi_1 - \dfrac{P}{U\cos\varphi}I\sin\varphi}{\omega U}$$

即

$$C = \frac{P}{\omega U^2}(\tan\varphi_1 - \tan\varphi) = \frac{P}{2\pi f U^2}(\tan\varphi_1 - \tan\varphi) \qquad (6\text{-}11)$$

例题分析

例 6-6　有一个 $U=220\text{V}$、$P=40\text{W}$、$\cos\varphi_1=0.443$ 的荧光灯，为了提高功率因数，并联一个 $C=4.75\mu\text{F}$ 的电容器，试求并联电容后电路的电流和功率因数（电源频率为 50Hz）。

解　并联电容支路电流为
$$I_C = U\omega C = 220 \times 314 \times 4.75 \times 10^{-6} \approx 0.328(\text{A})$$

原功率因数角　　　　　　　　$\varphi_1 = \arccos 0.443 = 63.7°$

原荧光灯电路电流的无功分量为

$$I_1\sin 63.7° = \frac{40}{220 \times 0.443} \times 0.897 \approx 0.368(\text{A})$$

并联电容后电路的电流为

$$I = \sqrt{(I_1\sin\varphi_1 - I_C)^2 + (I_1\cos\varphi)^2} = \sqrt{0.04^2 + 0.182^2} = 0.186(\text{A})$$

并联电容后电路的功率因数为

$$\cos\varphi = \frac{P}{UI} = \frac{40}{220 \times 0.186} = 0.977$$

实践应用　**异步电动机的功率因数提高**

异步电动机的自然功率因数就是设备本身固有的功率因数，其值决定于本身的用电参数（如结构、用电性质等）。提高电动机自然功率因数一般从以下两方面进行。

（1）严格控制电动机容量，提高设备负载率，达到合理运行。"大马拉小车"、轻载和空载运行情况，会造成电动机自然功率因数偏低，耗用无功比例较大，电能损失增加。因此，合理选择电动机容量，使之与机械负载功率相匹配，提高电动机的负载率，是改善其自然功率因数的主要方法之一。

（2）对轻负荷电动机实行减压运行，提高自然功率因数和效率，降低功率损失。当电动机负载系数小于 0.5 时，由△改为 Y 接线减压运行后，可提高电动机的自然功率因数和效率，达到降低电能损耗的目的。

【任务实施】

（1）实验台上，将荧光灯电路并联电容器。观察在并联三个不同容量电容器的情况下，

灯管电流、灯管电压、镇流器电压及电路的功率有无变化，由此总结得出结论。

（2）学习改善功率因数的相关资料，掌握改善功率因数的方法，学画感性负载并联电容前后的相量图，记忆补偿电容公式，最后通过练习验证学习效果。

【一体化学习任务书】

任务名称：分析并实现荧光灯电路功率因数的提高

姓名_____　　　　　所属电工活动小组_____　　　　　得分_____

说明：请按照任务书的指令和步骤完成各项内容，课后交回任务书以便评价。

1. 实验台上，将荧光灯电路并联电容器。观察在并联三个不同的电容的情况下，灯管电流、灯管电压、镇流器电压及电路的功率有无变化，由此总结得出结论。

■ 将自耦调压器调零，然后切断实验台的总供电电源开关。

■ 按图 6-15 所示电路连线。用导线将调压器输出相线端、功率表电流线圈、总电流测量插孔、荧光灯电流测量插孔、镇流器、荧光灯丝一端、辉光启动器、荧光灯丝另一端、调压器输出地线端按顺序连接，功率表电压线圈与荧光灯电路并联。

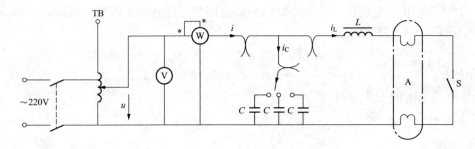

图 6-15　荧光灯功率因数提高实验电路

■ 选取合适量程的交流电压表、电流表和功率表。

■ 并联电容器电流测量插孔与电容器组串联，再与荧光灯电路并联，并将电容器组中各电容器的控制开关置于断开位置。注意，电容器电流测量插孔应连接在总电流测量插孔的后面。

■ 电路连接好后，经指导教师检查无误，闭合实验台的总供电电源开关，按下启动按钮。

■ 用电压表监测，逐渐调升电压至 220V，点亮荧光灯。

■ 按表 6-6 中列出的电容值，逐项进行测量，并将测量结果记录表 6-6 中。

表 6-6　　　　　　　　　　**荧光灯功率因数提高实验**

电容值	测　量　数　值				
（μF）	P（W）	U（V）	I（A）	I_L（A）	I_C（A）
0					
1					
2.2					
4.7					

续表

总结：电容增大时，_____

_____。

■ 分析测得的数据，总结电容增大测量数据的变化规律及原因。

2. 学习改善功率因数的相关资料，掌握改善功率因数的方法，学画感性负载并联电容前后的相量图，记忆补偿电容公式，最后通过练习验证学习效果，记于表 6-7 中。

表 6-7　　　　　　　　　　学习改善功率因数

感性负载改善功率因数的方法		
感性负载并联电容前、后的相量图	并联电容前	并联电容后
补偿电容公式		
练习题	某感性负载额定电压为 220V，接于工频 220V 电源上，已知其功率为 8kW，功率因数为 0.7。欲使其功率因数提高到 0.9，问需并联多大的电容？ 解：	

■ 学习后的心得体会。

通过本任务的学习，我知道了_____

_____

_____。

■ 对任务完成的过程进行自评，并写出今后的打算。

自评标准	参与完成所有活动，自评为优秀；缺一个，为良好；缺两个，为中等；其余为加油
自评结果	
今后打算	

任务四　分析收音机调谐回路

【任务描述】

通过对收音机调谐回路，理解串、并联谐振发生的条件及特点。

【相关知识】

一、谐振电路

具有电感和电容元件的无源二端网络，一般端口电压与电流是不同相的，调节电路参数或改变电源频率，可以使它们同相，即网络的阻抗角 $\varphi=0$，电路呈现电阻性。这时称该电路发生了谐振。按发生谐振的电路组成不同，可分为串联谐振和并联谐振。谐振现象在工程上既有可利用的一面，又有造成危害的一面，因而要了解产生谐振的条件和谐振电路的特点。

1. 串联谐振

RLC 串联电路中发生的谐振，叫做串联谐振。

对于图 6-16 所示的 RLC 串联电路，根据谐振的概念可知，谐振时该电路复阻抗的虚

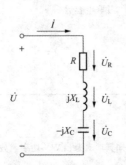

图 6-16　RLC 串联电路
发生谐振

部应为零，即 $Z=R+\mathrm{j}(X_\mathrm{L}-X_\mathrm{C})=R+\mathrm{j}\left(\omega L-\dfrac{1}{\omega C}\right)$ 中

$$\omega L=\frac{1}{\omega C} \tag{6-12}$$

这就是 RLC 串联电路的谐振条件。调节电路参数 L、C 或改变电源频率 ω 都可以满足式（6-12），从而使电路发生谐振。由式（6-12）可得谐振时的谐振角频率 ω_0 和谐振频率 f_0 分别为

$$\omega_0=\frac{1}{\sqrt{LC}} \tag{6-13}$$

$$f_0=\frac{1}{2\pi\sqrt{LC}} \tag{6-14}$$

串联谐振电路具有以下特征：

（1）电路的复阻抗最小，且为纯阻性，即

$$Z_0=R$$

（2）电路的电流最大，且与电压同相，即

$$\dot{I}_0=\frac{\dot{U}}{Z_0}=\frac{\dot{U}}{R}$$

在电源电压不变的情况下，电流最大。

（3）此时电源不负担 L 和 C 之间的能量交换，能量交换在 L 和 C 之间进行，电路仍有容抗和感抗，并称为谐振电路的特性阻抗，记作

$$\rho=\omega_0 L=\frac{1}{\omega_0 C}=\sqrt{\frac{L}{C}}$$

ρ 的单位为欧姆，它是一个只与电路参数 L、C 有关，而与频率无关的常量。

ρ 与 R 的比值称为电路的品质因数，用 Q 表示，即

$$Q=\frac{\rho}{R}=\frac{\omega_0 L}{R}=\frac{1}{\omega_0 RC}=\frac{1}{R}\sqrt{\frac{L}{C}}$$

品质因数简称 Q 值，它是由电路参数决定的无量纲常量。一般 Q 值为 $50\sim200$，品质因数越大，串联谐振电路的电压特征越显著。

（4）各元件的电压。电阻上的电压等于电源电压，即

$$U_{R0} = RI_0 = R\frac{U}{R} = U$$

电感和电容上的电压是电源电压的 Q 倍

$$U_{L0} = I_0 X_{L0} = \frac{U}{R}\omega_0 L = QU$$

$$U_{C0} = I_0 X_{C0} = \frac{U}{R}\frac{1}{\omega_0 C} = QU$$

因此，串联谐振也称为电压谐振。谐振电压的这一特征多应用于无线电工程，例如调谐选频电路，可以通过调节 C（或 L）的参数，使电路谐振于某一频率，而只有这一频率的信号被接收，其他频率的信号被抑制。但是在电气工程上，一般要防止产生电压谐振，因为电压谐振时产生的高电压和大电流会损坏电气设备。

2. 并联谐振

对于 RLC 并联谐振电路，完全可用上述串联谐振电路的分析模式来分析，这里从略。下面主要分析工程上常用的电感线圈与电容器并联的谐振电路，如图 6-17 所示。

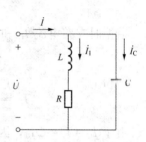

图 6-17 电感线圈与电容器 并联的谐振电路

图 6-17 所示并联电路的复导纳

$$Y = \frac{\dot{I}}{\dot{U}} = \frac{1}{R+j\omega L} + j\omega C = \frac{R-j\omega L}{R^2+(\omega L)^2} + j\omega C$$

$$= \frac{R}{R^2+(\omega L)^2} + j\left[\omega C - \frac{\omega L}{R^2+(\omega L)^2}\right]$$

同串联谐振一样，当端口电压与电流同相时，电路发生谐振，谐振时电路的等效复导纳（或复阻抗）的虚部为零，由此可得并联谐振的条件为

$$\omega C = \frac{\omega L}{R^2+(\omega L)^2} \tag{6-15}$$

谐振时的谐振角频率 ω_0 和谐振频率 f_0 分别为

$$\omega_0 = \frac{1}{\sqrt{LC}}\sqrt{1-\frac{CR^2}{L}} \tag{6-16}$$

$$f_0 = \frac{1}{2\pi\sqrt{LC}\sqrt{1-\frac{CR^2}{L}}} \tag{6-17}$$

将品质因数 $Q = \frac{1}{R}\sqrt{\frac{L}{C}}$ 代入式（6-16）、式（6-17）得

$$\omega_0 = \frac{1}{\sqrt{LC}}\sqrt{1-\frac{1}{Q^2}} \approx \frac{1}{\sqrt{LC}} \tag{6-18}$$

$$f_0 = \frac{1}{2\pi\sqrt{LC}}\sqrt{1-\frac{1}{Q^2}} \approx \frac{1}{2\pi\sqrt{LC}} \tag{6-19}$$

因为通常有 $Q \gg 1$，因此并联谐振与串联谐振有相同形式的谐振频率表达式。

并联谐振电路具有以下特征：

（1）电路的复导纳接近最小，复阻抗接近最大，且为阻性。

复导纳

$$Y_0 = \frac{R}{R^2+(\omega_0 L)^2} = \frac{RC}{L}$$

复阻抗

$$Z_0 = \frac{R^2 + (\omega_0 L)^2}{R} = \frac{L}{RC} = \frac{\rho^2}{R} = Q^2 R$$

它是特性阻抗 ρ 的 Q 倍，式中 $\rho = \sqrt{\dfrac{L}{C}}$ 为并联电路的特性阻抗，它与串联谐振电路的特性阻抗在形式上和意义上是一样的；$Q = \dfrac{\rho}{R} = \dfrac{1}{R}\sqrt{\dfrac{L}{C}}$ 为电路的品质因数，在忽略线圈电阻的情况下，$Q \approx \dfrac{\omega_0 L}{R}$。

（2）端口电流有效值 I_0 最小，支路电流是总电流的 Q 倍。

谐振时端口电流与端口电压同相，为

$$\dot{I}_0 = \frac{\dot{U}R}{R^2 + (\omega_0 L)^2} = \frac{\dot{U}RC}{L}$$

谐振时支路电流 I_C 和 I_L 是总电流的 Q 倍，即

$$I_C = U\omega_0 C = \frac{\omega_0 L}{R}\frac{URC}{L} = QI_0$$

$$I_L = \frac{U}{\sqrt{R^2 + (\omega_0 L)^2}} \approx \frac{U}{\omega_0 L} = \frac{1}{\omega_0 RC}\frac{URC}{L} = QI_0$$

由于 $I_C = I_L = QI_0$，因此，并联谐振也称为电流谐振。

二、收音机电路基本知识

1. 收音机的基本工作原理

收音机的电路结构种类有很多，早期的多为分立元件电路，目前基本上都采用了大规模集成电路为核心的电路。集成电路收音机具有结构简单、性能指标优越、体积小等优点。AM/FM 型的收音机电路可用图 6-18 所示的框图来表示。收音机通过调谐回路选出所需的电台，送到变频器与本振电路送出的本振信号进行中频放大（简称中放），产生中频输出（我国规定的 AM 中频为 465kHz，FM 中频为 10.7MHz），中频信号通过检波器检波后输出调制信号，调制信号经低频放大（简称低放）、功率放大（简称功放），放大电压和功率，推动扬声器发出声音。

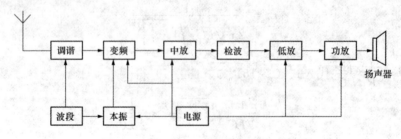

图 6-18　AM/FM 型的收音机电路框图

2. 收音机的输入调谐回路

输入调谐回路也叫输入选择回路，简称输入回路，它是信号进入接收机的第一道"大门"。输入回路的结构形式和性能对接收机的性能有重要影响。

输入调谐回路实际上就是一个谐振回路，由一个电感线圈和一个可调电容器组成。如图 6-19 所示为收音机调谐回路原理图。假设有四个电台信号都被磁性天线所接收到了，四个

电台信号的频率分别为 f_1、f_2、f_3 和 f_4，则天线线圈 L 就产生相应的感应电压 u_1、u_2、u_3 和 u_4。若要收听频率为 f_2 的电台播音，只要旋转可变电容器 C，就能找到一个位置，使输入电路的固有频率与信号频率 f_2 相等，即输入电路在 f_2 频率上发生谐振。这时，输入电路中 u_2 产生的电流值最大，而 u_1、u_3 和 u_4 因失谐，电流值很小，从而就选择出频率为 f_2 的电台信号。同理，旋转可调电容也可以选择出接收波段内的其他电台信号。事实上，我们旋转收音机的调频旋钮表面上是在选择电台，实际上是在改变可调电容器的电容值。当所选电容值与某个电台的频率发生谐振时，该信号最强，我们就收听到这个电台的节目了。

例题分析

例 6 - 7　某收音机的调谐回路如图 6 - 20 所示，天线线圈的电感 $L=0.3\text{mH}$，电阻 $R=16\Omega$。欲收听 640kHz 某电台广播，应将可调电容器 C 调到多少皮法？若此频率信号在 L 中感应出电压为 $U=2\mu\text{V}$，试求该电台信号在回路中的电流和线圈两端的电压。

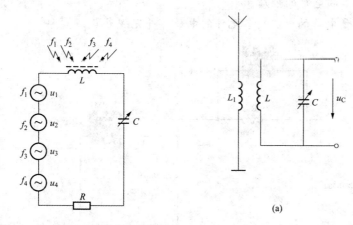

图 6 - 19　收音机调谐回路原理图

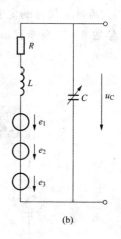

图 6 - 20　例 6 - 7 图
(a) 调谐回路；(b) 等效电路

解　由接收机的等效电路可知，这是谐振问题，由

$$f_0 = \frac{1}{2\pi\sqrt{LC}}$$

代入参数得

$$640 \times 10^3 = \frac{1}{2 \times 3.14\sqrt{0.3 \times 10^{-3}C}}$$

可算出

$$C = 204\text{pF}$$

这时

$$I_0 = \frac{U}{R} = \frac{2 \times 10^{-6}}{16} = 0.13(\mu\text{A})$$

$$X_C = X_L = 2\pi f_0 L = 2 \times 3.14 \times 640 \times 10^3 \times 0.3 \times 10^{-3} = 1200(\Omega)$$

$$U_L = I_0 X_L = 0.13 \times 10^{-6} \times 1200 = 156(\mu\text{V})$$

【任务实施】

（1）测定 *RLC* 串联电路在感性、阻性和容性三种情况下电路的电流、各元件的电压，并讨论完成相关任务，总结串联谐振电路的特点。

（2）上网查找有关收音机的资料，简述其工作原理。

（3）分析收音机调谐回路。

【一体化学习任务书】

任务名称：分析收音机调谐回路

姓名 _____   所属电工活动小组 _____   得分 _____

说明：请按照任务书的指令和步骤完成各项内容，课后交回任务书以便评价。

1. 用仿真软件测定 *RLC* 串联电路的性质。

按图 6-21 所示接线，测量电路的电流、各元件的电压，并完成表 6-8。

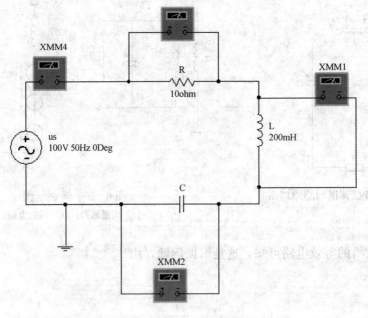

图 6-21　*RLC* 串联电路接线图

表 6-8   ***RLC* 串联电路测量数据**

参数		测量值		U_L 和 U_C 的大小关系	X_L 和 X_C 的大小关系	U 和 U_R 的大小关系	电路的性质
		电压（V）	电流（A）				
$C=20\mu F$	电阻						
	电感						
	电容						
$C=50\mu F$	电阻						
	电感						
	电容						

续表

参数		测量值		U_L 和 U_C 的大小关系	X_L 和 X_C 的大小关系	U 和 U_R 的大小关系	电路的性质
		电压（V）	电流（A）				
$C=100\mu F$	电阻						
	电感						
	电容						
分析结论	三种情况中，$C=$＿＿＿＿时电流最大。此时，U_L 和 U_C 的大小关系：＿＿＿＿，X_L 和 X_C 的大小关系：＿＿＿＿，U 和 U_R 的大小关系：＿＿＿＿，电路呈＿＿＿＿性，称为串联谐振。此时电路的频率称为谐振频率，$f_0=$＿＿＿＿。 　　在串联谐振电路中计算 $\dfrac{U_L}{U}=$＿＿＿＿，可知电感电压是端电压的＿＿＿＿倍。若 $Q=\dfrac{1}{R}\sqrt{\dfrac{L}{C}}$，计算得 $Q=$＿＿＿＿，对比知 $\dfrac{U_L}{U}$ 和 Q 的大小关系是＿＿＿＿＿＿＿＿。						

2. 上网查找有关收音机的资料，简述其工作原理，填入表 6-9 中。

表 6-9　　　　　　　　　　　收音机的工作原理

收音机的工作原理：＿＿＿＿＿＿＿＿＿＿＿＿＿＿＿＿＿＿＿＿＿＿＿＿＿＿＿＿＿＿＿＿＿＿＿

3. 用仿真软件分析收音机调谐回路的工作原理。

■ 引导问题：图 6-22 是模拟收音机的调谐回路。其中 U1、U2、U3 模拟幅值相等但频率不同的三个电台的信号，三个信号的频率分别为 960kHz、640kHz、320kHz。现欲收听 640kHz 电台的广播，应将可调电容 C 调到多少皮法？此时，三个信号的强度分别是多少？

■ 欲收听 640kHz 电台的广播，就需要使电路对此频率发生谐振，从而使该信号的电流最大。根据串联谐振条件 $2\pi fL=\dfrac{1}{2\pi fC}$，求得 $C=$＿＿＿＿
＿＿＿＿＿＿＿＿＿。

■ 对图 6-22 所示电路应用叠加定理，按照提示，完成表 6-10 的测量并得出结论。

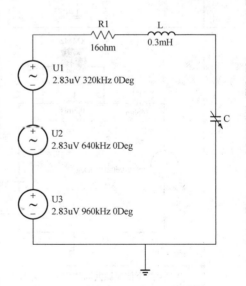

图 6-22　模拟收音机的调谐回路

表 6 - 10　　　　　　　　　　　分析收音机调谐回路的工作原理

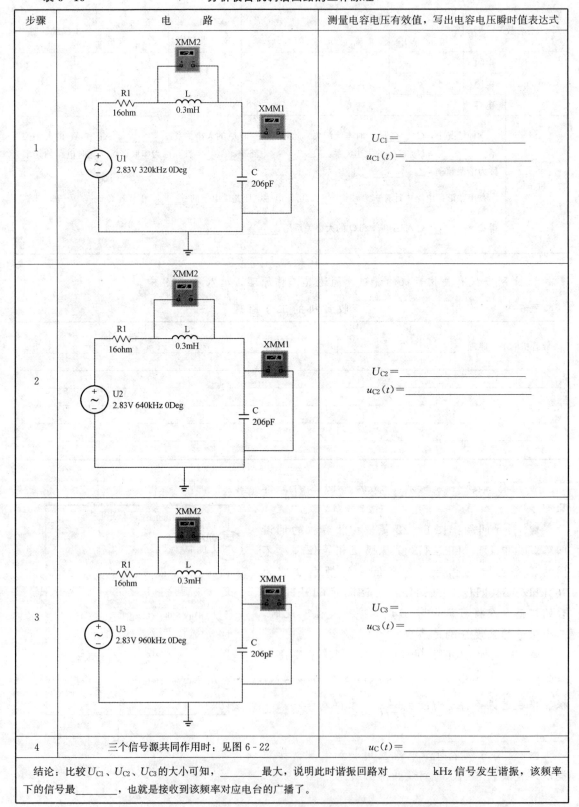

步骤	电　　　路	测量电容电压有效值，写出电容电压瞬时值表达式
1	XMM2 / R1 16ohm / L 0.3mH / XMM1 / U1 2.83V 320kHz 0Deg / C 206pF	$U_{C1}=$ ＿＿＿＿＿＿＿＿＿＿ $u_{C1}(t)=$ ＿＿＿＿＿＿＿＿＿＿
2	XMM2 / R1 16ohm / L 0.3mH / XMM1 / U2 2.83V 640kHz 0Deg / C 206pF	$U_{C2}=$ ＿＿＿＿＿＿＿＿＿＿ $u_{C2}(t)=$ ＿＿＿＿＿＿＿＿＿＿
3	XMM2 / R1 16ohm / L 0.3mH / XMM1 / U3 2.83V 960kHz 0Deg / C 206pF	$U_{C3}=$ ＿＿＿＿＿＿＿＿＿＿ $u_{C3}(t)=$ ＿＿＿＿＿＿＿＿＿＿
4	三个信号源共同作用时：见图 6 - 22	$u_C(t)=$ ＿＿＿＿＿＿＿＿＿＿

结论：比较 U_{C1}、U_{C2}、U_{C3} 的大小可知，＿＿＿＿最大，说明此时谐振回路对＿＿＿＿ kHz 信号发生谐振，该频率下的信号最＿＿＿＿，也就是接收到该频率对应电台的广播了。

■ 学习后的心得体会。

通过本任务的学习，我知道了 _____

_____

_____。

■ 对任务完成的过程进行自评，并写出今后的打算。

自评标准	参与完成所有活动，自评为优秀；缺一个，为良好；缺两个，为中等；其余为加油
自评结果	
今后打算	

习 题 六

A 类（难度系数 1.0 及以下）

6-1　已知 RLC 串联电路中 $R=10\Omega$，$L=0.05\mathrm{H}$，$C=100\mu\mathrm{F}$。求 $f=50\mathrm{Hz}$ 时电路的复阻抗，并分析电路是感性还是容性？若 $f=150\mathrm{Hz}$，电路呈现什么性质？

6-2　图 6-23 所示正弦交流电路中，电压表 V1、V2、V3 的读数都是 10V，试求电压表 V 的读数。

6-3　图 6-24 所示的正弦电流电路中，已知图中三个电流的有效值分别为 $I=10\mathrm{A}$、$I_\mathrm{L}=20\mathrm{A}$、$I_\mathrm{C}=12\mathrm{A}$，试求电阻中电流的有效值 I_R。

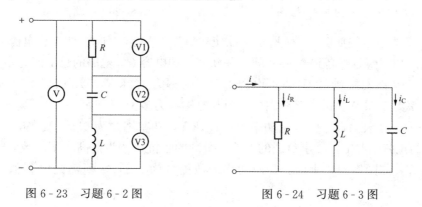

图 6-23　习题 6-2 图　　　　　　　图 6-24　习题 6-3 图

6-4　有一电感线圈，把 36V 直流电压接在其两端时，电流为 6A；把 110V、50Hz 的正弦电压接在其两端时，电流为 8A。试求该电感线圈的等效电阻 R 和电感 L 的值。

6-5　为了使一个 36V、0.3A 的灯泡接到电压为 220V、频率为 50Hz 的交流电源上能正常工作，可以串联一个电容器限流，问要串联多大的电容器才能达到目的？

6-6　已知 40W 的荧光灯电路，在 $U=220\mathrm{V}$ 正弦交流电压下正常发光，此时电流值 $I=0.36\mathrm{A}$，求该荧光灯的功率因数和无功功率 Q。

6-7　荧光灯管与镇流器串联接到交流电压上，可看作 RL 串联电路。如已知某灯管的等效电阻 $R_1=280\Omega$，镇流器的电阻和电感分别为 $R_2=20\Omega$ 和 $L=1.65\mathrm{H}$，电源电压 $U=220\mathrm{V}$，试求电路中的电流和灯管两端与镇流器上的电压。（电源频率为 50Hz）

6-8　有 100 盏功率为 40W、功率因数为 0.5 的荧光灯（感性负载）并联于 220V、

50Hz 的正弦交流电源上，试求该电路的总电流。

6-9　一台电动机接到工频 220V 电源上，吸收的功率为 1.4kW，功率因数为 0.7，欲将功率因数提高到 0.9，需并联多大电容器？

6-10　有一电动机，其输入功率为 1.21kW，接在 220V 交流电源上，通入交流电动机的电流为 11A，求电动机的功率因数。

6-11　收音机的输入调谐回路为一个 RLC 串联谐振电路，当电阻为 20Ω，电感为 $250\mu H$，电容为 150pF，求谐振频率和品质因数。

B 类（难度系数 1.0 以上）

6-12　图 6-25 所示的移相电路，已知电容为 $0.01\mu F$，输入电压 $u=\sqrt{2}\sin 1200\pi t\text{V}$，欲使输出电压的相位向落后方向移动 60°，问应配多大的电阻？此时的输出电压是多大？

6-13　图 6-26 所示为测定电感线圈参数的实验方法之一。若已知 $f=50\text{Hz}$，并由实验测得 $U=120\text{V}$，$I=0.8\text{A}$，$P=20\text{W}$，试求线圈的电阻 R 和电感分别为多少？

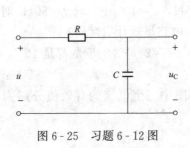

图 6-25　习题 6-12 图

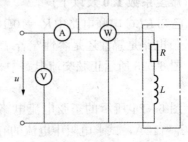

图 6-26　习题 6-13 图

6-14　荧光灯电路如图 6-27 所示。欲使功率为 40W、电压为 220V、电流为 0.66A 的荧光灯电路的功率因数提高到 0.98，问应并联多大的电容 C？电路的总电流为多少？

6-15　一个线圈接到 220V 直流电源上时，功率为 1.2kW，接到 50Hz、220V 的交流电源上，功率为 0.6kW。试求该线圈的电阻与电感各为多少？

6-16　有一感性负载，其额定功率 $P=1.1\text{kW}$，功率因数为 0.5，接在电压 220V、频率为 50Hz 的正弦电源上。①求负载的电流和负载的阻抗；②为提高功率因数，通常与感性负载并联电容，如图 6-28 所示。要使功率因数提高为 0.8，求所需的电容值和电路的总电流。

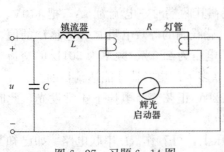

图 6-27　习题 6-14 图

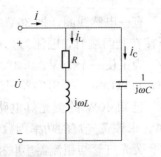

图 6-28　习题 6-16 图

6-17　有一工频单相正弦交流电源，额定容量为 10kVA，额定电压为 230V。①若用它给功率为 8kW、功率因数为 0.6 的感性负载供电，电流是否超过额定值？②将电路的功率因数提高到 0.9，应并入多大电容？③功率因数提高后，电源电流等于多少？负载电流有无变化？

6-18　某变电站输出的电压为 220V，额定视在功率为 220kVA。如果给电压为 220V、功率因数为 0.75、额定功率为 33kW 的单位供电，问能给几个这样的单位供电？若把功率因数提高到 0.9，又能供给几个这样的单位？

6-19　在图 6-29 所示电路中，正弦电压源电压 $U_S=100$V、频率 $f=50$Hz。调节 C 使电路谐振时，电流表 A 的读数为 1A。试求电压表 V 的读数、电容 C 的值、电阻 R 的值。

6-20　50Hz 正弦激励电路如图 6-30 所示。调节电容值 C 使电压 $\dot{U}$ 与电流 $\dot{I}$ 同相时，$U=100$V、$I=1$A、$U_C=180$V。试求 R、L、C 的值。

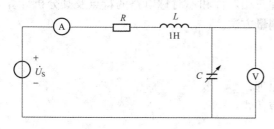

图 6-29　习题 6-19 图

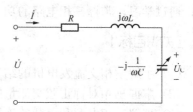

图 6-30　习题 6-20 图

6-21　图 6-31 所示正弦交流电路中，已知电源电压 $\dot{U}_{S1}=100$V，$\dot{U}_{S2}=10\angle90°$V，$R=10\Omega$，$X_L=5\Omega$，$X_C=10\Omega$。求各支路电流。

6-22　电路如图 6-32 所示，电压源电压 $u_S(t)=50\sqrt{2}\sin\omega t$V，电流源电流 $i_S(t)=10\sqrt{2}\sin(\omega t+30°)$A，$X_L=5\Omega$，$X_C=3\Omega$，试用戴维南定理求电容电压 $u_C(t)$。

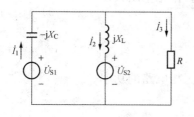

图 6-31　习题 6-21 图

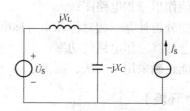

图 6-32　习题 6-22 图

项目七
分析计算三相低压用电系统

【项目描述】

认识三相交流发电机和三相电路,掌握三相对称正弦交流量的特点及其表达式;通过分析计算三相电动机电路和三相照明电路,掌握三相对称和不对称电路的特点及其分析计算思路;通过学习,掌握三相电路的功率计算和测量方法。

【知识目标】

(1) 了解三相交流发电机的结构和工作原理;
(2) 掌握三相对称正弦交流量的特点和表达式;
(3) 理解三相电源和负载的连接方式;
(4) 理解三相电动机电路和三相照明电路的特点;
(5) 掌握三相电路的功率表达式;
(6) 掌握三相电路功率的三种测量方法及适用条件。

【能力目标】

(1) 能写出三相对称正弦交流量的表达式,并会作相量图;
(2) 能作出三相电路图;
(3) 能分析计算三相对称和不对称电路;
(4) 会计算三相电路的功率;
(5) 能正确采用一表法、两表法和三表法测量三相电路的功率。

【教学环境】

多媒体教室,具备计算机和投影仪;电工实训室或电工教学车间,具备相关仪器仪表、元器件和操作台。

任务一　认识三相交流发电机和三相电路

【任务描述】

通过认识三相交流发电机,了解三相交流发电机的结构和工作原理及三相交流电路的电源与负载的连接方式,理解不同连接方式下线电量与相电量的关系。

【相关知识】

目前世界上电力系统所采用的供电方式,绝大多数是三相制。所谓三相制,就是由三个频率相同而相位不同的电压源（或电动势）作为供电电源组成的供电系统。三相交流电路是由一组振幅相等、频率相同、相位互差120°的三个电动势组成的供电系统。

三相交流电有许多优点。例如三相交流电易于获得；广泛用于电力拖动的三相交流电动机结构简单、性能良好、可靠性高；三相交流电的远距离传输比较经济等。所以，目前在电力工程中多采用三相制。

一、三相交流发电机

1. 三相交流发电机的原理

图7-1所示是三相交流发电机的原理，它由定子和转子两大部分组成。内部旋转部分称为转子，在转子的线圈中通以直流电流，则在空间产生一个按正弦规律分布的磁场；在定子的铁芯槽内对称地安放着三组匝数相同的绕组，每一组绕组称为一相，各相绕组结构相同，它们的始端用U1、V1、W1（过去一般用A、B、C）标记，末端用U2、V2、W2（过去一般用X、Y、Z）标记。当转子以角速度 ω 匀速旋转时，三相定子绕组就会切割磁力线而产生感应电动势，形成三相电源的电压。

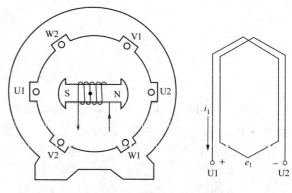

图7-1　三相交流发电机的原理

2. 对称三相正弦电压

由于磁场按正弦规律分布，因此感应出的电动势按正弦规律变化，而三相绕组结构相同，切割磁力线的速度相同，位置互差120°，因此三相绕组感应出的电动势幅值相等、频率相同、相位互差120°。这样的三相电动势称为对称三相电动势。若设U1、V1、W1三个首端作为每相绕组电压的参考正极，U2、V2、W2为参考负极，并设U相为参考正弦量，则三相交流发电机产生的三相电压的解析式为

$$\left.\begin{aligned}
u_U &= U_m \sin\omega t \\
u_V &= U_m \sin(\omega t - 120°) \\
u_W &= U_m \sin(\omega t - 240°) = U_m \sin(\omega t + 120°)
\end{aligned}\right\} \tag{7-1}$$

在电力工程中，对称三相正弦电压是由三相交流发电机产生的，称这样的发电机为对称三相正弦电压源，简称对称三相电源。

由式（7-1）可以写出对称三相电压的相量形式为

$$\left.\begin{aligned}
\dot{U}_U &= U\angle 0° = U \\
\dot{U}_V &= U\angle -120° = U\left(-\frac{1}{2} - j\frac{\sqrt{3}}{2}\right) \\
\dot{U}_W &= U\angle 120° = U\left(-\frac{1}{2} + j\frac{\sqrt{3}}{2}\right)
\end{aligned}\right\} \tag{7-2}$$

由式（7-1）和式（7-2）可画出对称三相电压的波形和相量图，如图7-2所示。

对称三相电压的特点是：它们在任一瞬间之和恒等于零，即

$$\left.\begin{aligned}
u_U + u_V + u_W &= 0 \\
\dot{U}_U + \dot{U}_V + \dot{U}_W &= 0
\end{aligned}\right\} \tag{7-3}$$

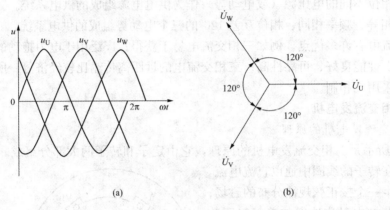

图 7-2　对称三相电压的波形和相量图

(a) 波形；(b) 相量图

由图 7-2 (a) 可以看出，对称三相电压到达零值（或最大值）的先后顺序不同，通常把各相电压到达零值（或最大值）的顺序，叫做相序。相序为 U—V—W—U，称为正序或顺序；相序为 U—W—V—U，称为负序或逆序。一般情况下，我们所说的相序均指正序。

对三相电源来说，U 相是可以任意指定的，但 U 相确定以后，其他相根据对称关系就确定了。在发电厂和变电站的母线上，通常涂以黄、绿、红三种颜色，分别表示 U、V、W 三相。

二、三相电源和负载的连接

三相电源或负载的连接方式一般有两种，即星形联结和三角形联结。

1. 三相电源的连接

三相电源的星形（Y）联结，就是将电源的三相绕组的末端 U2、V2、W2 连接在一起，从三个始端 U1、V1、W1 引出三根导线与负载相连，如图 7-3 所示。三个末端连接的公共点，叫做电源的中性点，用 N 表示。从始端引出的导线称为端线或相线（俗称火线），也可以从中性点引出一根线，称为中性线（或零线），当中性点接地时，中性线又称为地线。

三相电源的三角形（△）联结，就是把一相电源的末端与另一相电源的始端依次相连，形成一个闭合回路，再从三个连接点引出三根端线与负载相连，如图 7-4 (a) 所示。

对称三相电源作三角形联结时，若连接正确，则 $\dot{U}_U + \dot{U}_V + \dot{U}_W = 0$，因而不会在闭合回路中产生环流。

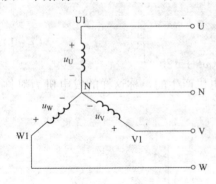

图 7-3　三相电源的星形联结

但若将一相电源接反，如图 7-4 (b) 所示，这时，作用在回路中的总电压将等于一相电源电压的两倍。由于发电机的内阻抗很小，因此在回路中产生很大的环流而烧毁电源。

因为三相交流发电机实际产生的电压只是近似于正弦量，三角形联结时即使连接正确，在空载情况下回路中也会有电流，这将引起电能损耗，使发电机的温升增加，所以三相交流发电机一般不作三角形联结。

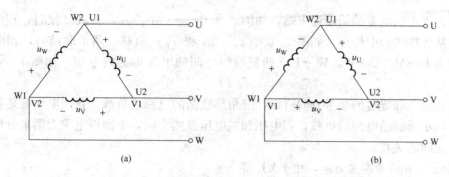

图 7-4　三相电源的三角形联结
(a) 正确接线；(b) 一相接反

　　三相变压器的三相绕组经常接成三角形，为了防止接线错误而导致设备损坏，接线时，先把三相绕组接成开口三角形，经过一个交流电压表闭合，如图 7-5 所示，如果电压表读数近似为零，则表示连接正确，然后将电压表拆除再把三角形闭合。

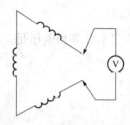

　　2. 三相负载的连接

　　三相负载也有星形和三角形两种连接方式，但负载和　图 7-5　检查三角形联结的电路
电源的连接方式不一定相同。图 7-6 为星形联结的三相电路，星形负载的中性点用 N' 表示。负载中性点与电源中性点由中性线相连的三相电路，称为三相四线制电路；没有中性线相连的三相电路，称为三相三线制电路。

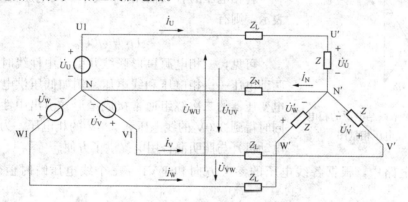

图 7-6　星形联结的三相四线制电路

　　因为三角形联结的电源或负载不能引出中性线，所以它只能接成三线制。

　　各相复阻抗相等的三相负载，称为对称负载；不满足上述条件的负载，则为不对称负载。例如，三相电动机和三相变压器都可以看成对称负载；照明设备和单相用电设备为不对称负载。在三相电路中，电源一般都是对称正弦量，若三相负载对称，则称为对称三相正弦电路，简称对称三相电路；若三相负载不对称，则为不对称三相电路。

三、三相电路的相电压与线电压、相电流与线电流

　　1. 相电压与线电压

　　在三相电路中，每相电源绕组或负载两端的电压，称为电源或负载的相电压，电源相电

压参考方向规定从电源的始端到末端，如图 7-6 中 u_U、u_V、u_W；负载 Y 接时，相电压参考方向规定从各端线到中性点，如图 7-6 中 u'_U、u'_V 和 u'_W；负载三角形联结时，相电压参考方向规定为 U→V，V→W，W→U，两根端线之间的电压称为线电压，如图 7-6 中 u_{UV}、u_{VW}、u_{WU}。

由上述定义和规定的参考方向可知：三角形联结的电源或负载，各线电压就是各相应的相电压；而星形联结电源的负载，相电压和线电压显然不同，下面以电源为例来分析相电压与线电压之间的关系。

根据图 7-6 所示参考方向，由 KVL 得

$$\left. \begin{array}{l} \dot U_{UV} = \dot U_U - \dot U_V \\ \dot U_{VW} = \dot U_V - \dot U_W \\ \dot U_{WU} = \dot U_W - \dot U_U \end{array} \right\} \tag{7-4}$$

若三个电源相电压是一组对称正弦量，将式（7-2）代入式（7-4）可得

$$\dot U_{UV} = \sqrt{3}\, \dot U_U \angle 30°$$
$$\dot U_{VW} = \sqrt{3} \dot U_V \angle 30°$$
$$\dot U_{WU} = \sqrt{3} \dot U_W \angle 30°$$

即三个线电压也是一组对称正弦量，且线电压的有效值是对应相电压有效值的 $\sqrt{3}$ 倍，相位上比对应的相电压超前 30°，如图 7-7 所示。

若相电压的有效值用 U_p 表示，线电压的有效值用 U_l 表示，则有

$$U_l = \sqrt{3} U_p$$

可见，三相电源星形联结并引出中性线时，可以得到两种电压——相电压和线电压。例如低压供电系统中，配电变压器的二次绕组通常接成星形并引出中性线，这样可同时得到 380V 的线电压和 220V 的相电压，为动力（三相电动机）与照明混合用电提供了方便。

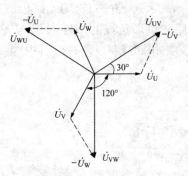

图 7-7　星形联结电源的相电压和线电压相量图

在三相电路中，根据各线电压的参考方向和 KVL，三个线电压瞬时值之和恒等于零，即

$$u_{UV} + u_{VW} + u_{WU} = 0 \quad 或 \quad \dot U_{UV} + \dot U_{VW} + \dot U_{WU} = 0$$

不论电源或负载接成星形或三角形，也不论三相线电压对称与否，线电压的上述特点总是成立的。

在对称三相电路中，一般所说的电压均指线电压，且线电压有效值的下标可以省去，直接用 U 表示。

2. 相电流与线电流

三相电路中，流过每相电源绕组或负载的电流，称为电源或负载的相电流，电源相电流参考方向规定从电源的末端到始端；负载相电流参考方向规定与相电压一致；流过每根端线的电流称为线电流，线电流的参考方向规定为从电源侧到负载侧。流过中性线的电流称为中

性线电流，规定中性线电流的参考方向从负载中性点到电源中性点。

由上述定义和规定的参考方向可知：星形联结的电源或负载，各线电流就是各相应的相电流；而三角形联结的电源或负载，线电流和相电流显然不同，下面以三角形联结负载为例来分析相电流与线电流之间的关系，如图 7-8（a）所示。

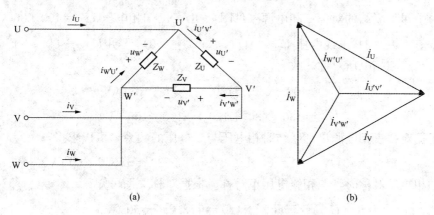

图 7-8　负载三角形联结的三相电路
（a）相电流与线电流；（b）电流相量图

根据图 7-8（a）所示参考方向，由 KCL 得

$$\left. \begin{array}{l} \dot{I}_{\mathrm{U}} = \dot{I}_{\mathrm{U'V'}} - \dot{I}_{\mathrm{W'U'}} \\ \dot{I}_{\mathrm{V}} = \dot{I}_{\mathrm{V'W'}} - \dot{I}_{\mathrm{U'V'}} \\ \dot{I}_{\mathrm{W}} = \dot{I}_{\mathrm{W'U'}} - \dot{I}_{\mathrm{V'W'}} \end{array} \right\} \tag{7-5}$$

若三个相电流是一组对称正弦量，则按式（7-5）作电流相量图如图 7-8（b）所示。由相量图可知，三个线电流相量

$$\dot{I}_{\mathrm{U}} = \sqrt{3}\,\dot{I}_{\mathrm{U'V'}} \angle -30°$$

$$\dot{I}_{\mathrm{V}} = \sqrt{3}\,\dot{I}_{\mathrm{V'W'}} \angle -30°$$

$$\dot{I}_{\mathrm{W}} = \sqrt{3}\,\dot{I}_{\mathrm{W'U'}} \angle -30°$$

即三个线电流也是一组对称正弦量，且线电流的有效值是对应相电流有效值的 $\sqrt{3}$ 倍，相位上比对应的相电流滞后 30°。

若相电流的有效值用 I_{p} 表示，线电流的有效值用 I_l 表示，则有

$$I_l = \sqrt{3}I_{\mathrm{p}}$$

在三相三线制电路中，根据各线电流的参考方向和 KCL，三个线电流瞬时值之和恒等于零，即

$$i_{\mathrm{U}} + i_{\mathrm{V}} + i_{\mathrm{W}} = 0 \quad \text{或} \quad \dot{I}_{\mathrm{U}} + \dot{I}_{\mathrm{V}} + \dot{I}_{\mathrm{W}} = 0$$

不论三相线电流对称与否，三线制电路中线电流的上述特点总是成立的。

在三相四线制电路中，根据 KCL，则有

$$i_{\mathrm{U}} + i_{\mathrm{V}} + i_{\mathrm{W}} = i_{\mathrm{N}}$$

即四线制电路中，三个线电流的瞬时值之和等于中性线电流。在对称三相电路中，因为三个线电流是一组对称正弦量，在任一瞬间，它们之和恒等于零，所以中性线电流 $i_{\mathrm{N}} = 0$。这

时，即使将中性线去掉，对电路也没有任何影响。因此，对称三相正弦电路可接成三线制。

在对称三相电路中，一般所说的电流均指线电流，且线电流有效值的下标可以省去，直接用 I 表示。

例题分析

例 7-1　星形联结的对称三相电源（见图 7-8），已知相电压 $\dot{U}_U=100\angle 30°\text{V}$。（1）求相电压 $\dot{U}_V$、$\dot{U}_W$；（2）求线电压 $\dot{U}_{UV}$、$\dot{U}_{VW}$、$\dot{U}_{WU}$；（3）证明 $\dot{U}_{UV}+\dot{U}_{VW}+\dot{U}_{WU}=0$。

解　（1）三相相电压对称，故

$$\dot{U}_V=100\angle(30°-120°)=100\angle-90°(\text{V})$$

$$\dot{U}_W=100\angle(30°+120°)=100\angle150°(\text{V})$$

（2）根据对称三相电源星形联结时相电压与线电压的关系，可以求得：

$$\dot{U}_{UV}=\sqrt{3}\dot{U}_U\angle30°=\sqrt{3}\times100\angle30°\times\angle30°=173.2\angle60°(\text{V})$$

当三相相电压对称时，三相线电压也对称。根据对称关系可知：

$$\dot{U}_{VW}=\dot{U}_{UV}\angle-120°=173.2\angle-60°(\text{V})$$

$$\dot{U}_{WU}=\dot{U}_{UV}\angle120°=173.2\angle180°(\text{V})$$

（3）由式（7-4）可知：

$$\dot{U}_{UV}=\dot{U}_U-\dot{U}_V$$

$$\dot{U}_{VW}=\dot{U}_V-\dot{U}_W$$

$$\dot{U}_{WU}=\dot{U}_W-\dot{U}_U$$

故　　$\dot{U}_{UV}+\dot{U}_{VW}+\dot{U}_{WU}=(\dot{U}_U-\dot{U}_V)+(\dot{U}_V-\dot{U}_W)+(\dot{U}_W-\dot{U}_U)=0$

或　　$\dot{U}_{UV}=173.2\angle60°\text{V}$，$\dot{U}_{VW}=173.2\angle-60°\text{V}$，$\dot{U}_{WU}=173.2\angle180°\text{V}$

所以　　$\dot{U}_{UV}+\dot{U}_{VW}+\dot{U}_{WU}=173.2\angle60°+173.2\angle-60°+173.2\angle180°$

$$=(86.6+j150)+(86.6-j150)-173.2=0$$

【任务实施】

（1）观看三相交流发电机的教学片，了解三相交流发电机的构造。

（2）测量三相电源模板上各端子间的电压，写出三个线电压与相电压的关系。

（3）认识三相电动机接线端子图，并作出对应电路图。

（4）使用仿真软件，观察对称三相电路三角形联结负载的相电流和线电流的关系。

（5）观察实际三相电路的接法，总结三相电路的组成、功能和特点。

【一体化学习任务书】

任务名称：**认识三相交流发电机和三相电路**

姓名＿＿＿＿＿　　所属电工活动小组＿＿＿＿＿　　得分＿＿＿＿＿

说明：请按照任务书的指令和步骤完成各项内容，课后交回任务书以便评价。

1. 初步认识三相交流发电机。

■　观看三相交流发电机的教学片，了解三相交流发电机的构造和工作原理。

■ 如图7-9为实验用低压用电系统（星形联结）的三相电源模板。用万用表测量图7-9中各端子间的电压，将测量值填入表7-1中。

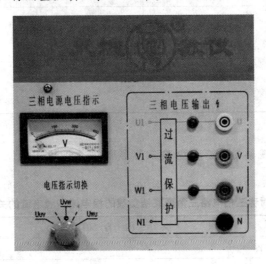

图7-9 实际三相电源模版

表7-1 　　　　　　　　　　　　　　　**线电压和相电压**

端子名称	电压值	电压意义	
U－V(U_{UV})			线电压与相电压关系：
V－W(U_{VW})		线电压	
W－U(U_{WU})			
U－N(U_U)			
V－N(U_V)		相电压	
W－N(U_W)			

■ 根据测量的三个线电压值和三个相电压值，分析它们之间的关系。

2. 初步认识三相电路。

■ 图7-10为常见的实际电动机接线端子图。分析图7-10，在表7-2中画出两种接线分别对应的原理图。

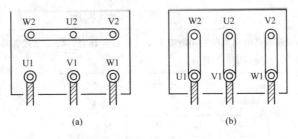

图7-10 电动机接线端子图

（a）星形联结；（b）三角形联结

表 7 - 2 电动机接线原理图

负载星形（Y）联结原理图	负载三角形（△）联结原理图

■ 使用仿真软件，观察对称三相电路三角形联结负载的相电流和线电流的关系，填入表 7 - 3 中。

表 7 - 3 观察对称三相电路三角形联结负载的相电流和线电流的关系

步骤	内 容 描 述
1	打开仿真软件
2	拖出三个交流电压源，分别命名为 U_U、U_V、U_W，并修改它们的参数，使三个电压源有效值相等、频率相同、初相位互差 120°。仿真电路中 U、V、W 三相电压源的初相分别设为 0°、120°、240°（仿真软件中相位角指滞后的角度）。拖出三个电阻，分别命名为 R_U、R_V、R_W，并将它们的电阻修改成相等（电阻值可任意）
3	将三个电阻连成三角形，三角形的三个顶点分别命名为 U′、V′、W′。将三个电压源的负极性端连在一起，电压源 U_U、U_V、U_W 的正极性端分别与 U′、V′、W′三个顶点相连，如图所示 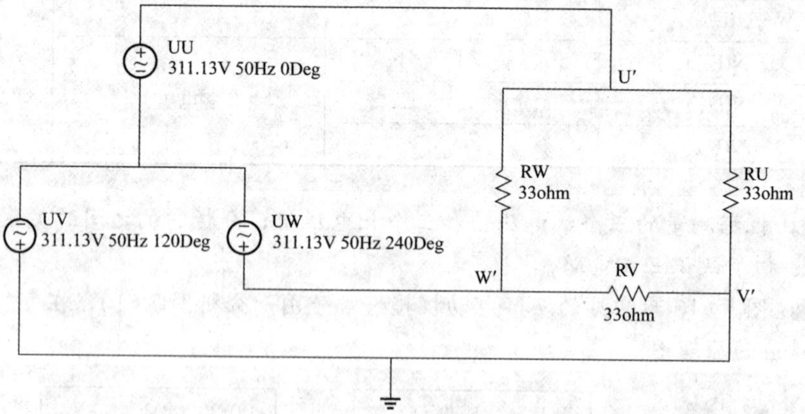
4	分别测量流过各电阻负载的相电流 $I_{U'V'}$、$I_{V'W'}$、$I_{W'U'}$，以及流过各端线的线电流 I_U、I_V、I_W，记于下表中，并完成表内的计算。 被 测 量 / 计 算 线电流：I_U I_V I_W　相电流：$I_{U'V'}$ $I_{V'W'}$ $I_{W'U'}$　I_U/I_{UV} I_V/I_{VW} I_W/I_{WU} 结论：三个负载相同时，线电流的大小是负载相电流的_____倍。

■ 观察图 7-11、图 7-12 所示电路的接法，总结三相电路的组成、功能和特点，填入表 7-4 中。

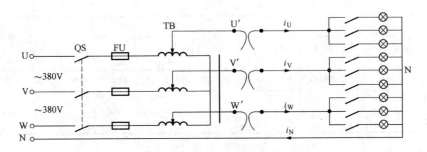

图 7-11　负载星形联结的三相电路

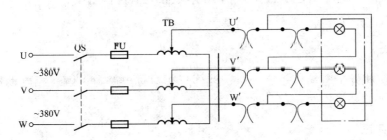

图 7-12　负载三角形联结的三相电路

表 7-4　　　　　　　　　　　　　　实 际 三 相 电 路 总 结

连接方式	组成、功能和特点
星形联结	
三角形联结	

■ 认识表 7-5 所列出的实际设备，写出其规格。

表 7-5　　　　　　　　　　　　　　一 些 实 际 设 备

设 备 名 称	规 格	备 注
三相交流电源		
三相开关（QS）		
熔断器（FU）		
三相自耦变压器（TB）		
三相灯组负载	220V、15W 白炽灯	

■ 学习后的心得体会。

通过本任务的学习，我知道了＿＿＿＿＿＿＿＿＿＿＿＿＿＿＿＿＿＿＿＿＿

＿＿＿＿＿＿＿＿＿＿＿＿＿＿＿＿＿＿＿＿＿＿＿＿＿＿＿＿＿＿＿＿＿。

■ 对任务完成的过程进行自评，并写出今后的打算。

自评标准	参与完成所有活动，自评为优秀；缺一个，为良好；缺两个，为中等；其余为加油
自评结果	
今后打算	

任务二　分析计算三相电动机电路

【任务描述】

通过认识三相异步电动机，能分析、计算三相对称电路，了解三相电动机的启动控制电路。

【相关知识】

一、认识三相异步电动机

三相异步电动机是工农业生产、国防、日常生活和医疗器械中应用最广泛的一种电动机，它的主要作用是驱动生产机械、电动工具等，具有结构简单，制造、使用和维护方便，运行可靠，成本低，效率高的特点。图 7-13 所示为三相异步电动机的外形图。

三相异步电动机是这样工作的：三相定子绕组接通三相电源，产生磁场。该磁场在空间旋转，称为旋转磁场。旋转磁场切割转子导体，产生感应电动势。由于转子铜条是短路的，因此有感应电流产生。转子载流体在磁场中受到电磁力的作用，形成电磁转矩，驱动电动机旋转起来，从而将电能转变为机械能。概括起来，异步电动机要工作，首先要有旋转磁场；第二，转子转动方向与旋转磁场方向相同；第三，转子转速必须小于同步转速，否则导体不会切割磁场，无感应电流产生，无转矩，电动机就要停下来，停下后，速度减慢，由于有转速差，转子又开始转动，所以只要旋转磁场存在，转子总是落后同步转速在转动。图 7-14 所示为异步电动机工作原理图。

图 7-13　三相异步电动机的外形图

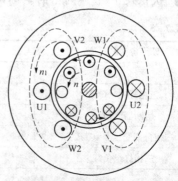

图 7-14　异步电动机工作原理图

　　三相异步电动机的绕组有两种连接方式，星形联结和三角形联结。通常在电动机的铭牌上标明了绕组的连接方式，如图 7-15 所示。图 7-16 所示为异步电动机的接线盒外观图，其中图 7-16（a）所示为星形联结，图 7-16（b）为三角形联结；图 7-17 所示为异步电动机星形联结和三角形联结的接线盒与对应内部接线图。

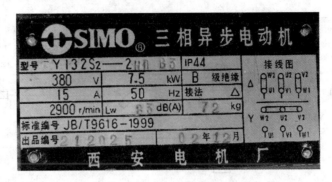

图 7-15　三相异步电动机的铭牌

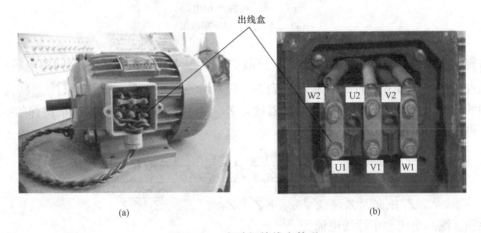

图 7-16　电动机接线盒外观
（a）星形联结；（b）三角形联结

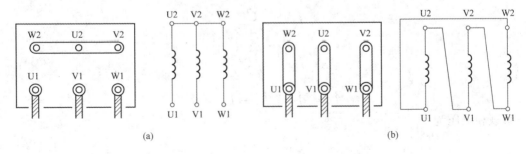

图 7-17　电动机接线盒与对应内部接线图
（a）星形联结；（b）三角形联结

　　由于三相异步电动机由三个相同的绕组构成，与三相电源连接后，构成的是对称三相电路。

二、对称三相电路的分析

为了得出对称三相电路的一般分析计算方法，以图 7 - 18（a）所示的星形联结电路为例，分析对称三相电路的特点。

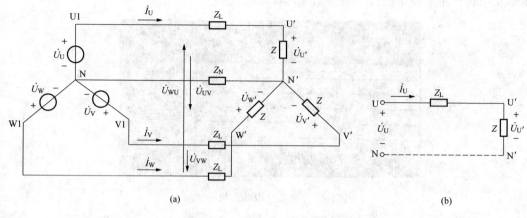

图 7 - 18　对称三相电路
（a）三相电路；（b）单线图

对称三相电路具有 N、N′ 两个节点。负载中性点 N′ 与电源中性点 N 之间的电压 $\dot{U}_{N'N}$ 称为中性点电压，其参考方向规定为从 N′ 到 N。设对称三相电源的相电压为 $\dot{U}_U$、$\dot{U}_V$、$\dot{U}_W$，每根端线的复阻抗为 Z_L，每相负载的复阻抗为 Z，中性线的复阻抗为 Z_N。根据弥尔曼定理，中性点电压为

$$\dot{U}_{N'N} = \frac{\dfrac{\dot{U}_U}{Z_L+Z}+\dfrac{\dot{U}_V}{Z_L+Z}+\dfrac{\dot{U}_W}{Z_L+Z}}{\dfrac{1}{Z_L+Z}+\dfrac{1}{Z_L+Z}+\dfrac{1}{Z_L+Z}+\dfrac{1}{Z_N}} = \frac{\dfrac{1}{Z_L+Z}(\dot{U}_U+\dot{U}_V+\dot{U}_W)}{\dfrac{3}{Z_L+Z}+\dfrac{1}{Z_N}} = 0$$

各相（线）电流和中性线电流为

$$\dot{I}_U = \frac{\dot{U}_U}{Z+Z_L}$$

$$\dot{I}_V = \frac{\dot{U}_V}{Z+Z_L}$$

$$\dot{I}_W = \frac{\dot{U}_W}{Z+Z_L}$$

$$\dot{I}_N = \dot{I}_U + \dot{I}_V + \dot{I}_W = 0$$

负载相电压为

$$\dot{U}_{U'} = Z\dot{I}_U$$

$$\dot{U}_{V'} = Z\dot{I}_V$$

$$\dot{U}_{W'} = Z\dot{I}_W$$

在不考虑输电导线的阻抗时（即 $Z_L=0$），则负载相电压等于电源相电压。

由上述分析结果可知，星形联结的对称三相电路具有以下特点：

（1）中性点电压 $\dot{U}_{\text{N'N}}=0$，并且中性线电流 $\dot{I}_{\text{N}}=0$，即中性线不起作用。也就是说中性线阻抗 Z_{N} 的大小对电路工作状态没有影响，甚至可以不用连线，从而节约导线。

（2）各相负载的电流、电压都是和电源同相序的对称正弦量。因此，只要计算出某一相的电流、电压之后，其他两相的电流、电压可按对称条件直接写出。

（3）各相电流、电压只决定于该相的电源电压和负载阻抗，与其他两相无关，即各相电流、电压的计算具有"独立性"。因此星形联结的对称三相电路可归结为一相计算，如图 7-19（b）所示。图中虚线为假想的中性线。

根据星形和三角形的等效互换，可将三角形联结的对称负载化为等效的星形联结负载处理。因此，上述计算方法可推广到其他类型的对称三相电路。

多组负载的对称三相电路计算，可用单相法按如下步骤求解：

（1）用等效星形联结的对称三相电源的线电压代替原电路的线电压，将电路中三角形联结的负载，用等效星形联结的负载代换。

（2）假设中性线将电源中性点与负载中性点连接起来，使电路形成等效的三相四线制电路。

（3）取出一相电路，单独求解，其余两相的电流和电压根据对称性求出。

（4）求出原来三角形联结负载的各相电流。

例题分析

例 7-2 对称负载接成三角形，接入线电压为 380V 的三相电源，若每相阻抗 $Z=6+\text{j}8\Omega$，求负载各相电流及各线电流。

解 设线电压 $\dot{U}_{\text{UV}}=380\angle0°\text{V}$，则负载各相电流为

$$\dot{I}_{\text{UV}}=\frac{\dot{U}_{\text{UV}}}{Z}=\frac{380\angle0°}{6+\text{j}8}=38\angle-53.1°(\text{A})$$

$$\dot{I}_{\text{VW}}=\frac{\dot{U}_{\text{VW}}}{Z}=\frac{380\angle-120°}{6+\text{j}8}=38\angle-173.1°(\text{A})$$

$$\dot{I}_{\text{WU}}=\frac{\dot{U}_{\text{WU}}}{Z}=\frac{380\angle120°}{6+\text{j}8}=38\angle66.9°(\text{A})$$

各线电流为

$$\dot{I}_{\text{U}}=\sqrt{3}\,\dot{I}_{\text{UV}}\angle-30°=\sqrt{3}\times38\angle(-53.1°-30°)=66\angle-83.1°(\text{A})$$

$$\dot{I}_{\text{V}}=\sqrt{3}\,\dot{I}_{\text{VW}}\angle-30°=66\angle156.9°\text{A}$$

$$\dot{I}_{\text{W}}=\sqrt{3}\,\dot{I}_{\text{WU}}\angle-30°=66\angle36.9°\text{A}$$

实践应用 **电动机启动控制电路**

电动机启动控制线路如图 7-19 所示，它由三相电源、断路器、接触器、停止按钮、启动按钮和电动机组成。其中启动按钮控制电动机的启动，停止按钮控制电动机的停止。

其控制过程是：按下启动按钮 SB1，接触器 KM 线圈得电，KM 主触头及辅助触头动作，电动机运转并实现自锁；按下停止按钮 SB，KM 线圈失电，KM 主触头及辅助触头复位，电动机停止运转。控制原理如图 7-20 所示。

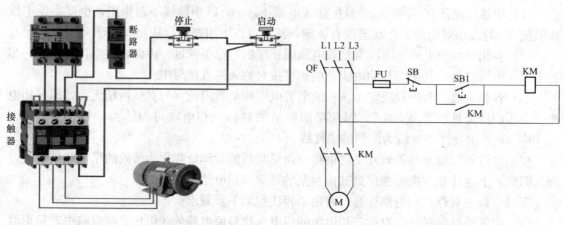

图 7-19　电动机启动控制电路　　　　　　　　图 7-20　电动机启动控制原理

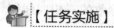【任务实施】

（1）观看三相电动机的教学片，了解三相电动机的构造和工作原理。

（2）使用仿真软件，测量星形联结对称三相电路的电压、电流，对比测量带中性线的星形联结对称三相电路的电压、电流，最后分析测量数据，得出结论。

【一体化学习任务书】

任务名称：分析计算三相电动机电路

姓名＿＿＿＿＿＿　　　所属电工活动小组＿＿＿＿＿＿　　　得分＿＿＿＿＿＿

说明：请按照任务书的指令和步骤完成各项内容，课后交回任务书以便评价。

1．认识电动机。

■　观看三相电动机的教学片，了解三相电动机的构造和工作原理。

■　按表 7-6 中所示的电动机定子绕组原理接线图，指出它是星形联结还是三角形联结，并将另一种接法的原理图画在表 7-6 中。

表 7-6　　　　　　　　　　　电动机定子绕组的两种接线方式

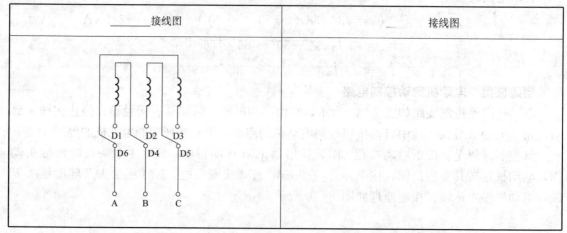

2. 使用仿真软件，测量星形联结对称三相电路的电压、电流，将测量结果填入表7-7中。

表7-7 测量星形联结对称三相电路

步骤	内 容 描 述
1	打开仿真软件
2	拖出三个正弦交流电压源，分别命名为 U_U、U_V、U_W，并修改它们的参数，使三个电压源电压大小为220V，频率为50Hz，并满足对称关系。将三相电源接成星形
3	拖出一个电阻、一个电感，修改它们的参数，使 $R=33\Omega$，$L=91mH$，将电阻和电感串联起来作为一相负载，复制得到三相对称负载，并将三相负载接成星形
4	按图将三相电源与负载连接
5	分别测量负载的相电压、负载相电流，记于下表中，并总结电路的特点 | 电源相电压			负载相电压			负载相电流			电路特点
---	---	---	---	---	---	---	---	---	---
U_U	U_V	U_W	$U_{U'}$	$U_{V'}$	$U_{W'}$	I_U	I_V	I_W	
6	连接中性线，测量中性点电压、中性线电流以及负载的相电压、负载相电流，记于下表中，并总结中性线的作用 	负载相电压			负载相电流			中性点电压	中性线电流	中性线的作用
---	---	---	---	---	---	---	---	---
$U_{U'}$	$U_{V'}$	$U_{W'}$	I_U	I_V	I_W	$U_{N'N}$	I_N	

■ 学习后的心得体会。

通过本任务的学习，我知道了 _____

_____

■ 对任务完成的过程进行自评，并写出今后的打算。

自评标准	参与完成所有活动，自评为优秀；缺一个，为良好；缺两个，为中等；其余为加油
自评结果	
今后打算	

任务三　分析计算三相照明电路

【任务描述】

认识三相四线制供电系统，会识别三相四线制电路中的相线和中性线，会分析计算三相照明电路。

【相关知识】

一、三相四线制供电系统

在星形联结的电路中，除从三个电源始端引出三根导线外，还可以从中性点引出一根导线，这种引出四根导线的供电方式称为三相四线制。四条线分别为 U、V、W、N 四个字母代表，如前所述，其中 N 线是中性线，简称中线，也叫零线。N 线是为了从 380V 线间电压中获得 220V 相间电压而设的，有的场合也可以用来进行零序电流检测，以便进行三相供电平衡的监控。一般情况下，三相电路中使用黄、绿、红三种颜色表示三根相线，使用淡蓝色表示零线。

二、不对称星形负载三相电路的分析

三相供电系统中的电源通常都是对称的，而负载的不对称则经常出现。三相负载中，除了三相电动机等对称负载外，还有前面所述的照明电路、电视机、电热器等单相负载，这些单相用电设备很难做到三相完全对称。此外，当对称三相电路发生一相负载短路或断线故障时，也会形成三相负载不对称。因为单相用电设备一般采用具有中性线的星形联结方式，所以讨论不对称星形负载的特点及其计算方法具有实际意义。

1. 电路分析

图 7-21（a）所示为电源对称、负载不对称的星形联结三相电路，设对称三相电源的电压为 $\dot{U}_\mathrm{U}$、$\dot{U}_\mathrm{V}$、$\dot{U}_\mathrm{W}$，则

$$\dot{U}_\mathrm{N'N} = \frac{\frac{\dot{U}_\mathrm{U}}{Z_\mathrm{U}} + \frac{\dot{U}_\mathrm{V}}{Z_\mathrm{V}} + \frac{\dot{U}_\mathrm{W}}{Z_\mathrm{W}}}{\frac{1}{Z_\mathrm{U}} + \frac{1}{Z_\mathrm{V}} + \frac{1}{Z_\mathrm{W}} + \frac{1}{Z_\mathrm{N}}} = \frac{\frac{1}{Z_\mathrm{U}}\left(\dot{U}_\mathrm{U} + \frac{Z_\mathrm{U}}{Z_\mathrm{V}}\dot{U}_\mathrm{V} + \frac{Z_\mathrm{U}}{Z_\mathrm{W}}\dot{U}_\mathrm{W}\right)}{\frac{1}{Z_\mathrm{U}} + \frac{1}{Z_\mathrm{V}} + \frac{1}{Z_\mathrm{W}} + \frac{1}{Z_\mathrm{N}}} \neq 0 \qquad (7-6)$$

由式（7-6）求出中性点电压后，根据 KVL 即可求出各相负载的相电压

$$\left.\begin{aligned} \dot{U}'_\mathrm{U} &= \dot{U}_\mathrm{U} - \dot{U}_\mathrm{N'N} \\ \dot{U}'_\mathrm{V} &= \dot{U}_\mathrm{V} - \dot{U}_\mathrm{N'N} \\ \dot{U}'_\mathrm{W} &= \dot{U}_\mathrm{W} - \dot{U}_\mathrm{N'N} \end{aligned}\right\} \qquad (7-7)$$

再根据相量形式的负载电压、电流关系，可求出各相负载的相电流（等于线电流）及中性线电流

$$\left.\begin{aligned}
\dot{I}_U &= \frac{\dot{U}'_U}{Z_U}\\
\dot{I}_V &= \frac{\dot{U}'_V}{Z_V}\\
\dot{I}_W &= \frac{\dot{U}'_W}{Z_W}\\
\dot{I}_N &= \dot{I}_U + \dot{I}_V + \dot{I}_W \neq 0
\end{aligned}\right\} \qquad (7-8)$$

2. 中性点位移及中性线的作用

前面已经分析，不对称三相电路中性点电压 $\dot{U}_{N'N}\neq0$，表示负载中性点的电位与电源中性点的电位不相等，这种现象称为中性点位移。

根据各电压相量作出不对称三相电路的电压相量图，如图 7-21 (b) 所示。从相量图可以看出，由于星形负载不对称，造成 $\dot{U}_{N'N}\neq0$，从而使得各相负载的相电压不再对称，各相负载的电压有的高于电源相电压，有的低于电源相电压，从而影响了负载的正常工作。

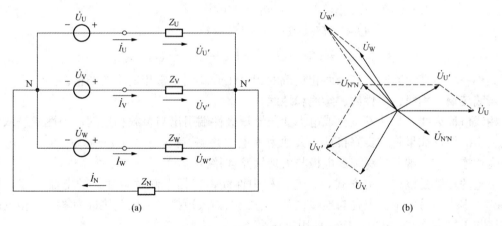

图 7-21　不对称星形负载三相电路

负载不对称是客观存在的。为了防止发生中性点位移现象，由式（7-6）可知，若使中性线阻抗 $Z_N\approx0$，则 $\dot{U}_{N'N}\approx0$。因此，对于不对称星形联结负载的三相电路，通常用一根阻抗很小的中性线将 N 和 N′连接起来，迫使负载中性点和电源中性点等电位，从而保证三相负载的相电压接近于对称（近似等于电源相电压），这就是中性线的作用。但要注意的是，由于三相负载不相等，因而各相负载电流仍不对称，且中性线电流不等于零，需按式（7-8）分别进行计算。

由以上分析可知，在负载不对称的三相四线制电路中，中性线的存在是非常重要的，中性线一旦断开，就会产生中性点位移，引起负载相电压不对称，造成用电设备的损坏。因此，在实际工程中，必须保证中性线连接可靠和具有一定的机械强度，并规定总中性线上不准安装熔断器或开关等保护设备。

例题分析

例 7 - 3　在图 7 - 22（a）所示电路，负载为星形联结的对称三相电路（无中性线），试分析当一相负载短路时各相负载相电压的变化情况。

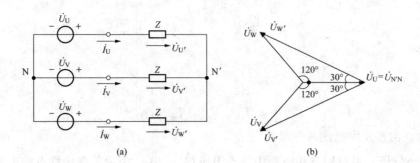

图 7 - 22　例 7 - 3 图
(a) 星形联结对称三相电路；(b) U 相负载短路时的相量图

解　设 U 相短路，则此时 U 相负载的相电压为零。由于 U 相短路，N 和 N′ 成为等电位点，故

$$\dot{U}_{N'N} = \dot{U}_U$$

$$\dot{U}_{V'} = \dot{U}_V - \dot{U}_{N'N} = \dot{U}_V - \dot{U}_U = -\dot{U}_{UV}$$

$$\dot{U}_{W'} = \dot{U}_W - \dot{U}_{N'N} = \dot{U}_W - \dot{U}_U = \dot{U}_{WU}$$

即当其中一相负载短路时，其余两相负载的相电压升高到正常相电压的 $\sqrt{3}$ 倍。

实践应用　相线、中性线、零线和地线

相线俗称火线，是从发电机或电力变压器正极性端引出与负载相连的；中性线是从电源中点引出的线，如果将它良好接地（大地为零电位），就称为零线了；地线一端与用电设备的外壳相连，另一端通过深埋的电极与大地短路连接。

市电的传输是以三相的方式，并有一根中性线，三相平衡时中性线的电流为零，俗称"零线"，零线的另一个特点是与地线在系统总配电输入短接，电压差接近为零。三相电的三根相线与零线有 220V 电压，应注意用电安全。

相线和零线的区别在于它们对地的电压不同：相线对地电压为 220V，零线对地电压为 0。零线和相线是用电的回路线，流过的电流是大电流，线径较粗，它们和电器的外壳是绝缘的，绝不能将零线接到外壳上，否则会使人触电。我们在地上接触零线的时候不会触电，是因为没有电位差，不会形成电流。而地线是和电器的外壳相连的，一般没有电流，当电器有故障时才有电流流通，故其线径要细得多。

零线和地线是两个不同的概念。地线的对地电位为零，在电器的最近点接地。零线的对地电位不一定为零。零线的最近接地点是在变电站或者供电的变压器处。

【任务实施】

（1）使用电工实验台，测量星形联结对称与不对称三相电路的电压、电流。

（2）使用仿真软件，对比测量有中性线的星形联结对称和不对称三相电路的电压、电流。分析测量数据，得出结论。

（3）学习中性点位移的概念，说明中性线的作用。

（4）研究相序指示器的工作原理，并自己设计相序指示器。

【一体化学习任务书】

任务名称：<u>分析计算三相照明电路</u>

姓名_____　　　所属电工活动小组_____　　　得分_____

说明：请按照任务书的指令和步骤完成各项内容，课后交回任务书以便评价。

1. 图 7-23 所示为典型的三相四线制供电线路原理图。仔细观察 A、B、C、D 四组负载的连线，完成表 7-8。

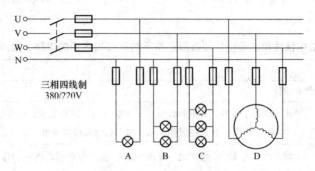

图 7-23　三相四线制供电线路原理图

表 7-8　　　　　　　　　　三相四线制供电线路中负载的接线

	A 组负载	B 组负载	C 组负载	D 组负载
连接点				

2. 使用电工实验台，测量有中性线的星形联结对称和不对称三相电路的电压、电流。

■ 按图 7-24 连接实验电路，即三相灯组负载经三相自耦调压器接通三相对称电源，并将三相调压器的旋柄置于三相电压输出为 0V 的位置。经指导教师检查后，合上三相电源开关，然后调节调压器的输出，使输出的三相线电压为 220V。

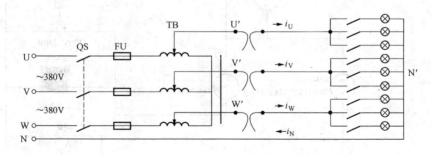

图 7-24　三相四线供电线路实验接线图

■ 按表 7-9 所列各项要求分别测量三相负载的线电压、相电压、相电流、中性线电流、中性点电压，将测量结果记录在表 7-9 中，并观察各相灯组亮暗的变化程度，特别需要注意观察中性线的作用。

表 7 - 9　　　　　　　带中性线星形对称与不对称三相电路的电压、电流

负载情况	开灯组数			线电压 （V）	相电压 （V）	相电流 （A）	中性线 电流	中性点 电压
带中性线星形联结平衡负载	3	3	3					
带中性线星形联结不平衡负载	1	2	3					
总结：带中性线星形联结平衡负载电路中，中性线起_____作用；带中性线星形联结不平衡负载电路中，中性线起_____作用。								

3. 使用仿真软件，测量带中性线星形联结和不带中性线星形联结不对称三相电路的电压、电流，完成表 7 - 10。

表 7 - 10　　　　带中性线和不带中性线星形联结不对称三相电路的电压、电流

步骤	内 容 描 述
1	打开仿真软件
2	拖出三个正弦交流电压源，分别命名为 U_U、U_V、U_W，并修改它们的参数，使三个电压源电压大小为 120V，频率为 50Hz，并满足对称关系。将三相电源接成星形
3	拖出三个额定电压为 120V 的灯泡，要求三个灯泡不全相同，将它们作为三相不对称负载接成星形
4	将三相电源与负载相连，并连接中性线，按图连接电路

续表

步骤	内　容　描　述
5	分别测量负载的相电压、中性线电流、中性点电压，记于下表中，并得出相应的结论 {TABLE5} 结论：三个负载_____（"都能"、"不全能"）正常工作。中性线中_____（"有"、"没有"）电流。中性线_____（"起"、"不起"）作用
6	图中元件和参数不变，只是去掉中性线。重新测量负载的相电压、中性点电压，记于下表中，并得出相应的结论 {TABLE6} 结论：三个负载_____（"都能"、"不全能"、"都不能"）正常工作。没有中性线_____（"行"、"不行"）
7	中性点电压不为零的现象称为中性点位移现象。比较上述带中性线和不带中性线星形联结不对称三相电路的电压、电流，可以看到中性线的作用是_____

Table for step 5:

电源相电压			负载相电压			中性线电流	中性点电压
U_U	U_V	U_W	U'_U	U'_V	U'_W	I_N	$\dot{U}_{N'N}$

Table for step 6:

电源相电压			负载相电压			中性点电压
U_U	U_V	U_W	U'_U	U'_V	U'_W	$\dot{U}_{N'N}$

4. 使用仿真软件，研究相序指示器的工作原理，并自己设计相序指示器，完成表7-11。

表 7-11　　　　　　　　　　　　**相序指示器的研究**

步骤	内　　容
1	按图所示电路接线，将电容器接在某相（假设的 U 相），另外两相接相同的灯泡（图中用 1210Ω 的电阻代替 40W 灯泡），注意：电容的容抗应取 $X_C = R_V = R_W = 2420\Omega$，对应得出电容为 $C =$ _____ μF，这里选用生产序列中的两个 2.7μF 电容串联 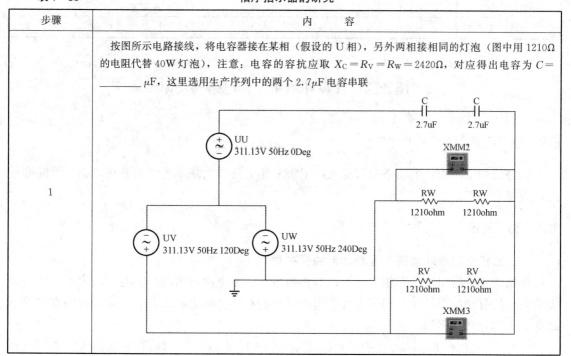

步骤	内　容
2	测量两个灯泡上的电压，得 U_V ＿＿＿＿ V，U_W＝＿＿＿＿ V。比较两个电压，可知：U_V 远远＿＿＿＿（"大于"、"小于"）U_W，＿＿＿＿相的灯泡亮度远远高于＿＿＿＿相。由此可见：较亮的灯泡接的是＿＿＿＿相，较暗的灯泡接的是＿＿＿＿相
3	在满足 $X_C=R_V=R_W$ 的前提下，改变电阻和电容的数值，取 $C=$＿＿＿＿ μF，$R_V=R_W=$＿＿＿＿ Ω，重新测量两相负载的电压，得 $U_V=$＿＿＿＿ V，$U_W=$＿＿＿＿ V。与步骤 2 的结论＿＿＿＿＿＿（"相同"、"不同"）
4	思考：图中为什么不用一个灯泡，而是用两个灯泡串联构成负载
5	用仿真软件自带的灯泡，设计一个相序指示器，观测使用结果，并作出电路图，标明负载的电压值

■ 学习后的心得体会。

通过本任务的学习，我知道了＿＿＿＿＿＿＿＿＿＿＿＿＿＿＿＿＿＿＿＿＿＿＿＿＿＿＿＿＿

＿＿。

■ 对任务完成的过程进行自评，并写出今后的打算。

自评标准	参与完成所有活动，自评为优秀；缺一个，为良好；缺两个，为中等；其余为加油
自评结果	
今后打算	

任务四　计算和测量三相电路的功率

【任务描述】

区分三相电路的各个功率及其意义，了解三相电路有功功率的测量方法，会计算并测量三相电路的功率。

【相关知识】

一、三相电路有功功率、无功功率和视在功率

根据功率平衡原理，三相电路无论对称与否，三相电源发出的总的有功功率或三相负载吸收的总的有功功率，应分别等于各相电源发出的有功功率之和或各相负载吸收的有功功率之和。三相有功功率为

$$P = P_U + P_V + P_W = U_U I_U \cos\varphi_U + U_V I_V \cos\varphi_V + U_W I_W \cos\varphi_W \tag{7-9}$$

式中　U_U、U_V、U_W——各相相电压的有效值；

$\quad\quad\quad I_U$、I_V、I_W——各相相电流的有效值；

$\quad\quad\quad \varphi_U$、$\varphi_V$、$\varphi_W$——各相相电压比相电流超前的相位差，即各相负载的阻抗角。

在对称三相电路中，由于各相有功功率相等，因此三相有功功率等于一相有功功率的三倍，即

$$P = 3U_p I_p \cos\varphi \tag{7-10}$$

因为对称三相电路的线电压、线电流也是对称的，且星形联结时有 $U_l = \sqrt{3}U_p$、$I_l = I_p$，三角形联结时有 $U_l = U_p$、$I_l = \sqrt{3}I_p$，所以式（7-10）可以写成

$$P = \sqrt{3}U_l I_l \cos\varphi \tag{7-11}$$

式（7-11）对星形、三角形联结的负载都适用。式中 U_l、I_l 为线电压和线电流的有效值，而 φ 仍是相电压比相应相电流超前的相位差。

三相电气设备铭牌上标明的有功功率为三相有功功率。同理，在三相电路中，总的无功功率 Q 等于各相无功功率的代数和，即

$$Q = Q_U + Q_V + Q_W = U_U I_U \sin\varphi_U + U_V I_V \sin\varphi_V + U_W I_W \sin\varphi_W$$

在对称三相电路中，无论连接形式如何，同样有

$$Q = 3U_p I_p \sin\varphi = \sqrt{3}U_l I_l \sin\varphi \tag{7-12}$$

三相电路总的视在功率 S 一般不等于各相视在功率之和，而规定三相视在功率

$$S = \sqrt{P^2 + Q^2}$$

在对称三相电路中，三相视在功率为

$$S = \sqrt{3}U_l I_l = 3U_p I_p$$

三相变压器铭牌上标明的功率为三相视在功率。

二、对称三相电路瞬时功率的特点

三相电路的瞬时功率等于各相瞬时功率之和，即

$$p = p_U + p_V + p_W = u_U i_U + u_V i_V + u_W i_W$$

在对称三相电路中，三相瞬时功率

$$p = p_U + p_V + p_W = 3U_p I_p \cos\varphi = \sqrt{3}U_l I_l \cos\varphi = P$$

即对称三相电路的瞬时功率是一个不随时间变化的常量，其大小等于三相电路的有功功率。对称三相电路的瞬时功率为常数这一特点，是三相电路的优点之一。因为三相发电机和电动机的瞬时功率为常数，它所产生的机械转矩是恒定的，所以三相电动机在运行中要比单相电动机产生较小的振动。

三、三相电路有功功率测量

1. 三表法和一表法

对于三相四线制星形联结电路，可以用三块功率表分别测量各相负载的有功功率，称为三表法。三块功率表的示数之和即为三相负载的总有功功率值。

对称三相四线制星形联结电路中，可以用一块功率表测出其中一相的功率，称为一表法。功率表的示数乘以 3 就是三相总功率。

图 7-25 所示为三表法测三相四线制负载功率的电路图。三表法的接法是：每块功率表的电流线圈串接在一相负载中，其同名端接在靠近电源侧；该功率表的电压线圈同名端与电

流线圈的同名端短接，电压线圈的非同名端均接到中线上。

一表法的接线方法与三表法中任意一表相同。

2. 二表法

三相三线制电路，不论是否对称，都可采用两表法测量三相电路的总有功功率。

图 7 - 26 所示为二表法测三相三线制负载功率的电路图。二表法的接法是：二块功率表的电流线圈分别串联于任意两根端线中，电压线圈分别并联在本端线与第三根端线之间。两块功率表示数的代数和就是三相电路的总功率（注意电压线圈与电流线圈同名端的连接）。若其中某功率表反偏，则应将其电流线圈两端接线调换，并将该功率表的读数取负，求总功率时应将负值代入。

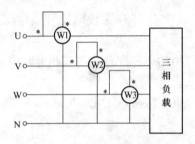
图 7 - 25　三表法测三相四线制
负载的功率

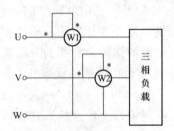
图 7 - 26　二表法测三相三线制
负载的功率

需要注意的是：二表法中任意一块功率表的读数是没有意义的。除对称三相电路外，二表法不适应于三相四线制电路。

例题分析

例 7 - 4　有一台三相异步电动机接在线电压为 380V 的对称电源上，已知此电动机的功率为 4.5kW，功率因数为 0.85，求它在额定状态下运行时的线电流。

解　因为三相电动机是对称负载，所以不论什么接法，线电流为

$$I_l = \frac{P}{\sqrt{3}U_l\cos\varphi} = \frac{4500}{\sqrt{3}\times 380\times 0.85} = 8.02(\text{A})$$

实践应用　认识单相电能表

单相电能表是感应系仪表，它是利用电压和电流线圈在铝盘上产生的涡流与交变磁通相互作用产生电磁力，使铝盘转动，同时引入制动力矩，使铝盘转速与负载功率成正比，通过轴向齿轮传动，由计数器积算出转盘转数而测定出电能。其结构如图 7 - 27 所示。

单相电能表的主要部件包括以下几个部分。

（1）驱动元件。它包括电流和电压部件。电流部件是由铝盘下面的铁芯 A 和绕在它上面的电流线圈所组成；电压部件是由铁芯 B 和绕在它上面的电压线圈所组成的，它与电流部件一起来产生转动力矩。

（2）转动元件。由铝盘和转轴组成，转轴上装有传递转数的蜗杆。

（3）制动元件。由永久磁铁和磁轭组成，其作用是在铝盘转动时产生制动力矩，使铝盘的转速与负载的功率大小成正比，从而使电能表能反映出负载所消耗的电能。

（4）计数器（又称积算机构）。用来计算电能表转盘的转数，以达到计算电能的目的。

（5）其他部分。支架、端钮盒和轴承等。

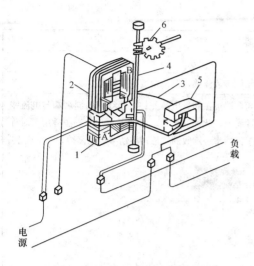

图 7-27 单相电能表的结构

1—电流部件；2—电压部件；3—铝盘；4—转轴；
5—永久磁铁，6—涡轮蜗杆传动机构

电能表的接线方法原则上与功率表的接线方法相同，不过电能表下部都有接线盒，盖板背面一般画有接线图，安装时应按图接线。接线盒内有四个接线端子，接线时应按照"火线"（相线）1进2出、"零线"3进4出的原则，如图7-28所示。若负载电流超过电能表的额定电流，则必须经过电流互感器接入。

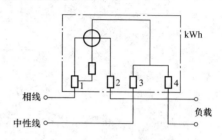

图 7-28 单相电能表接线图

【任务实施】

（1）学习三相电路功率的相关知识，写出计算三相电路有功功率、无功功率和视在功率的表达式，并通过练习验证掌握情况。

（2）使用仿真软件，学习三相电路有功功率的测量。

（3）使用电工实验台，测量带中性线和不带中性线星形联结不对称三相电路的有功功率。

【一体化学习任务书】

任务名称：计算和测量三相电路的功率

姓名_____   所属电工活动小组_____   得分_____

说明：请按照任务书的指令和步骤完成各项内容，课后交回任务书以便评价。

1. 学习三相电路功率的相关知识，在表7-12中写出计算对称三相电路有功功率、无功功率和视在功率的表达式，并完成指定练习。

表 7-12   三相电路功率表达式

对称三相电路	有功功率	无功功率	视在功率
表达式			
练习题	有一台三相异步电动机接在线电压为380V的对称电源上，测得其线电流为8.04A，功率因数为0.85，求此电动机的有功功率和无功功率。 **解：**		

2. 使用仿真软件，学习三相电路的功率测量，完成表7-13。

表 7 - 13   学习三相电路的功率测量

步骤	内 容 描 述
1	打开仿真软件
2	搭接一个三相四线制对称感性负载的电路，元件参数任选，但三相负载要相同
3	将功率表的电流线圈串接在一相负载中，其同名端接在靠近电源侧；电压线圈的同名端与电流线圈的同名端短接，电压线圈的非同名端接到中性线上，此为一表法，如图所示。一表法适用于对称三相四线制电路功率的测量，电路的总功率等于该功率表示数的三倍。将功率表的读数记于下表中 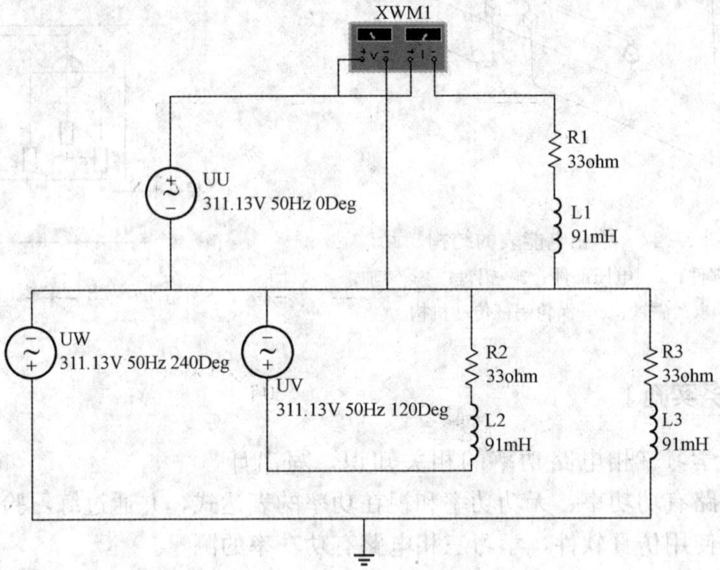
4	用三表法测量同一电路的功率。三块功率表的电流线圈分别串联在三相负载中，其同名端接在靠近电源侧；电压线圈的同名端与电流线圈的同名端短接，电压线圈的非同名端均接到中线上，如图所示。三表法适用于对称或不对称三相四线制电路功率的测量，电路的总功率等于各功率表读数的和。将功率表的读数记于下表中 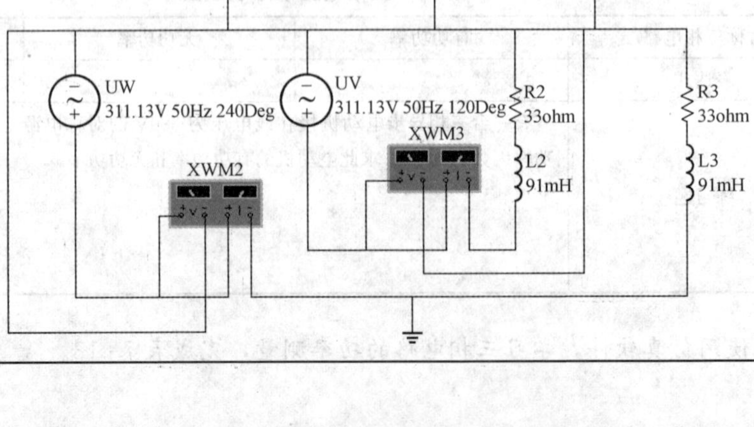

续表

步骤	内 容 描 述
5	去掉电路的中性线，用两表法测量电路的功率。两块功率表的电流线圈分别串联在两相负载中，其同名端接在靠近电源侧；电压线圈的同名端与电流线圈的同名端短接，电压线圈的非同名端接到未接功率表的第三根端线上，如图所示。两表法适用于对称或不对称三相三线制电路功率的测量，电路的总功率等于两功率表读数的和。将功率表的读数记于下表中 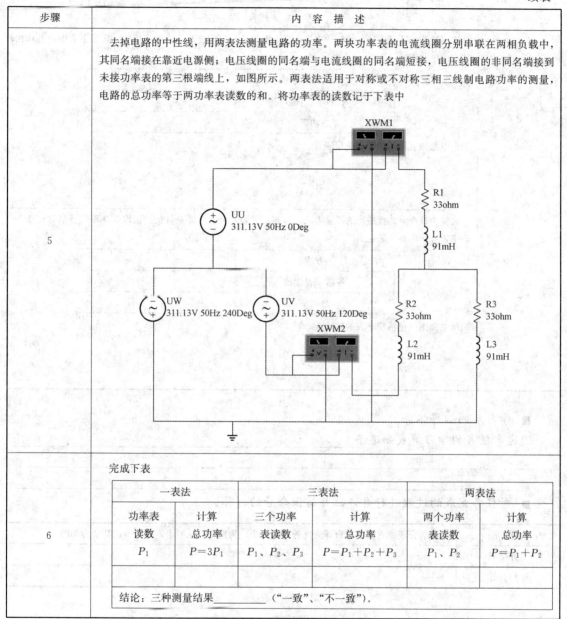

完成下表

一表法		三表法		两表法	
功率表读数 P_1	计算总功率 $P=3P_1$	三个功率表读数 P_1、P_2、P_3	计算总功率 $P=P_1+P_2+P_3$	两个功率表读数 P_1、P_2	计算总功率 $P=P_1+P_2$

（步骤6）

结论：三种测量结果_____（"一致"、"不一致"）。

3. 使用电工实验台，测量带中性线与不带中性线星形联结不对称三相电路的功率，完成表 7-14。

表 7-14　　　　　三相不对称电路的功率测量

步骤	内 容 描 述
1	实验台上，三组灯泡作为负载作星形联结，要求三组灯泡不全相同，将它们作为三相不对称负载
2	将三相电源接成星形
3	将三相电源中性点与负载中性点用导线连接

步骤	内　容　描　述
4	选择适当的测量方法，连接功率表，合上电源总开关，读取各功率表读数，记于下表中，并作出相应的电路图 表格：方法／各功率表读数／总功率 测量电路图（包括功率表的接法）
5	去掉中性线，选择适当的测量方法，连接功率表，合上电源总开关，读取各功率表读数，记于下表中，并作出相应的电路图 表格：方法／各功率表读数／总功率 测量电路图（包括功率表的接法）

表格内容（步骤4）：

方法	
各功率表读数	
总功率	

表格内容（步骤5）：

方法	
各功率表读数	
总功率	

■　学习后的心得体会。

通过本任务的学习，我知道了＿＿＿＿＿＿＿＿＿＿＿＿＿＿＿＿＿＿＿＿

＿＿＿＿＿＿＿＿＿＿＿＿＿＿＿＿＿＿＿＿＿＿＿＿＿＿＿＿＿＿＿＿。

■　对任务完成的过程进行自评，并写出今后的打算。

自评标准	参与完成所有活动，自评为优秀；缺一个，为良好；缺两个，为中等；其余为加油
自评结果	
今后打算	

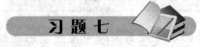

习 题 七

A 类（难度系数 1.0 及以下）

7-1　若已知对称三相交流电源 U 相电压为 $u_U = 220\sqrt{2}\sin(\omega t + 30°)\,\text{V}$，根据习惯相序写出其他两相的电压的瞬时值表达式及三相电源的相量式，并画出波形图及相量图。

7-2　某三相交流发电机的频率为 50Hz，相电动势有效值 $E = 220\text{V}$，求瞬时值表达式及相量表达式。

7-3　一台电动机，每相绕组额定电压为 380V，对称三相电源的线电压 $U_l = 380\text{V}$，则三相绕组应采用什么接线方式？

7-4 三相对称负载作星形联结，接入三相四线制对称电源，电源线电压为 380V，每相负载的电阻为 60Ω，感抗为 80Ω，求负载的相电压、相电流和线电流。

7-5 上题中若将负载改为三角形联结呢？

7-6 图 7-29 所示电路中，在三相电源上接入了一组不对称的星形接法电阻负载，已知 $Z_1 = 20.17Ω$，$Z_2 = 24.2Ω$，$Z_3 = 60.5Ω$。三相电源相电压 $\dot{U}_U = 220\angle 0°V$。求各相电流及中性线电流。

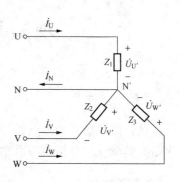

图 7-29 习题 7-6 图

7-7 某幢大楼均用荧光灯照明，所有负载对称地接在三相电源上，电源线电压为 220V，每相负载的电阻为 6Ω，感抗为 8Ω，求负载的功率因数和所有负载消耗的有功功率。

7-8 某三相电动机，每相绕组的电阻是 30Ω，感抗是 40Ω，绕组接成星形，接于线电压为 380V 的三相电源上，求电动机消耗的有功功率。

7-9 三相电动机的绕组接成三角形，电源的线电压是 380V，负载的功率因数是 0.8，电动机消耗的功率是 10kW，求线电流和相电流。若将绕组改接成星形，求相电流和每相的阻抗。

7-10 线电压为 380V，$f = 50Hz$ 的三相电源的负载为一台三相电动机，其每相绕组的额定电压为 380V，连成三角形运行时，额定线电流为 19A，额定输入功率为 10kW。求电动机在额定状态下运行时的功率因数及电动机每相绕组的复阻抗。

B 类（难度系数 1.2 及以上）

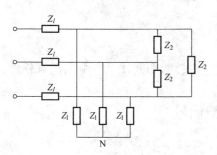

图 7-30 习题 7-11 图

7-11 图 7-30 所示电路中，电源线电压有效值为 380V，两组负载 $Z_1 = 12 + j16Ω$，$Z_2 = 48 + j36Ω$，端线阻抗 $Z_l = 1 + j2Ω$。分别求两组负载的相电流、线电流、相电压和线电压。

7-12 在三层楼房中单相照明电灯均接在三相四线制上，每一层为一相，每相装有 220V，40W 的电灯 20 只，电源为对称三相电源，其线电压为 380V，求：①当灯泡全部点亮时的各相电流、线电流及中性线电流；②当 U 相灯泡半数点亮，而 V、W 两相灯泡全部点亮时，各相电流、线电流及中性线电流；③当中性线断开时，在上述两种情况下各相负载的电压为多少？并由此说明中性线的作用。

7-13 功率为 2.4kW、功率因数为 0.6 的对称三相感性负载，接于线电压有效值为 380V 的对称电源上，求：（1）负载为星形联结时的线电流和每相阻抗；（2）负载为三角形联结时的线电流和每相阻抗。

7-14 工厂有一台容量为 320kVA 的三相变压器，该厂原有负载为 220kW，平均功率因数为 0.7，且为感性，请问此变压器能否满足需要？现在新增了设备。负载增加到 260kW，平均功率因数仍不变，请问变压器的容量应为多少？原变压器如果仍被使用，则补偿电容应该将功率因数提高到多少才能满足要求？

项目八
观测并分析电路中的谐波信号

【项目描述】

认识谐波信号的特点，并学习谐波信号的傅里叶级数表示法，掌握基波、二次谐波、高次谐波的概念；分析谐波电路，掌握非正弦交流电路的分析方法。

【知识目标】

（1）了解谐波信号的特点；
（2）掌握谐波信号的傅里叶级数表达式的构成；
（3）理解基波、二次谐波、高次谐波的概念；
（4）掌握非正弦交流电路的分析思路。

【能力目标】

（1）能写出傅里叶级数表达式；
（2）能正确分析简单非正弦交流电路。

【教学环境】

多媒体教室，具备计算机和投影仪；EDA实训室或电工教学车间，具备电路仿真软件。

任务一　认识和表示谐波信号

【任务描述】

测量并观察非正弦周期性交流电的波形，学习傅里叶级数分解方法。

【相关知识】

一、非正弦交流电路的概念

电工技术中，除了正弦交流电，经常还会遇到随时间不按正弦规律变化的周期性电压和电流——非正弦交流电。严格地讲，真正按正弦规律变化的电量是比较少的，比如由于结构和制造工艺等方面的原因，发电机产生的电压并不是规则的正弦波；又比如由于大功率整流设备的使用，三相工频交流电的波形发生了畸变。另外，在电子电路中很多信号源输出的电压或电流都是非正弦周期量，如方波、锯齿波、脉冲波等。因此有必要了解非正弦周期电流电路的概念。

二、非正弦周期信号及其傅里叶级数分解

满足式 $f(t) = f(t + KT)$ 的信号称为周期信号，式中 T 为周期，K 为任一整数。如果该周期信号随时间不按正弦规律变化，则称其为非正弦周期信号。

工程上遇到的非正弦周期信号都可以分解为一系列不同频率的正弦量之和——傅里叶级数，即

$$f(t) = \frac{a_0}{2} + a_1\cos\omega t + b_1\sin\omega t + a_2\cos2\omega t + b_2\sin2\omega t + \cdots$$

$$= \frac{a_0}{2} + \sum_{k=1}^{\infty}(a_k\cos k\omega t + b_k\sin k\omega t) \tag{8-1}$$

$$= A_0 + \sum_{k=1}^{\infty}A_{km}\sin(k\omega t + \psi_k)$$

式中　　　　ω——角频率，$\omega = \dfrac{2\pi}{T}$，T 为该非正弦周期信号的周期；

　　a_0、a_k、b_k　　傅里叶系数；

　　　　A_0——直流分量；

$A_{km}\sin(k\omega t + \psi_k)$——$k$ 次谐波分量，A_{km} 及 ψ_k 为 k 次谐波分量的振幅及初相角。

a_0、a_k、b_k、A_0、A_{km} 及 ψ_k 的计算公式如下：

$$\left.\begin{array}{l} a_0 = \dfrac{2}{T}\displaystyle\int_0^T f(t)\,\mathrm{d}t \\[2mm] a_k = \dfrac{2}{T}\displaystyle\int_0^T f(t)\cos k\omega t\,\mathrm{d}t = \dfrac{1}{\pi}\displaystyle\int_0^{2\pi} f(t)\cos k\omega t\,\mathrm{d}(\omega t) \\[2mm] b_k = \dfrac{2}{T}\displaystyle\int_0^T f(t)\sin k\omega t\,\mathrm{d}t = \dfrac{1}{\pi}\displaystyle\int_0^{2\pi} f(t)\sin k\omega t\,\mathrm{d}(\omega t) \end{array}\right\} \tag{8-2}$$

$$\left.\begin{array}{l} A_0 = \dfrac{a_0}{2} \\[2mm] A_{km} = \sqrt{a_k^2 + b_k^2} \\[2mm] \psi_k = \arctan\dfrac{a_k}{b_k} \end{array}\right\} \tag{8-3}$$

频率为 ω 的分量称为基波，频率为 2ω 的分量称为二次谐波，以此类推。二次谐波以上的分量统称为高次谐波。

傅里叶级数是一个无穷三角级数，但通常收敛很快，谐波次数越高，振幅越小。所以在工程实际中，对非正弦周期信号进行谐波分析时，只取其傅里叶级数展开式中的前几项就能满足其准确度要求。

电工手册中已将常见非正弦波分解后的解析式列出，表 8-1 选列了几种。

表 8-1 中将三角波、方波的波形移动半个周期后与原波形对称于横轴，这样的周期函数称为奇谐波函数或镜对称函数，函数关系式满足 $f(t) = -f\left(t + \dfrac{T}{2}\right)$，这种非正弦波的解析式中只有奇次谐波（$k$ 为奇数），不存在偶次谐波。图 8-1 所示

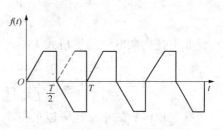

图 8-1　奇谐波函数

波形也具有这样的特点。

表 8 - 1　　　　　　　　　几种典型非正弦波的傅里叶级数

名称	波形	傅里叶级数	有效值
正弦波		$f(t) = A_m \sin\omega t$	$\dfrac{A_m}{\sqrt{2}}$
三角波		$f(t) = \dfrac{8A_m}{\pi^2}\Big[\sin\omega t - \dfrac{1}{9}\sin3\omega t + \dfrac{1}{25}\sin5\omega t$ $+\cdots+\dfrac{(-1)^{\frac{k-1}{2}}}{k^2}\sin k\omega t + \cdots\Big]$ （k 为奇数）	$\dfrac{A_m}{\sqrt{3}}$
方波		$f(t) = \dfrac{4A_m}{\pi}\Big(\sin\omega t + \dfrac{1}{3}\sin3\omega t + \dfrac{1}{5}\sin5\omega t$ $+\cdots+\dfrac{1}{k}\sin k\omega t + \cdots\Big)$ （k 为奇数）	A_m
全波整流		$f(t) = \dfrac{4A_m}{\pi}\Big(\dfrac{1}{2} + \dfrac{1}{1\times3}\cos2\omega t - \dfrac{1}{3\times5}\cos4\omega t$ $+\dfrac{1}{5\times7}\cos6\omega t - \cdots\Big)$	$\dfrac{A_m}{\sqrt{2}}$
半波整流		$f(t) = \dfrac{2A_m}{\pi}\Big(\dfrac{1}{2} + \dfrac{\pi}{4}\cos\omega t + \dfrac{1}{1\times3}\cos2\omega t$ $-\dfrac{1}{3\times5}\cos4\omega t + \dfrac{1}{5\times7}\cos6\omega t - \cdots\Big)$	$\dfrac{A_m}{2}$
锯齿波		$f(t) = A_m\Big[\dfrac{1}{2} - \dfrac{1}{\pi}\Big(\sin\omega t + \dfrac{1}{2}\sin2\omega t$ $+\dfrac{1}{3}\sin3\omega t + \cdots\Big)\Big]$	$\dfrac{A_m}{\sqrt{3}}$

三、非正弦周期信号的有效值

任何周期量的有效值定义为它的方均根值，即

$$F_{eff} = \sqrt{\dfrac{1}{T}\int_0^T f^2(t)\,dt} \qquad (8-4)$$

设非正弦周期电流的解析式为 $i(t) = I_0 + \sum\limits_{k=1}^{\infty} I_{km}\sin(k\omega t + \psi_k)$，代入式（8-4）可得

$$I = \sqrt{\dfrac{1}{T}\int_0^T \Big[I_0 + \sum\limits_{k=1}^{\infty} I_{km}\sin(k\omega t + \varphi_k)\Big]^2 dt}$$

根据三角函数的正交性可以求得

$$I = \sqrt{I_0^2 + I_1^2 + I_2^2 + I_3^2 + \cdots + I_k^2 + \cdots} \qquad (8-5)$$

式（8-5）中，$I_k = \dfrac{I_{km}}{\sqrt{2}}$，是 k 次谐波的有效值。可见，非正弦周期信号的有效值为其直流分量（$k=0$）及各次谐波分量有效值平方和的平方根。需要注意的是，虽然各次谐波的有效值与其最大值之间存在 $1/\sqrt{2}$ 的关系，但整个非正弦信号的有效值与其最大值之间并不存在这样的简单关系。

四、非正弦周期信号的平均值

1. 平均值

任何周期信号的平均值定义为

$$A_{av} = A_0 = \frac{1}{T}\int_0^T f(t)\,\mathrm{d}t \tag{8-6}$$

即周期信号的平均值就是其直流分量。

2. 整流平均值

在工程中，如果 $A_0=0$，则定义整流平均值为

$$A_{rect} = \frac{1}{T}\int_0^T |f(t)|\,\mathrm{d}t \tag{8-7}$$

例如，正弦波 $i = I_m\sin\omega t$ 的整流平均值为

$$I_{rect} = \frac{1}{T}\int_0^T |I_m\sin\omega t|\,\mathrm{d}t = \frac{2}{\pi}I_m = 0.637 I_m$$

用不同类型的仪表测量同一非正弦周期电量时，所得的结果是不相同的。用磁电系仪表测量所得结果是被测量的直流分量；用电磁系仪表测量所得结果是被测量的有效值；用全波整流系仪表测量所得结果是被测量的整流平均值。因此，测量非正弦周期电量时，一定要根据需要选择合适的仪表。

五、非正弦周期电流电路的有功功率

任意一个二端网络的有功功率就是其瞬时功率在一个周期内的平均值，即有功功率的计算式为

$$P = \frac{1}{T}\int_0^T ui\,\mathrm{d}t$$

设一个二端网络的端口电压和电流取关联参考方向，设

$$u = U_0 + \sum_{k=1}^{\infty} U_{km}\sin(k\omega t + \psi_{ku}),\, i = I_0 + \sum_{k=1}^{\infty} I_{km}\sin(k\omega t + \psi_{ki})$$

代入有功功率计算公式可得

$$P = U_0 I_0 + \sum_{k=1}^{\infty} U_k I_k \cos\varphi_k = P_0 + P_1 + P_2 + \cdots \tag{8-8}$$

式中，$\varphi_k = \psi_{uk} - \psi_{ik}$。可见，非正弦周期电流电路的有功功率等于直流分量的功率和各次谐波单独作用时的有功功率之和。不同次的电压电流谐波只构成瞬时功率，不构成有功功率；同次的电压电流谐波才既构成瞬时功率，也构成有功功率。

例题分析

例 8-1　图 8-2 所示电路中，已知 $u = 10 + 141.4\sin\omega t + 28.28\sin(3\omega t + 30°)$（V），$i = 10\sin(\omega t + 45°) + 2\sin(3\omega t - 15°)$（A），

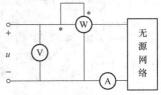

图 8-2　例 8-1 图

求电动系电压表、电流表和功率表的读数。

解 电压表的读数就是端电压 u 的有效值，即

$$U = \sqrt{10^2 + \left(\frac{141.1}{\sqrt{2}}\right)^2 + \left(\frac{28.28}{\sqrt{2}}\right)^2} = 102.2(\text{V})$$

电流表的读数就是总电流 i 的有效值，即

$$I = \sqrt{\left(\frac{10}{\sqrt{2}}\right)^2 + \left(\frac{2}{\sqrt{2}}\right)^2} = 7.21(\text{A})$$

功率表的读数就是电路的有功功率

$$
\begin{aligned}
P &= P_0 + P_1 + P_3 \\
&= U_0 I_0 + U_1 I_1 \cos\varphi_1 + U_3 I_3 \cos\varphi_3 \\
&= 10 \times 0 + \frac{141.4}{\sqrt{2}} \times \frac{10}{\sqrt{2}} \times \cos(0° - 45°) + \frac{28.28}{\sqrt{2}} \times \frac{2}{\sqrt{2}} \times \cos[30° - (-15°)] \\
&= 520(\text{W})
\end{aligned}
$$

【任务实施】

（1）在实训台上，利用信号发生器和示波器观察非正弦周期波的合成。

（2）用 Multisim 电路仿真软件观察非正弦周期性交流电的波形。

（3）学习傅里叶级数，并查表写出非正弦波的表达式。

【一体化学习任务书】

任务名称：认识和表示谐波信号

姓名_____   所属电工活动小组_____   得分_____

说明：请按照任务书的指令和步骤完成各项内容，课后交回任务书以便评价。

1. 你见过哪些非正弦周期波？将其名称和波形图填入表 8-2 中。

表 8-2   一些非正弦周期波

非正弦周期波名称	非正弦周期波波形图

2. 在实训台上，利用信号发生器和示波器观察非正弦周期波的合成。

■ 将信号发生器 1 的输出信号调整为电压为 5V，频率为 50Hz 的正弦波；将信号发生器 2 的输出信号调整为电压为 1.5V，频率为 150Hz 的正弦波；将信号发生器 3 的输出信号调整为电压为 1V，频率为 250Hz 的正弦波。将三台信号发生器分别接至示波器输入端，观察各信号的波形，填入表 8-3 中。

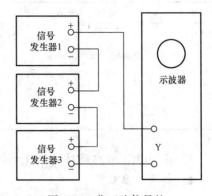

图 8-3　非正弦信号的合成演示

■ 将三台信号发生器串联后接至示波器输入端，如图 8-3 所示，观察并记录此时的波形，填入表 8-3 中。

■ 根据观察到的现象，你可以得到什么结论？填入表 8-3 中。

■ 选好电磁系电压表量程，分别测量各信号发生器的电压和总电压，此时测得的是这些电压的什么值？分析总电压与各信号发生器电压数值之间的关系，填入表 8-3 中。

表 8-3　　　　　　　　　　　不同频率的正弦交流电压源波形

	信号发生器输出信号（3 个）	总电压
波形		
波形特点		
电压测量值		
总电压与各信号发生器电压数值之间的关系分析：		

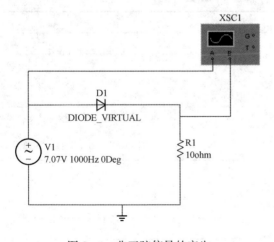

图 8-4　非正弦信号的产生

3. 用 Multisim 电路仿真软件观察非正弦周期性交流电的波形。

■ 打开仿真软件。

■ 在电路窗口中，将正弦交流电压源和二极管、电阻串联，如图 8-4 所示。观察电源电压和电路电流的波形规律（提示：电流与电阻电压波形同相）。

■ 在表 8-4 中作出电源电压和电流的波形，并分析波形特点。

表 8 - 4   非正弦信号的产生

电源电压波形	电路电流波形
波形特点：	波形特点：

4. 用 Multisim 电路仿真软件中的万用表测量非正弦周期信号。

■ 打开仿真软件。

■ 在电路窗口中，调出信号发生器，分别用万用表测量三种波形的电压大小，并将数据记录在表 8 - 5 中。

■ 将万用表测得的数据与电路窗口中的三种波形比较，分析测量结果。

表 8 - 5   三 种 波 形

波形名称	正弦波	三角波	方波
波形图			
万用表测得的数据			
分析测量结果			

5. 学习傅里叶级数。

■ 学习傅里叶级数表达式，了解其构成成分，并完成表 8 - 6。

■ 练习查表得到对应波形的傅里叶级数表达式，并完成表 8 - 6。

表 8 - 6   学 习 傅 里 叶 级 数

傅里叶级数表达式	
傅里叶级数构成成分	
查表 8 - 1 写出 $U_m=100V$ 的三角波电压的傅里叶级数表达式	
查表 8 - 1 写出 $I_m=5A$ 的半波整流波电流的傅里叶级数表达式	

■ 学习后的心得体会。

通过本任务的学习，我知道了 _____

■　对任务完成的过程进行自评，并写出今后的打算。

自评标准	参与完成所有活动，自评为优秀；缺一个，为良好；缺两个，为中等；其余为加油
自评结果	
今后打算	

任务二　分析谐波信号

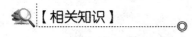【任务描述】

学习谐波分析法，会分析谐波信号，理解等效正弦量的概念。

【相关知识】

一、谐波分析法

由于工程上遇到的非正弦周期信号都可以进行傅里叶级数分解，从而一个非正弦周期电源作用的线性电路就可以看成是由一个直流电源和若干个不同频率的正弦交流电源共同作用的线性电路，这样就可以根据叠加定理求解非正弦周期电流电路，这种方法称为谐波分析法。谐波分析法的解题步骤如下：

第一步：把非正弦激励信号分解为傅里叶级数。

第二步：让各分量单独作用，分别求出各分量的响应。其中直流分量作用时，电感相当于短路，电容相当于开路，用电阻电路分析方法计算电路的响应；各谐波分量作用时，是频率不同的正弦交流电路，用相量法求解电路的响应。需要注意的是，电路的感抗与容抗是随电源频率的变化而变化的，若基波时感抗为 X_{L1}，容抗为 X_{C1}，则 k 次谐波作用时，感抗 $X_{Lk}=kX_{L1}$，容抗 $X_{Ck}=X_{C1}/k$。

第三步：利用叠加定理把各分量的响应的瞬时值解析式进行叠加。注意：不同频率的相量之间不能进行加减乘除运算。

谐波分析法实质上就是将一个非正弦周期电流电路的计算化为一个直流电路与一系列不同频率的正弦电流电路的计算。

二、等效正弦量

对某些高次谐波最大值远远小于基波最大值的电路，有时为简化非正弦交流电路的分析计算，常把电路中的非正弦量用正弦量近似替代。如果把非正弦交流电路近似地看作正弦交流电路来处理，就可以用相量法来分析计算正弦交流电路。用来代替非正弦量的正弦量，称为非正弦量的等效正弦量。

等效正弦量应满足以下三个条件：

（1）等效正弦量的周期或频率应与原非正弦量的周期或频率相同；

（2）等效正弦量的有效值应等于非正弦周期量的有效值；

（3）用等效正弦量代替非正弦量后，电路的功率不变。

例如等效正弦量电压和电流的有效值各为 U 和 I，则等效正弦量的有功功率 $UI\cos\varphi$ 应等于非正弦量的有功功率 P，即 $UI\cos\varphi=P$。这样，等效非正弦量电压和电流的相位差应满

足 $\cos\varphi = \dfrac{P}{UI}$，由此可决定假想的 φ 角。至于等效正弦电压是超前还是滞后于等效正弦电流，则应根据非正弦电压的基波是超前还是滞后于非正弦电流的基波而定。

例题分析

例 8-2 电路如图 8-5（a）所示，已知：$u(t) = 12 + 120\sin(\omega t + 30°) + 30\sin 3\omega t(\text{V})$，$R = \omega L = \dfrac{1}{\omega C} = 6\Omega$，求各支路电流 $i(t)$、$i_{\mathrm{L}}(t)$、$i_{\mathrm{C}}(t)$。

解 （1）电压源的直流分量 $U_{(0)} = 12\text{V}$ 单独作用时，电感元件相当于短路，电容元件相当于开路，如图 8-5（b）所示。从而各支路电流分别为

$$I_{\mathrm{C}(0)} = 0, \quad I_{(0)} = I_{\mathrm{L}(0)} = \frac{U_0}{R} = \frac{12}{6} = 2(\text{A})$$

（2）电压源的基波分量 $u_1 = 120\sin(\omega t + 30°)$ V 单独作用时，如图 8-5（c）所示。

$$\dot{U}_{(1)} = \frac{120}{\sqrt{2}}\angle 30°(\text{V})$$

$$Z_{\mathrm{RL}(1)} = R + \mathrm{j}\omega L = 6 + \mathrm{j}6 = 6\sqrt{2}\angle 45°(\Omega)$$

$$Z_{\mathrm{RC}(1)} = R - \mathrm{j}\frac{1}{\omega C} = 6 - \mathrm{j}6 = 6\sqrt{2}\angle(-45°)(\Omega)$$

各支路电流相量分别为

$$\dot{I}_{\mathrm{L}(1)} = \frac{\dot{U}_{(1)}}{Z_{\mathrm{RL}(1)}} = \frac{\dfrac{120}{\sqrt{2}}\angle 30°}{6\sqrt{2}\angle 45°} = 10\angle(-15°)(\text{A})$$

$$\dot{I}_{\mathrm{C}(1)} = \frac{\dot{U}_{(1)}}{Z_{\mathrm{RC}(1)}} = \frac{\dfrac{120}{\sqrt{2}}\angle 30°}{6\sqrt{2}\angle(-45°)} = 10\angle 75°(\text{A})$$

$$\dot{I}_{(1)} = \dot{I}_{\mathrm{L}(1)} + \dot{I}_{\mathrm{C}(1)} = 10\angle(-15°) + 10\angle 75° = 10\sqrt{2}\angle 30°(\text{A})$$

它们的瞬时值表达式分别为

$$i_{\mathrm{L}(1)} = \sqrt{2}10\sin(\omega t - 15°)\text{A}$$
$$i_{\mathrm{C}(1)} = \sqrt{2}10\sin(\omega t + 75°)\text{A}$$
$$i_{(1)} = 20\sin(\omega t + 30°)\text{A}$$

（3）电压源的三次谐波分量 $u_3 = 30\sin 3\omega t$ V 单独作用时，如图 8-5（d）所示。

$$\dot{U}_{(3)} = \frac{30}{\sqrt{2}}\angle 0°\text{V}$$

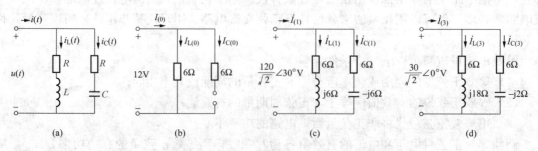

| (a) | (b) | (c) | (d) |

图 8-5 例 8-2 图

$$Z_{\mathrm{RL}(3)} = R + \mathrm{j}3\omega L = 6 + \mathrm{j}18 = 18.97\angle 71.56°(\Omega)$$

$$Z_{\mathrm{RC}(3)} = R - \mathrm{j}\frac{1}{3\omega C} = 6 - \mathrm{j}2 = 6.32\angle(-18.43°)(\Omega)$$

各支路电流相量分别为

$$\dot{I}_{\mathrm{L}(3)} = \frac{\dot{U}_{(3)}}{Z_{\mathrm{RL}(3)}} = \frac{\dfrac{30}{\sqrt{2}}\angle 0°}{18.97\angle 71.56°} = 1.12\angle(-71.56°)(\mathrm{A})$$

$$\dot{I}_{\mathrm{C}(3)} = \frac{\dot{U}_{(3)}}{Z_{\mathrm{RC}(3)}} = \frac{\dfrac{30}{\sqrt{2}}\angle 0°}{6.32\angle(-18.43°)} = 3.36\angle 18.43°(\mathrm{A})$$

$$\dot{I}_{(3)} = \dot{I}_{\mathrm{L}(3)} + \dot{I}_{\mathrm{C}(3)} = 1.12\angle(-71.56°) + 3.36\angle 18.43° = 3.54\angle 0°(\mathrm{A})$$

它们的瞬时值表达式分别为

$$i_{\mathrm{L}(3)} = \sqrt{2}1.12\sin(3\omega t - 71.56°)\mathrm{A}$$

$$i_{\mathrm{C}(3)} = \sqrt{2}3.36\sin(3\omega t + 18.43°)\mathrm{A}$$

$$i_{(3)} = \sqrt{2}3.54\sin 3\omega t\,\mathrm{A}$$

（4）将以上计算结果的瞬时值表达式叠加，得

$$i_{\mathrm{L}}(t) = I_{\mathrm{L}(0)} + i_{\mathrm{L}(1)} + i_{\mathrm{L}(3)}$$

$$= [2 + \sqrt{2}10\sin(\omega t - 15°) + \sqrt{2}1.12\sin(3\omega t - 71.56°)]\mathrm{A}$$

$$i_{\mathrm{C}}(t) = I_{\mathrm{C}(0)} + i_{\mathrm{C}(1)} + i_{\mathrm{C}(3)}$$

$$= [\sqrt{2}10\sin(\omega t + 75°) + \sqrt{2}3.36\sin(3\omega t + 18.43°)]\mathrm{A}$$

$$i(t) = I_{(0)} + i_{(1)} + i_{(3)} = [2 + 20\sin(\omega t + 30°) + \sqrt{2}3.54\sin 3\omega t]\mathrm{A}$$

例 8 - 3　图 8 - 6 所示电路中，$i_{\mathrm{S}}(t) = [5 + 20\sin 1000t + 10\sin 3000t]$ A，$L = 0.1\mathrm{H}$，要求电容 C_1 中只有基波电流，电容 C_3 中只有三次谐波电流，求 C_1、C_2 的值。

解　为使电容 C_1 中只有基波电流而没有 3 次谐波电流，可使 c、b 两点间对三次谐波呈现无穷大阻抗（导纳为零）。此时，可由 L 与 C_2 组成的并联环节对三次谐波发生并联谐振而实现，即当 $3\omega = 3000\mathrm{rad/s}$ 时

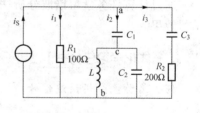

图 8 - 6　例 8 - 3 图

$$Y_{\mathrm{cb}(3)} = \mathrm{j}3\omega C_2 - \mathrm{j}\frac{1}{3\omega L} = 0$$

得

$$C_2 = \frac{1}{(3\omega)^2 L} = \frac{1}{3000^2 L} = \frac{1}{9\times 10^5} = 1.11\mu\mathrm{F}$$

要使电容 C_3 中只有三次谐波而没有基波电流，可使 a、b 两点间对基波的阻抗为 0，让基波电流由此全部通过。此时，L、C_1、C_2 串并联支路应对基波发生串联谐振而呈现短路，即当 $\omega = 1000\mathrm{rad/s}$ 时

$$Z_{\mathrm{ab}(1)} = -\mathrm{j}\frac{1}{\omega C_1} + \frac{\mathrm{j}\omega L \times \left(-\mathrm{j}\dfrac{1}{\omega C_2}\right)}{\mathrm{j}\omega L + \left(-\mathrm{j}\dfrac{1}{\omega C_2}\right)} = 0$$

即

$$\frac{1}{\omega C_1}+\frac{\dfrac{L}{C_2}}{\omega L-\dfrac{1}{\omega C_2}}=0$$

得

$$C_1=\frac{1-\omega^2 LC_2}{\omega^2 L}=8.89\mu\text{F}$$

实践应用　高通滤波器和低通滤波器

例 8-3 中的电路能够实现让不同频率的信号有选择地通过某条支路或不通过某条支路，这种电路称为滤波器。滤波器在电子线路与通信网络中应用较多，种类也较多，图 8-7（a）所示点画框内是低通滤波器，直流及低频信号容易通过它而到达负载，高频信号则通过两个电容元件返回了电源负极。图 8-7（b）所示虚线框内则是高通滤波器，高频信号容易通过它到达负载，低频信号则通过两个电感元件返回了电源负极。

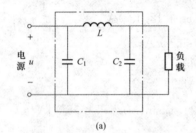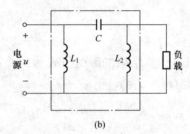

（a）　　　　　　　　　（b）

图 8-7　滤波器示例

（a）低通滤波器；（b）高通滤波器

【任务实施】

通过计算任务学习谐波分析法，总结谐波分析法的一般计算步骤，并通过相关练习检验学习效果。

【一体化学习任务书】

任务名称：分析谐波信号

姓名_____　所属电工活动小组_____　得分_____

说明：请按照任务书的指令和步骤完成各项内容，课后交回任务书以便评价。

1. 计算图 8-8 所示的 RL 串联电路，并将计算过程填入表 8-7 中。已知 $R=2\Omega$，$L=0.2\text{H}$。

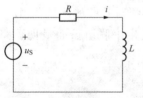

图 8-8　RL 串联电路

■　求该电路分别由以下三个电源作用时，电路中的电流的瞬时值表达式 i。

（1）$u_{S0}=4\text{V}$。

（2）$u_{S1}=100\sqrt{2}\sin(10t+30°)\text{V}$。

（3）$u_{S3}=10\sqrt{2}\sin(30t-15°)\text{V}$。

■　如果以上三个电源串联，求电路中的电流（提示：应用叠加定理）。

■ 如果 $u_S=[4+100\sqrt{2}\sin(10t+30°)+10\sqrt{2}\sin(30t-15°)]$ V，求电路中的电流。

表 8 - 7   **RL 串联电路计算过程**

电 路 电 源	计 算 过 程
$u_{S0}=4$V 单独作用	
$u_{S1}=100\sqrt{2}\sin(10t+30°)$V 单独作用	
$u_{S3}=10\sqrt{2}\sin(30t-15°)$V 单独作用	
u_{S0}、u_{S1}、u_{S3} 三个电源 共同作用	
$u_S=[4+100\sqrt{2}\sin(10t+30°)+10\sqrt{2}\sin(30t-15°)]$V 单独作用	

2. 学习谐波分析法，总结谐波分析法的一般计算步骤，并填入表 8-8 中。

表 8 - 8   **谐 波 分 析 法**

谐波分析法 分析思路	
谐波分析法 计算步骤	

3. 应用谐波分析法，在表 8-9 中完成以下练习题。

表 8 - 9   **谐波分析法的步骤及解题过程**

已知 RLC 串联电路端口电压 $u(t)=[200\sin314t+50\sin(942t-30°)]$V，$R=10\Omega$，$L=31.9$mH，$C=317.94\mu$F，求端口电流表达式

1. 当端口电压的基波分量 $u_1(t)=200\sin314t$V 作用时：   电路图：

此时感抗 $X_{L1}=$

    容抗 $X_{C1}=$

    复阻抗 $Z_1=$

基波电流相量 $\dot{I}_1=$

基波电流解析式 $i_1=$

续表

2. 当端口电压的三次谐波分量 $u_3(t)=50\sin(942t-30°)$ V 作用时：	电路图：
此时感抗 $X_{L3}=$ 　容抗 $X_{C3}=$ 　复阻抗 $Z_3=$ 三次谐波电流相量 $\dot{I}_3=$ 三次谐波电流解析式 $i_3=$	
3. 电路的电流表达式 $i=i_1+i_3=$	

■ 学习后的心得体会。

通过本任务的学习，我知道了 _____

_____ 。

■ 对任务完成的过程进行自评，并写出今后的打算。

自评标准	参与完成所有活动，自评为优秀；缺一个，为良好；缺两个，为中等；其余为加油
自评结果	
今后打算	

习题八

A 类（难度系数 1.0 及以下）

8-1　什么是谐波？

8-2　非正弦周期信号的峰值越大，其有效值是不是也越大？

8-3　交流量的平均值、有效值分别用什么仪表测量？

8-4　电阻的大小随电源频率的变化而变化吗？

8-5　同一无源二端网络接到不同频率的电源上呈现出的阻抗相同吗？为什么？

8-6　不同频率的正弦量的相量能相加吗？

8-7　某二端网络的端口电压和电流取关联参考方向，二者分别为

$$u=\left[100\sin\left(100t+\frac{\pi}{2}\right)+50\sin\left(200t-\frac{\pi}{4}\right)+30\sin\left(300t-\frac{\pi}{2}\right)\right]\text{V}$$

$$i=\left[5\sin100t+2\sin\left(200t+\frac{\pi}{4}\right)\right]\text{A}$$

求该二端网络端口电压和电流的有效值及网络消耗的有功功率 P。

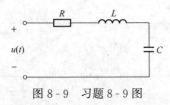

图 8-9　习题 8-9 图

8-8　已知 RL 串联电路的端口电压 $u_S=[40+30\sin(3\omega t+30°)]$V，$R=8\Omega$，$\omega L=2\Omega$，求电路的电流 i。

8-9　图 8-9 所示电路中，电压源 $u(t)=[11+141.4\cos1000t-35.4\sin2000t]$V，$R=11\Omega$，$L=0.015$H，$C=70\mu$F。试求电路中的电流 $i(t)$ 和电路消耗的功率。

B 类（难度系数 1.0 及以上）

8-10　有效值为 200V 的正弦电压加在电感 L 两端时，测得电流 $I=10$A。当加上含基波和三次谐波分量（基波频率与上述正弦电压频率相等）、有效值仍为 200V 的非正弦电压时，测得电感电流 $I'=8$A。试计算非正弦电压的基波和三次谐波的有效值。

8-11　电路如图 8-10 所示，已知 $u_S=[40+160\sqrt{2}\sin(\omega t+30°)]$V，$R=40\Omega$，$X_L=X_C=40\Omega$，求电磁系电流表的读数。

8-12　图 8-11 所示为滤波器电路，端口电压 u 中含有基波和三次谐波分量，设已知电容 $C=1\mu$F，电源基波角频率 $\omega=1000$rad/s，问电感 L 及 L_1 为何值时，可使负载电阻 R 中无基波电流，且负载三次谐波电流与电源的三次谐波电压同相。

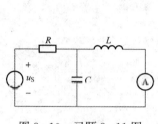

图 8-10　习题 8-11 图

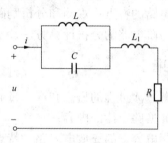

图 8-11　习题 8-12 图

项目九
观测、计算充放电电路

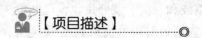 **【项目描述】**

认识过渡过程，掌握换路定律的内容；通过观测和分析电容器的充放电电路，掌握电容器的充放电电路的特点；观测和分析励磁回路的充放电，掌握励磁回路的充放电特性；通过学习，掌握一阶电路的分析计算方法。

【知识目标】

(1) 理解过渡过程的概念和产生过渡过程的原因；
(2) 掌握换路定律的内容；
(3) 掌握电容器的充放电电路的特点；
(4) 掌握 RL、RC 电路的时间常数表达式；
(5) 理解一阶电路分析的三要素法的思路。

【能力目标】

(1) 会计算初始值；
(2) 能作出电容器充、放电电路的电压波形图；
(3) 能说明励磁回路放电时短路电阻的作用；
(4) 能用一阶电路分析的三要素法求解电路。

【教学环境】

多媒体教室，具备计算机和投影仪；电工教学车间或 EDA 实训室，具备相关仪器仪表、元器件和操作台或电路仿真软件。

任务一　认识过渡过程及换路定律

【任务描述】

认识过渡过程，了解发生过渡过程时电路的特征，学习换路定律。

【相关知识】

一、过渡过程

1. 过渡过程

在前面的项目的学习中可知，直流电路中的电压电流不随时间变化，处于一种稳定状态；正弦交流电路中的电压、电流随时间按正弦规律作周期性变化，也是一种稳定状态。这些都是电路的稳定状态，简称稳态。

当电路的结构或参数发生变化时，电路可能将从原来的稳定状态进入新的稳定状态，这种改变一般都要经历一个过程，这个过程就称为过渡过程。过渡过程又称为暂态过程。能导致过渡过程的电路结构或参数的变化称为换路。

2. 过渡过程产生的原因

在我们日常生活中，存在很多过渡过程，如一辆汽车从静止到以某速度行驶，中间要经历一个逐渐加速的过程；又如一杯开水要凉到室温，也要经历一个逐渐变凉的过程。仔细分析这些现象，不难发现，过渡过程都涉及能量的变化。由于能量不能跃变，能量的积累或衰减需要一定的时间，这就引起了过渡过程。电路中，电感元件和电容元件都是储能元件，当含有电感元件和（或）电容元件的电路换路时，一般都会伴随着过渡过程。

3. 研究过渡过程的意义

电路的过渡过程往往为时短暂，但它对电路的影响有利也有弊。在电力系统中，过渡过程中产生过大的电压或电流会使电气设备受到损坏，要加以防范；而在某些工程应用中，利用过渡过程可提高生产率、改善波形等。所以，研究电路的暂态过程的意义重大。

二、换路定律

含有储能元件电容 C 和（或）电感 L 的电路称为动态电路。动态电路在换路时，电路所储存的能量不能发生跃变。具体地说，电路中电容元件存储的电场能量 $W_C = \frac{1}{2}Cu_C^2$ 在换路瞬间不能跃变，这就要求电容电压 u_C 不能跃变；电路中电感元件存储的磁场能量 $W_L = \frac{1}{2}Li_L^2$ 在换路瞬间不能跃变，这就要求电感电流 i_L 不能跃变。此外，由电容元件电压、电流关系 $i = C\frac{du_C}{dt}$ 可知，如果电容电压发生跃变将导致其电流为无穷大；由电感元件电压、电流关系 $u = L\frac{di_L}{dt}$ 可知，如果电感电流发生跃变将导致其电压为无穷大，这在一般情况下都是不可能的。于是有换路定律如下：

在换路瞬间，当电容电流为有限值时，电容电压 u_C 不能跃变；当电感电压为有限值时，电感电流 i_L 不能跃变。

一般认为换路是在一瞬间完成的，设 $t=0$ 时刻发生换路，则 $t=0_-$ 时刻是换路前最后一瞬间，电路还处于原来的稳定状态；$t=0_+$ 时刻是换路后最初一瞬间，电路从此刻开始进入过渡过程。换路定律用数学式表示如下

$$u_C(0_+) = u_C(0_-) \tag{9-1}$$
$$i_L(0_+) = i_L(0_-) \tag{9-2}$$

注意：换路定律只表明电容电压和电感电流在换路瞬间不能跃变，而其他的电压、电流（包括电容上的电流，电感两端的电压，电阻的电压和电流）均是可以跃变的。

三、电路初始值的计算

电路中的电流、电压在 $t=0_+$ 时刻的值称为过渡过程的初始条件或初始值。其中换路时不能跃变的电压、电流值有两个，分别是 $u_C(0_+)$、$i_L(0_+)$，称其为独立初始值；换路时可以跃变的电压，电流值，如 $i_C(0_+)$、$u_L(0_+)$、$u_R(0_+)$、$i_R(0_+)$ 等称为相关初始值。

可按以下步骤计算电路的初始值。

（1）首先求 $u_C(0_-)$ 和 $i_L(0_-)$。此时可借助 $t=0_-$ 时刻等效电路，根据 KCL、KVL 及欧姆定律求解。其中画 $t=0_-$ 时刻等效电路的几个关键点为：①开关此时还未动作，断开的开关用开路代替，闭合的开关用短路代替；②在换路前的直流稳定状态下，电容相当于开路，电感相当于短路。③换路前若为正弦交流电路，电容、电感均应保持原样。先按相量分析法分析，得到 $u_C(t)$ 和 $i_L(t)$ 的正弦表达式后，将 $t=0_-$ 代入求得瞬时值。

（2）由换路定律可得到电容电压和电感电流的初始值 $u_C(0_+)$ 和 $i_L(0_+)$。

（3）再求相关初始值。此时可借助 $t=0_+$ 时刻等效电路，根据 KCL、KVL 及欧姆定律求解。其中画 $t=0_+$ 时刻等效电路的几个关键点为：①开关此时已动作，断开的开关用开路代替，闭合的开关用短路代替；②$t=0_+$ 时刻，电容电压和电感电流已知，可用 $U_S=u_C(0_+)$ 的理想电压源替代电容元件，用 $I_S=i_L(0_+)$ 的理想电流源替代电感元件。注意：若电容电压 $u_C(0_+)=0$，则在 $t=0_+$ 时刻用 $U_S=u_C(0_+)=0$ 的电压源替代，即在换路瞬间电容元件相当于短路；若电感电流 $i_L(0_+)=0$，则在 $t=0_+$ 时刻用 $I_S=i_L(0_+)=0$ 的电流源替代，即在换路瞬间电感元件相当于开路。③换路后若为正弦交流电路，除了将电容、电感分别用理想电压源、理想电流源替代外，还需将 $t=0_+$ 代入正弦电源求得其瞬时值，此时电路等效为直流电路，按直流电路进行分析。

例题分析

例 9 - 1　电路如图 9 - 1（a）所示，已知 $R_1=R_2=R_3=2\Omega$，$U_S=4\text{V}$，$C=50\mu\text{F}$。在开关 S 闭合前，电路已处于稳态。求 $u_C(0_+)$、$i(0_+)$、$i_2(0_+)$ 及 $i_C(0_+)$。

解　（1）先确定独立初始值 $u_C(0_+)$。由于 S 闭合前，电路原处于稳态，电容 C 相当于开路，故画出 $t=0_-$ 时刻的等效电路如图 9 - 1（b）所示，求得

$$i_2(0_-) = \frac{U_S}{R_1+R_2} = \frac{4}{2+2} = 1(\text{A})$$

$$u_C(0_+) = u_C(0_-) = u_{R2}(0_-) = i_2(0_-)R_2 = 1\times 2 = 2(\text{V})$$

（2）确定相关初始值。画出 $t=0_+$ 时刻的等效电路如图 9-1（c）所示，求得

$$i_2(0_+) = \frac{U_S}{R_2} = \frac{4}{2} = 2(\text{A})$$

$$u_{R3}(0_+) = U_S - u_C(0_+) = 4-2 = 2(\text{V})$$

$$i_C(0_+) = \frac{u_{R3}(0_+)}{R_3} = \frac{2}{2} = 1(\text{A})$$

$$i(0_+) = i_C(0_+) + i_2(0_+) = 2+1 = 3(\text{A})$$

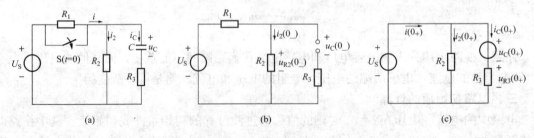

图 9 - 1　例 9 - 1 图

例 9 - 2　图 9 - 2（a）所示电路在开关 S 闭合前已稳定，求 $i_L(0_+)$、$u_L(0_+)$、$u_C(0_+)$、$i_C(0_+)$ 和 $i(0_+)$。

解　（1）先确定独立初始值 $u_C(0_+)$ 和 $i_L(0_+)$。画出 $t=0_-$ 时刻的等效电路如图 9 - 2（b）所示，则

$$i_L(0_+) = i_L(0_-) = \frac{60}{10+10} = 3(A)$$

$$u_C(0_+) = u_C(0_-) = \frac{10}{10+10} \times 60 = 30(V)$$

（2）确定相关初始值。画出 $t=0_+$ 时刻的等效电路如图 9 - 2（c）所示，由弥尔曼定理可得

$$U_{ab}(0_+) = \frac{\dfrac{60}{10} - 3 + \dfrac{30}{10}}{\dfrac{1}{10} + \dfrac{1}{10} + \dfrac{1}{10}} = 20(V)（与电流源串联的 10\Omega 电阻不计入自电导中）$$

$$i(0_+) = \frac{U_{ab}(0_+)}{10} = \frac{20}{10} = 2(A)$$

$$i_C(0_+) = \frac{U_{ab}(0_+) - u_C(0_+)}{10} = \frac{20-30}{10} = -1(A)$$

$$u_L(0_+) = U_{ab}(0_+) - 10i_L(0_+) = 20 - 10 \times 3 = -10(V)$$

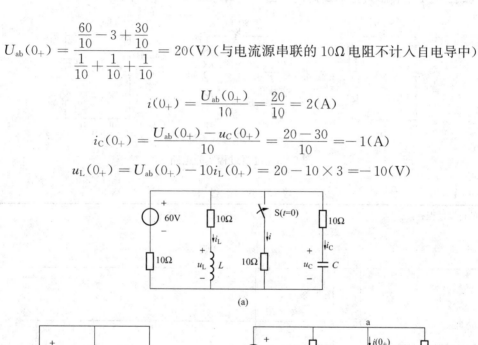

（a）

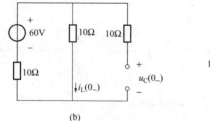

（b）

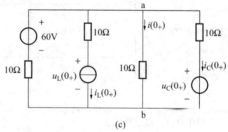

（c）

图 9 - 2　例 9 - 2 图

【任务实施】

（1）应用 Multisim 电路仿真软件，观察开关闭合时纯阻性电路、感性电路、容性电路中各个灯泡电压的变化，作出灯泡电压的波形图，分析灯泡发光情况。

（2）认识过渡过程。学习过渡过程知识，并完成相关的问答测试。

（3）学习换路定律。学习换路定律知识，了解初始值的概念和求取方法，并通过相关练习检验学习效果。

【一体化学习任务书】

任务名称：认识过渡过程及换路定律

姓名_____　　　所属电工活动小组_____　　　　得分_____

说明：请按照任务书的指令和步骤完成各项内容，课后交回任务书以便评价。

■ 所谓过渡过程是指从一种稳定状态变化到另一种稳定状态之间所经历的过程。日常生活中，你见过哪些过渡过程？请填入表9-1中。

■ 用电路仿真软件，按图9-3接线，用示波器观察开关闭合瞬间各电路中灯泡的发光情况。在表9-1中作出灯泡电压的波形图，并回答表9-1中的问题。

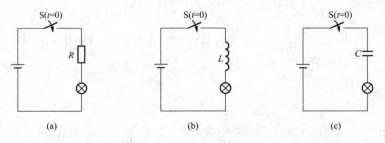

图9-3　过渡过程实验电路

表9-1　　　　　　　　　　　学 习 过 渡 过 程

我见过的过渡过程有：		
灯泡电压的波形图	图9-3（a）	
	图9-3（b）	
	图9-3（c）	
回答：1）哪些电路中存在过渡过程？		
回答：2）归纳过渡过程产生的条件。		
回答：3）电容电压和电感电流能不能跃变？说明理由。		

■ 学习换路定律，并用换路定律完成表9-2中初始值的求解，并填入表中。

表9-2   学 习 换 路 定 律

叙述换路定律的内容：
写出换路定律的表达式：
计算任务1：图示 RC 电路原处于稳定状态，电容 C 未充电，即 $u_C(0_-)=0$。在 $t=0$ 时刻将开关闭合，求各元件电压、电流初始值。 　　　　　　　　　　　　　　　　　　　　解： 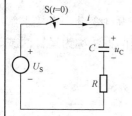
计算任务2：图示 RC 电路原处于稳定状态，电容 C 已充电至 U_0，即 $u_C(0_-)=U_0$。在 $t=0$ 时刻将开关闭合。求各元件电压、电流初始值。 　　　　　　　　　　　　　　　　　　解： 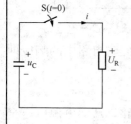

■ 学习后的心得体会。

通过本任务的学习，我知道了＿＿＿＿＿＿＿＿＿＿＿＿＿＿＿＿＿＿＿＿＿＿＿＿＿＿＿＿＿

＿＿

＿＿。

■ 对任务完成的过程进行自评，并写出今后的打算。

自评标准	参与完成所有活动，自评为优秀；缺一个，为良好；缺两个，为中等；其余为加油
自评结果	
今后打算	

任务二 观测和分析电容器的充放电

📝【任务描述】⊚

以电容器的充放电为例，观测和分析电容器的充放电规律，掌握 RC 电路的零状态响应、零输入响应表达式。

🔍 **【相关知识】**

一、分析线性动态电路响应的方法

分析线性动态电路响应的依据仍然是 KCL、KVL 及元件的伏安特性。但由于电感元件和电容元件的电压电流关系（VCR）都是微分关系（关联参考方向下，电感元件：$u_L = L\dfrac{di_L}{dt}$；电容元件：$i_C = C\dfrac{du_C}{dt}$），故描述线性动态电路的方程是常系数线性常微分方程。

求解线性动态电路的响应实际上就是求解微分方程。其中以时间 t 为自变量，直接求解微分方程的方法称为经典法或时域分析法。应用积分变换求解微分方程的方法称为运算法或复频域分析法。本项目只介绍经典法。

二、*RC* 电路在直流激励下的零状态响应

图 9-4 所示 *RC* 电路原处于稳定状态，电容 C 未充电，即 $u_C(0_-)=0$。在 $t=0$ 时，将开关闭合，则换路后电容开始充电。下面将分析充电过程中的物理现象及电路中电压、电流随时间变化的规律。

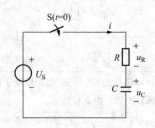

图 9-4　*RC* 充电电路

1. 零状态响应的概念

元件初始储能为零，完全由外施激励引起的响应称为零状态响应。对 *RC* 电路，电容由零电压开始充电，电容中原来无储能，此时电路中的响应即为零状态响应。

2. 充电过程中的物理现象

开关接通瞬间，电容未充电，$u_C(0_+)=u_C(0_-)=0$，电容相当于短路，从而电源电压全部降落在电阻上，$u_R(0_+)=U_S$，此时电路中充电电流最大，$i(0_+)=\dfrac{U_S}{R}$；随着充电过程的进行，电容电压逐渐上升，电阻电压逐渐下降，充电电流逐渐减小；充电结束时，电容电压 $u_C(\infty)=U_S$，电阻电压 $u_R(\infty)=0$，充电电流 $i(\infty)=0$。

3. 电路的方程及响应

（1）建立电路方程。

由 KVL 得

$$u_C + u_R = U_S$$

再将元件的伏安关系 $u_R=Ri$ 及 $i=C\dfrac{du_C}{dt}$ 代入上式，可得

$$u_C + RC\dfrac{du_C}{dt} = U_S \tag{9-3}$$

可见该方程为一阶常系数线性非齐次常微分方程。

（2）求方程通解。

由数学知识可知上述微分方程的通解由两部分组成：一是其对应齐次方程 $u_C + RC\dfrac{du_C}{dt}=0$ 的通解 u_C'；二是特解 u_C''，即

$$u_C = u_C' + u_C''$$

对应齐次方程的通解为

$$u'_C = Ae^{-\frac{t}{RC}}$$

式中　A——积分常数。

特解为满足方程的任意一个解。可取 $t=\infty$ 时电容电压的稳态值作为特解，即

$$u''_C = u_C(\infty) = U_S$$

代入 $u_C = u'_C + u''_C$，得

$$u_C = Ae^{-\frac{t}{RC}} + U_S \qquad\qquad (9\text{-}4)$$

（3）确定积分常数。

式（9-4）中 A 为积分常数，由电路的初始值确定。将 $t=0$ 时，$u_C(0_+) = u_C(0_-) = 0$ 代入式（9-4）中得

$$0 = Ae^{-\frac{0}{RC}} + U_S$$

解得 $A = -U_S$。

（4）确定方程的解。

由上述推导可得 RC 电路的充电过程（零状态响应）中电容电压随时间变化的规律为

$$u_C = -U_S e^{-\frac{t}{RC}} + U_S = U_S(1 - e^{-\frac{t}{RC}}) \quad (t \geqslant 0) \qquad (9\text{-}5)$$

式（9-5）中，u_C 由两个分量组成，其中 $u'_C = -U_S e^{-\frac{t}{RC}}$ 随时间按负指数规律衰减到零，只存在于过渡过程中，叫做暂态分量；另一个分量 $u''_C = U_S = u_C(\infty)$ 是电路达到新的稳态时电容电压的值，叫做稳态分量。

令

$$\tau = RC \qquad\qquad (9\text{-}6)$$

则式（9-5）可改写为

$$u_C = U_S(1 - e^{-\frac{t}{\tau}}) = u_C(\infty)(1 - e^{-\frac{t}{\tau}})(t \geqslant 0) \qquad (9\text{-}7)$$

而电阻电压和电路中电流分别为

$$u_R = U_S - u_C = U_S e^{-\frac{t}{\tau}} (t \geqslant 0) \qquad\qquad (9\text{-}8)$$

$$i = C\frac{\mathrm{d}u_C}{\mathrm{d}t} = \frac{u_R}{R} = \frac{U_S}{R}e^{-\frac{t}{\tau}} (t \geqslant 0) \qquad\qquad (9\text{-}9)$$

（5）电压 u_C、电流 i 随时间变化的曲线，如图 9-5 所示。

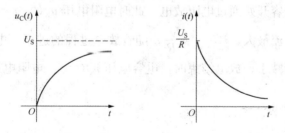

图 9-5　电压 u_C、电流 i 随时间变化的曲线

可见，换路后，电路中电容电压 u_C 由初始值零随时间按指数规律增长，当 $t \to \infty$ 时达到稳定状态 $u_C(\infty) = U_S$。换路后，电路中的电流 i 以 $\dfrac{U_S}{R}$ 为初始值随时间按指数规律衰减到零。

4. 能量转换关系

充电过程中，电源所提供的能量，一部分转换成电场能量存储在电容中，一部分被电阻逐渐转化为热能。

5. 关于时间常数

式（9-6）中，我们引入一个参数 τ，当电阻的单位为欧姆（Ω），电容的单位为法拉（F）时，τ 的单位为秒（s），故把 τ 叫做 RC 电路的时间常数。

时间常数 τ 决定了充电时间的长短，τ 越大，充电时间越长，过渡过程持续时间越长。当 $t=\tau$ 时，$u_C(\tau)=U_S(1-e^{-1})=0.632U_S$，即经过一个时间常数的时间，电容已充电到稳态值的 63.2%，过渡过程已完成 63.2% 的进程。理论上讲，时间趋于无穷大时，充电过程才结束，但实际上当 $t=5\tau$ 时，$u_C(5\tau)=U_S(1-e^{-5})=0.993U_S$，电容已充电到稳态值的 99.3%，故工程上可以认为此时过渡过程已结束。

时间常数 τ 的大小取决于电路的结构和元件的参数，与电源大小没有关系。在电源电压和电容 C 相同的情况下，R 越大，充电电流初始值越小，充电时间越长，故时间常数与 R 成正比；在电源电压和电阻 R 相同的情况下，C 越大，电容存储的能量越多，充电时间越长，故时间常数与 C 也成正比。

分析式（9-7）～式（9-9），可知 RC 电路的零状态响应中，电容电压是关键量，电容电压求出之后，可直接推出其他量。而零状态响应中电容电压的表达式取决于两个要素：一个是电容电压的稳态值 $u_C(\infty)$，另一个是电路的时间常数 τ。

三、RC 电路的零输入响应

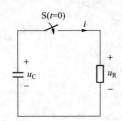

图 9-6 RC 放电电路

图 9-6 所示 RC 电路原处于稳定状态，电容 C 已充电至 U_0，即 $u_C(0_-)=U_0$。在 $t=0$ 时，将开关闭合，则换路后电容开始放电。下面将分析放电过程中的物理现象及电路中电压、电流随时间变化的规律。

1. 零输入响应的概念

外施激励为零，仅由元件初始储能引起的响应称为零输入响应。对 RC 电路，电容的放电过程即为零输入响应。

2. 放电过程中的物理现象

开关接通瞬间，电容开始通过电阻放电，此时电阻电压 $u_R(0_+)=u_C(0_+)=u_C(0_-)=U_0$ 最大，故电路中放电电流最大，$i(0_+)=\dfrac{U_0}{R}$；随着放电过程的进行，电容电压和电阻电压逐渐下降，放电电流逐渐减小；放电结束时，电容电压 $u_C(\infty)$、电阻电压 $u_R(\infty)$ 和放电电流 $i(\infty)$ 均变为零。

3. 电路的方程及响应

（1）建立电路方程。

由 KVL 得

$$u_C - u_R = 0$$

代入元件的伏安关系 $u_R=Ri$ 及 $i=-C\dfrac{du_C}{dt}$，可得该电路的方程为

$$u_C + RC\frac{du_C}{dt} = 0 \tag{9-10}$$

该方程为一阶常系数线性齐次常微分方程。

（2）求方程通解。

由数学知识可知上述微分方程的特解 $u_C''=0$，而通解为

$$u_C = u_C' = Ae^{-\frac{t}{RC}} \qquad (9\text{-}11)$$

（3）确定积分常数。

式（9-11）中 A 为积分常数，由电路的初始值确定。将 $t=0$ 时，$u_C(0_+)=u_C(0_-)=U_0$ 代入式（9-11）得

$$U_0 = Ae^{-\frac{0}{RC}}$$

解得　$A=U_0$。

（4）确定方程的解。

由上述推导可得 RC 电路的放电过程（零输入响应）中电容电压随时间变化的规律为

$$u_C = U_0 e^{-\frac{t}{RC}} = U_0 e^{-\frac{t}{\tau}} = u_C(0_+)e^{-\frac{t}{\tau}} \quad (t \geqslant 0) \qquad (9\text{-}12)$$

从而电阻电压和电路中电流为

$$u_R = u_C - U_0 e^{-\frac{t}{\tau}} - u_R(0_+)e^{-\frac{t}{\tau}} \quad (t \geqslant 0) \qquad (9\text{-}13)$$

$$i = -C\frac{\mathrm{d}u_C}{\mathrm{d}t} = \frac{U_R}{R} = \frac{U_0}{R}e^{-\frac{t}{\tau}} \quad (t \geqslant 0) \qquad (9\text{-}14)$$

（5）电压 u_C、电流 i 随时间变化的曲线（见图9-7）。

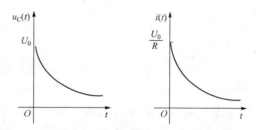

图9-7　电压 u_C、电流 i 随时间变化的曲线

可见，换路后，电路中电容电压 u_C 和放电电流均由初始值随时间按指数规律衰减到零。

4．能量转换关系

放电过程中，电容存储的能量，全部被电阻逐渐转化为热能而消耗掉了。

5．时间常数

时间常数 $\tau=RC$ 同样反映了 RC 电路零输入响应的快慢。

分析式（9-12）～式（9-14），可知 RC 电路的零输入响应中，电容电压仍是关键量，电容电压求出之后，可直接推出其他量。而零输入响应中电容电压的表达式也取决于两个要素，一个是电容电压的初始值 $u_C(0_+)$，另一个是电路的时间常数 τ。

例题分析

例9-3　图9-8所示电路中电压源恒定，$U_S=100\text{V}$，电容原未充电，在 $t=0$ 瞬间合上开关 S，经过15s时的电容电压 $u_C=95\text{V}$，电路电流 $i=1\text{mA}$。试求电路参数 R、C。

解　由式（9-7）和式（9-9）可得，该电路换路后电容电压和电路电流的表达式为

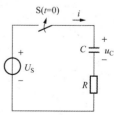

图9-8　例9-3图

$$u_C = U_s(1 - e^{-\frac{t}{RC}}) = 100(1 - e^{-\frac{t}{RC}})\text{V}$$

$$i = \frac{U_s}{R}e^{-\frac{t}{RC}} = \frac{100}{R}e^{-\frac{t}{RC}}$$

将 $t=15\text{s}$ 时，$u_C=95\text{V}$ 代入电容电压表达式得

$$95 = 100(1 - e^{-\frac{15}{RC}})$$

整理得

$$0.05 = e^{-\frac{15}{RC}}$$

两边同时取自然对数，得

$$-3 = -\frac{15}{RC}$$

故

$$RC = 5\text{s}$$

再将 $t=15\text{s}$ 时，$i=1\text{mA}$ 及 $RC=5\text{s}$ 代入电路电流的表达式

$$0.001 = \frac{100}{R}e^{-\frac{15}{5}}$$

得

$$R = \frac{100}{0.001}e^{-3} = 100\,000 \times 0.05 = 5000(\Omega)$$

从而

$$C = \frac{5}{5000} = 0.001(\text{F}) = 1000\mu\text{F}$$

例9-4 电路如图9-9（a）所示，开关 S 闭合前电容电压为零。$t=0$ 时开关 S 闭合，试求 $t>0$ 时的 $u_C(t)$ 和 $i_2(t)$。

解 先求等效电路。将电容支路以外的部分视为一个二端网络，如图9-9（b）所示，用戴维南定理求出其等效电路，得原电路的等效电路如图9-9（c）所示。

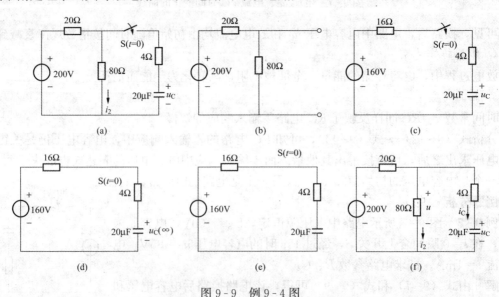

图9-9 例9-4图

$$U_{OC} = \frac{200}{20+80} \times 80 = 160(V)$$

$$R_i = \frac{20 \times 80}{20+80} = 16(\Omega)$$

可见，开关闭合后，电路发生零状态响应。

（1）求稳态值。$t \to \infty$ 时的等效电路如图 9-9（d）所示，此时开关已闭合，电路达到新的稳定状态，电容相当于开路，电阻上无压降，电容两端电压等于电源电压 $u_C(\infty) = 160V$。

（2）求时间常数。换路后，电路如图 9-9（e）所示，与电容串联的等效电阻为

$$R = 4 + 16 = 20(\Omega)$$

从而时间常数为

$$\tau = RC = 20 \times 20 \times 10^{-6} = 4 \times 10^{-4}(s)$$

（3）求各电压、电流响应。

代入式（9-7）得

$$u_C(t) = u_C(\infty)(1 - e^{-\frac{t}{\tau}}) = 160(1 - e^{-2500t})V$$

回到原电路，如图 9-9（f）所示，电容支路电流为

$$i_C(t) = C\frac{du_C(t)}{dt} = 20 \times 10^{-6} \times (-160e^{-2500t})(-2500) = 8e^{-2500t}(A)$$

80Ω 电阻两端的电压为

$$u(t) = 4i_C(t) + u_C(t) = 4 \times 8e^{-2500t} + 160 - 160e^{-2500t} = 160 - 128e^{-2500t}(V)$$

从而 80Ω 电阻支路的电流为

$$i_2(t) = \frac{u(t)}{80} = \frac{160 - 128e^{-2500t}}{80} = 2 - 1.6e^{-2500t}(A)$$

实践应用　微分电路

微分电路实际上就是 RC 电路，如图 9-10（a）所示。该电路的输入信号为脉冲宽度为 t_p 的矩形脉冲信号 u_i，输出信号 u_o 由电阻两端取得，电路的时间常数 τ 与输入信号的脉冲宽度 t_p 之间必须满足 $\tau < t_p$（一般 $\tau < 0.2t_p$）。

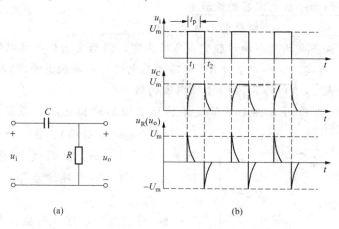

图 9-10　RC 微分电路及电路信号波形
（a）微分电路；（b）u_i、u_C 及 u_o 波形

当矩形脉冲信号输入微分电路时，输入电压、电容电压及输出电压（即电阻电压）的波形如图 9-10（b）所示。

在 $t=t_1$ 时刻，u_i 由 0 跃变至 U_m，因电容上电压不能突变（来不及充电，$u_C=0$），输入电压 u_i 全降落在电阻 R 上，即 $u_o=u_i$。随后电容 C 的电压按指数规律快速充电上升，输出电压随之按指数规律下降，经过大约 3τ 时间，$u_C\approx u_i$，$u_o\approx 0$，充电结束，输出一个正脉冲。τ 值愈小，此过程愈快，输出正脉冲愈窄。

在 $t=t_2$ 时刻，u_i 由 U_m 跃变至 0，相当于输入端被短路，电容原先充有的左正右负的电压开始经电阻 R 按指数规律放电。刚开始时，因电容上电压不能突变（来不及放电，$u_C=u_o$），输出电压 $u_o=-u_C=-U_m$。随后电容 C 按指数规律快速放电，输出电压随之按指数规律下降，同样经过大约 3τ 时间，放电完毕，输出一个负脉冲。

可见这种电路在 R 两端（输出端）得到正、负相间的尖脉冲，而且发生在方波的上升沿和下降沿。由于输出波形 u_o 与输入波形 u_i 之间恰好符合微分运算的结果 $\left(u_o\approx RC\dfrac{du_i}{dt}\right)$，所以该电路称为微分电路。在电子电路中，常用微分电路将矩形脉冲变为尖脉冲，进而作为其他电路的触发信号。

【任务实施】

（1）实验台上，用电路元件进行 RC 充放电测量。通过分别调节直流稳压电源、电阻和电容的大小以及开关的开闭，测量 RC 电路的充放电电流，作出电流波形，总结相应的波形变化规律，讨论并总结影响充放电时间的因素。

（2）按小组学习 RC 电路的零输入响应、零状态响应分析，总结其变化规律，要求在规定时间内完成。

（3）通过例题练习检验学习效果。

【一体化学习任务书】

任务名称：观测和分析电容器的充放电

姓名＿＿＿＿＿＿　　　所属电工活动小组＿＿＿＿＿＿＿　　　得分＿＿＿＿＿＿

说明：请按照任务书的指令和步骤完成各项内容，课后交回任务书以便评价。

■ 按图 9-11 接线，观察并分析 RC 电路的充电过程（零状态响应），图中 R 为 470kΩ 的碳膜电阻，微安表（μA）为 MF-10 型万用表的微安档。

■ 调节电容 C 为 30μF，然后调节直流稳压电源的输出电压使微安表的读数为 50μA（此即充电电流起始值），然后打开开关 S，同时用秒表（或手表）计时，每隔 5s 读一次微安表的数值，直至微安表读数接近为零，将测量数据记入表 9-3。

■ 将直流稳压电源的输出电压调为零，重新闭合开关，缓慢调节直流稳压电源的输出电压，使微安表的读数为 40μA（放电电流起始值），重作上述测量，将测量数据记入表 9-3。

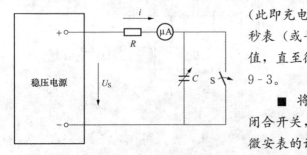
图 9-11　RC 电路的充电实验线路图

■　将直流稳压电源的输出电压调为零，调节电容 C 为 $20\mu F$，重新闭合开关，调节直流稳压电源的输出电压使微安表的读数为 $50\mu A$，重作上述测量，将测量数据记入表 9-3。

■　将直流稳压电源的输出电压调为零，在碳膜电阻后再串联一个同样的碳膜电阻，重新闭合开关，调节直流稳压电源的输出电压使微安表的读数为 $25\mu A$，重作上述测量，将测量数据记入表 9-3。

表 9-3　　　　　　　　**RC 电路的充电过程（RC 电路的零状态响应）数据记录**

$i\,(\mu A)$ ＼ $t\,(s)$	0	5	10	15	20	25	30	35	40	45	50	55	60
$30\mu F$，$470k\Omega$	50												
$30\mu F$，$470k\Omega$	40												
$20\mu F$，$470k\Omega$	50												
$20\mu F$，$940k\Omega$	25												

■　根据表 9-3 中数据，在表 9-4 中同一平面中对应绘制 1、2、3、4 四条 i-t 曲线，并回答表 9-4 中的问题。

表 9-4　　　　　　　　**RC 电路的充电过程（RC 电路的零状态响应）i-t 曲线**

i-t 曲线
1. 该曲线按什么规律变化？ 答：
2. 电容变小，充电过程变快还是变慢？ 答：
3. 电阻变大，充电过程变快还是变慢？ 答：
4. 由 $u_C=U_S-Ri$ 可得到 u_C 随时间变化的规律，试定性画出该曲线。 答.

■　按图 9-12 接线，观察 RC 电路的放电过程（零输入响应），图中 R 为 $470k\Omega$ 的碳膜电阻，微安表（μA）为 MF-10 型万用表的微安档。

■　调节电容 C 为 $30\mu F$，然后调节直流稳压电源的输出电压使微安表的读数为 $50\mu A$，然后打开开关 S，同时用秒表（或手表）计时，每隔 5s 读一次微安表的数值，直至微安表读数接近为零，将测量数据记入表 9-5。

■　将直流稳压电源的输出电压调为零，重新闭合开关，缓慢调节直流稳压电源的输出电压，使微安表的读数为 $40\mu A$（放电电流起始值），重作上述测量，将测量数据记入表 9-5。

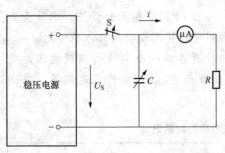

图 9 - 12　RC 电路的放电实验线路图

■ 将直流稳压电源的输出电压调为零，调节电容 C 为 20μF，重新闭合开关，调节直流稳压电源的输出电压，使微安表的读数为 50μA，重作上述测量，将测量数据记入表 9 - 5。

■ 将直流稳压电源的输出电压调为零，在碳膜电阻两端并联一个同样的碳膜电阻，重新闭合开关，缓慢调节直流稳压电源的输出电压使微安表的读数为 50μA，重作上述测量，将测量数据记入表 9 - 5。

表 9 - 5　　　　　　　　RC 电路的放电过程（RC 电路的零输入响应）数据记录

i（μA）＼ t（s）	0	5	10	15	20	25	30	35	40	45	50	55	60
30μF，470kΩ	50												
30μF，470kΩ	40												
20μF，470kΩ	50												
20μF，235kΩ	50												

■ 根据表 9 - 5 数据，在表 9 - 6 中同一平面中对应绘制 1、2、3、4 四条 i-t 曲线，并回答表 9 - 6 中的问题。

表 9 - 6　　　　　　　RC 电路的放电过程（RC 电路的零输入响应）i-t 曲线

i-t 曲线
①该曲线按什么规律变化？ 答：
②电容变小，放电过程变快还是变慢？ 答：
③电阻变大，放电过程变快还是变慢？ 答：

■ 学习后的心得体会。

通过本任务的学习，我知道了 _____

_____ 。

■ 对任务完成的过程进行自评，并写出今后的打算。

自评标准	参与完成所有活动，自评为优秀；缺一个，为良好；缺两个，为中等；其余为加油
自评结果	
今后打算	

任务三　观测和分析励磁回路的充放电

【任务描述】

观测和分析励磁回路的充放电规律，掌握 RL 电路的零状态响应、零输入响应表达式。

【相关知识】

在发电机、变压器等设备中，存在大量线圈，这些线圈可用 *RL* 串联电路作为其电路模型。当电路换路时，由于线圈中存储的磁场能量不能跃变，因此也伴随有过渡过程。下面将以 *RL* 串联电路为模型研究发电机等设备励磁回路的充放电。

一、*RL* 电路在直流激励下的零状态响应

图 9-13 所示 *RL* 电路原处于稳定状态，换路前电感无电流，即 $i_L(0_-)=0$。在 $t=0$ 时，将开关闭合，则换路后电感电流将逐渐建立，可称为 *RL* 电路的充电过程。显然换路后电路的响应是直流激励下的零状态响应。下面将分析充电过程中的物理现象及电路中电压电流随时间变化的规律。

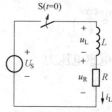

图 9-13　*RL* 电路的零状态响应

1. 充电过程中的物理现象

开关接通瞬间，电感无电流，即 $i_L(0_-)=0$，$u_R(0_+)=0$，从而电感相当于断路，电感电压 $u_L(0_+)$ 由零跃变至 U_S；随着充电过程的进行，电感电流逐渐上升，电阻电压逐渐上升，电感电压逐渐下降；充电结束时，电感电压 $u_L(\infty)=0$，相当于短路，而电阻电压 $u_R(\infty)=U_S$，电感电流达到稳态值 $i_L(\infty)=\dfrac{U_S}{R}$。

2. 电路的方程及响应

由 KVL 及元件 VCR 可得该 *RL* 电路的方程为

$$L\frac{di_L}{dt}+Ri_L=U_S$$

即

$$\frac{L}{R}\frac{di_L}{dt}+i_L=\frac{U_S}{R}$$

参照 *RC* 电路的充电过程，由数学知识可知，该一阶常系数线性非齐次常微分方程的通解为

$$i_L=Ae^{-\frac{R}{L}t}+\frac{U_S}{R}$$

式中　$\dfrac{U_S}{R}$——电感电流的稳态值；

　　　A——积分常数。

将 $t=0$ 时，$i_L(0_+)=i_L(0_-)=0$ 代入得

$$0=A+\frac{U_S}{R}$$

解得
$$A = -\frac{U_S}{R}$$

从而可得 RL 电路的零状态响应为

$$i_L = -\frac{U_S}{R}e^{-\frac{R}{L}t} + \frac{U_S}{R} \quad (t \geqslant 0) \tag{9-15}$$

式（9-15）中，i_L 同样由两个分量组成，其中第一个分量 $i'_L = -\frac{U_S}{R}e^{-\frac{R}{L}t}$ 随时间按负指

数规律衰减到零，是暂态分量；第二个分量 $i''_L = \frac{U_S}{R}$ 是响应的稳态分量。

令

$$\tau = \frac{L}{R} \tag{9-16}$$

则式（9-15）可改写为

$$i_L = -\frac{U_S}{R}e^{-\frac{R}{L}t} + \frac{U_S}{R} = \frac{U_S}{R}(1-e^{-\frac{R}{L}t}) = \frac{U_S}{R}(1-e^{-\frac{t}{\tau}}) \quad (t \geqslant 0) \tag{9-17}$$

电阻电压为

$$u_R = Ri_L = U_S(1-e^{-\frac{t}{\tau}}) \quad (t \geqslant 0) \tag{9-18}$$

电感电压为

$$u_L = L\frac{di_L}{dt} = U_S - u_R = U_Se^{-\frac{t}{\tau}} \quad (t \geqslant 0) \tag{9-19}$$

3. 电流 i_L、电压 u_L 随时间变化的曲线（见图 9-14）

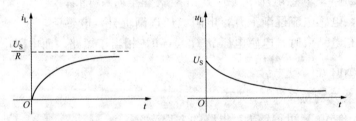

图 9-14　RL 电路零状态响应中 i_L、u_L 随时间变化的曲线

可见，换路后，电路中的电流 i_L 由初始值零随时间按指数规律增长至稳态值 $\frac{U_S}{R}$，电路

中的电感电压 u_L 以 U_S 为初始值随时间按指数规律衰减到零。

4. 能量转换关系

电源所提供的能量，一部分转换成磁场能量存储在电感中，一部分被电阻逐渐转化为

热能。

5. 时间常数

上面的推导中，我们也引入一个参数 $\tau = \frac{L}{R}$，当电感的单位为亨利（H），电阻的单位为

欧姆（Ω）时，τ 的单位为秒（s），故 τ 为 RL 电路的时间常数，它同样决定了 RL 电路充电

过程的长短。

二、RL 电路的零输入响应

RL 电路如图 9-15 所示，电路原已处于稳定状态，$i_L(0_-) = I_0$，当 $t = 0$ 开关闭合后，

电感将通过电阻 R 释放其磁场能量。换路后电路中的响应为零输入响应。

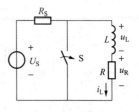

图 9-15　RL 电路的
零输入响应

1. 物理过程

换路瞬间，电感电流不能跃变，$i_L(0_+)=i_L(0_-)=I_0$，电阻电压为 $u_R(0_+)=i_L(0_+)R$；电感电压由 0 跃变为 $u_L(0_+)=-u_R(0_+)=-i_L(0_+)R$；换路后，$i_L$、$u_L$ 及 u_R 都逐渐减小到零。

2. 电路方程及响应

可知电路微分方程为 $L\dfrac{di_L}{dt}+Ri_L=0$，其通解为 $i_L=Ae^{-\frac{R}{L}t}$。代入初始条件 $i_L(0)=I_0$ 后，求得积分常数 $A=I_0$。从而可得 RL 电路的零输入响应为

电感电流为

$$i_L = I_0 e^{-\frac{R}{L}t} = I_0 e^{-\frac{t}{\tau}} \quad (t \geqslant 0) \tag{9-20}$$

电阻电压为

$$u_R = Ri_L = RI_0 e^{-\frac{t}{\tau}} \quad (t \geqslant 0) \tag{9-21}$$

电感电压为

$$u_L = L\frac{di}{dt} = -u_R = -RI_0 e^{-\frac{t}{\tau}} \quad (t \geqslant 0) \tag{9-22}$$

3. 电流 i_L、电压 u_L 随时间变化的曲线（见图 9-16）

可见，RL 电路的零输入响应 i_L、u_L 及 u_R 都是随着时间按相同的指数规律由初始值衰减到零。

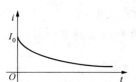 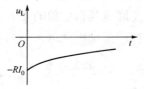

图 9-16　RL 电路零输入响应中电流 i_L、
电压 u_L 随时间变化的曲线

4. 能量转换关系

电感所存储的能量逐渐被电阻转化为热能。

5. 时间常数

RL 电路的零输入响应的快慢同样可以用时间常数 τ 来反映。

例题分析

例 9-5　图 9-17（a）所示电路中电压源电压恒定，$U_S=150V$，$R_1=R_2=R_3=100\Omega$，$L=0.1H$，电感初始电流为零，$t=0$ 时开关 S 接通。求各支路电流。

解　将换路后电感所在支路以外的电路做戴维南等效变换，则

$$U_{OC} = \frac{100}{100+100} \times 150 = 75(V)$$

$$R_0 = 100 // 100 = 50(\Omega)$$

原电路的等效电路如图 9-17（b）所示，该电路的时间常数为

$$\tau = \frac{0.1}{50+100} = \frac{1}{1500}(s)$$

由式（9-17）可得，电感支路的电流为

$$i_2 = \frac{U_S}{R}(1-e^{-\frac{t}{\tau}}) = \frac{75}{100+50}(1-e^{-1500t}) = 0.5(1-e^{-1500t})(A)$$

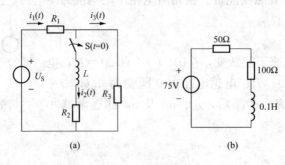

图 9-17 例 9-5 图

从而电感元件上的电压为

$$u_L = L\frac{di_L}{dt} = 0.1 \times (-0.5)e^{-1500t} \times (-1500) = 75e^{-1500t}(V)$$

另外两条支路的电流为

$$i_3 = \frac{100i_2 + u_L}{100} = \frac{100 \times 0.5(1-e^{-1500t}) + 75e^{-1500t}}{100} = 0.5 + 0.25e^{-1500t}(A)$$

$$i_1 = i_2 + i_3 = 0.5(1-e^{-1500t}) + 0.5 + 0.25e^{-1500t} = 1 - 0.25e^{-1500t}(A)$$

例 9-6 图 9-18 所示为汽轮发电机的励磁回路，直流电源电压 $U=350V$，励磁绕组的电阻 $R=1.4\Omega$，电感 $L=8.4H$。当断开开关 S1 时，为了加速励磁绕组的灭磁，必须同时闭合开关 S2，使 $R_m=5.6\Omega$ 的电阻与励磁绕组并联。求换路瞬间励磁绕组两端的电压以及该电压降至其初始值的 1.8% 所需的时间。

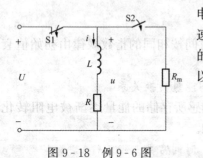

图 9-18 例 9-6 图

解 换路前励磁绕组支路的电流和两端的电压分别为

$$i(0_-) = \frac{U}{R} = \frac{350}{1.4} = 250(A)$$

$$u(0_-) = U = 350V$$

换路瞬间励磁绕组支路的电流和两端电压的初始值分别为

$$i(0_+) = i(0_-) = 250A = I_0$$

$$u(0_+) = -R_m i(0_+) = -5.6 \times 250 = -1400(V)$$

换路后电路发生零输入响应，电路的时间常数为

$$\tau = \frac{L}{R+R_m} = \frac{8.4}{1.4+5.6} = 1.2(s)$$

换路后励磁绕组两端电压为

$$u(t) = u(0_+)e^{-\frac{t}{\tau}} = -1400e^{-\frac{t}{1.2}}V$$

该电压降至其初始值的 1.8% 所需的时间计算

$$-1400 \times 0.018 = -1400e^{-\frac{t}{1.2}}$$

$$\ln 0.018 = -\frac{t}{1.2}$$

$$t = -1.2 \times \ln 0.018 = 4.8(s)$$

从上面计算可知，换路瞬间励磁绕组电压由原来的 350V 跃变为 1400V，且极性与原来

极性相反。R_m 越大，换路瞬间励磁绕组两端电压越大。为使换路瞬间励磁绕组两端电压较小，R_m 应尽量小。但 R_m 越小，电路的时间常数越大，过渡过程持续时间越长，不能很快灭磁，因此 R_m 又不宜太小，通常取 $R_m = (4\sim5)R$。

实践应用　*RL* 斩波电路

斩波器是电子电路中应用很广的电路，它利用 RL 串联电路过渡过程的特点，将一种数值的直流电压变换为另一种数值的直流电压。图 9-19（a）所示为降压斩波器电路图，图中 S 是一电子开关，VD 为二极管，L 是电感，R_L 是负载电阻。其工作原理为：当 S 闭合，输入电压 U 加在 RL 串联电路两端，电感 L 开始充电，充电电流流过负载电阻，输出电压 U_L；当 S 断开，电感 L 经二极管 VD 开始放电，放电电流方向不变，流过负载电阻后输出电压 U_L。改变开关闭合与断开的时间，即可改变输出电压 U_L 的大小，但输出电压 U_L 低于输入电压 U。输入电压与电感电流的波形如图 9-19（b）（输出电压的波形与电感电流的波形是一致的）所示。

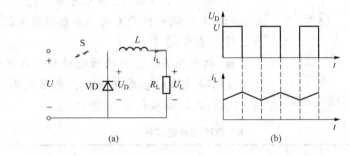

图 9-19　*RL* 斩波电路

【任务实施】

（1）要求学生比照 RC 充放电电路，自己设计学习任务书，完成对该任务的学习。

（2）通过练习检验学习效果。

【一体化学习任务书】

任务名称：<u>观测和分析励磁回路的充放电</u>

姓名 <u>　　　　　　　　</u>　　　所属电工活动小组 <u>　　　　　　　　</u>　　　　　　　得分 <u>　　　　</u>

说明：请按照任务书的指令和步骤完成各项内容，课后交回任务书以便评价。

■ 图 9-20 所示 RL 电路原处于稳定状态，电感支路无电流流过，$i_L(0_-)=0$，试分析开关闭合后电路充电过程中的物理现象，填入表 9-7 中。

■ 请参照 RC 电路的充电过程，应用经典法求解上述 RL 电路换路后电感电流 i_L、电感电压 u_L 及电阻电压 u_R 的表达式，填入表 9-7 中。

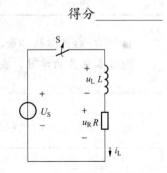

图 9-20　*RL* 电路的充电过程

表 9 - 7　　　　　　　　　　　　　　　　　*RL* 电路的充电过程

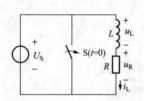

图 9 - 21　*RL* 电路的放电过程

■ 图 9 - 21 所示 *RL* 电路原处于稳定状态，电感电流 $i_L(0_-) = I_0$，试分析开关闭合后电路放电过程中的物理现象，填入表 9 - 8 中。

■ 请参照 *RC* 电路的放电过程，应用经典法求解上述 *RL* 电路换路后电感电流 i_L、电感电压 u_L 及电阻电压 u_R 的表达式，填入表 9 - 8 中。

表 9 - 8　　　　　　　　　　　　　　　　　*RL* 电路的放电过程

■ 学习后的心得体会。

通过本任务的学习，我知道了_____

_____

_____。

■ 对任务完成的过程进行自评，并写出今后的打算。

自评标准	参与完成所有活动，自评为优秀；缺一个，为良好；缺两个，为中等；其余为加油
自评结果	
今后打算	

任务四　计算一阶电路

【任务描述】

掌握全响应及其两种分解方法，学习一阶电路分析的三要素法。

【相关知识】

一、一阶电路

前面学习的 RC 电路或 RL 电路中都只含一个储能元件，这样的电路称为一阶电路。描述一阶电路的方程都是一阶微分方程。若电路含有多个储能元件，则其微分方程是二阶或二阶以上，这样的电路称为二阶电路或高阶电路。本项目只研究一阶电路。

二、一阶电路的全响应

1. 全响应的概念

由外施激励和元件初始储能共同引起的响应称为全响应。

2. RC 电路的全响应

图 9-22 所示 RC 电路原处于稳定状态，电容 C 原先充有一定电压，$u_C(0_-)=U_0$。在 $t=0$ 时闭合开关，将直流稳压电源 U_S 接入电路，则换路后电路中的响应属于全响应。下面将分析电路中电压电流随时间变化的规律。

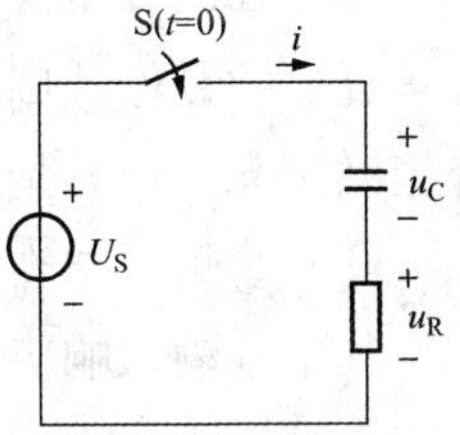

由 KVL 及元件 VCR 得该电路的微分方程为（请参照 RC 电路的零状态响应）

$$u_C + RC\frac{\mathrm{d}u_C}{\mathrm{d}t} = U_S$$

其解为

$$u_C = A\mathrm{e}^{-\frac{t}{RC}} + U_S$$

图 9-22　RC 电路

式中的积分常数 A 由电路的初始值确定。将 $t=0$ 时，$u_C(0_+)=u_C(0_-)=U_0$ 代入得

$$U_0 = A\mathrm{e}^{-\frac{0}{RC}} + U_S$$

解得　$A = U_0 - U_S$。

从而得出电容电压随时间变化的规律为

$$u_C = (U_0 - U_S)\mathrm{e}^{-\frac{t}{RC}} + U_S = (U_0 - U_S)\mathrm{e}^{-\frac{t}{\tau}} + U_S \quad (t \geqslant 0) \qquad (9\text{-}23)$$

电阻电压和电流分别为

$$u_R = U_S - u_C = (U_S - U_0)\mathrm{e}^{-\frac{t}{\tau}} \quad (t \geqslant 0) \qquad (9\text{-}24)$$

$$i = C\frac{\mathrm{d}u_C}{\mathrm{d}t} = \frac{u_R}{R} = \frac{U_S - U_0}{R}\mathrm{e}^{-\frac{t}{\tau}} \quad (t \geqslant 0) \qquad (9\text{-}25)$$

根据 U_0 和 U_S 的大小关系，电路中的物理过程可能是以下三种情况之一：

（1）$U_0 < U_S$ 时，$i > 0$，电容电压将从 U_0 开始按指数规律逐渐上升至 U_S，即电容在换路后继续充电；

（2）$U_0 = U_S$ 时，$i = 0$，电路不存在过渡过程，即换路前后各响应不变；

（3）$U_0 > U_S$ 时，$i < 0$，电容电压将从 U_0 开始按指数规律逐渐下降至 U_S，即电容在换

路后部分放电。

图 9-23 做出了 $U_0 < U_S$ 情况下 u_C 和 i 的曲线。RL 电路的全响应可以作类似的分析。

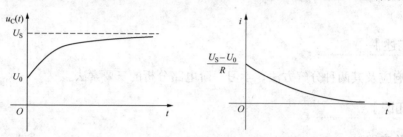

图 9-23　$U_0 < U_S$ 情况下 u_C 和 i 的曲线

3. 全响应的分解

由上面的分析可知，全响应可写为

$$u_C(t) = U_S + (U_0 - U_S)e^{-\frac{t}{\tau}} = u''_C + u'_C \tag{9-26}$$

或写为

$$u_C(t) = U_0 e^{-\frac{t}{\tau}} + U_S(1 - e^{-\frac{t}{\tau}}) = u_{C1} + u_{C2} \tag{9-27}$$

可见任何线性动态一阶电路的全响应均有以下两种分解形式：

（1）全响应＝强制分量（稳态响应）＋自由分量（暂态响应）。

其中强制分量 $u''_C = U_S$ 只与输入（激励）有关，其变化规律与外施激励相同；自由分量 $u'_C = (U_0 - U_S)e^{-\frac{t}{\tau}}$ 则既与储能元件的初始值有关，也与输入（激励）有关，但其变化规律与外施激励无关，总是随时间按指数规律变化，并且最终衰减为零。

（2）全响应＝零输入响应＋零状态响应。

其中零输入响应 $u_{C1} = U_0 e^{-\frac{t}{\tau}}$ 是换路后完全由储能元件的初始储能产生的响应；零状态响应 $u_{C2} = U_S(1 - e^{-\frac{t}{\tau}})$ 是换路后完全由外施激励产生的响应。

把全响应分解为强制分量（稳态响应）和自由分量（暂态响应）之和，能较明显地反映电路的工作状态，便于分析动态过程的特点。把全响应分解为零输入响应与零状态响应之和，明显反映了响应与激励在能量方面的因果关系，体现了线性电路的叠加性，且便于分析计算。

三、求解一阶电路响应的三要素法

1. 三要素法公式

归纳前面 RC 电路和 RL 电路的微分方程，可知一阶线性电路的微分方程具有如下形式：

$$\tau \frac{\mathrm{d}f(t)}{\mathrm{d}t} + f(t) = g(t)$$

式中　τ——一阶电路的时间常数；

$f(t)$——电路换路后任一处的电压、电流；

$g(t)$——与激励源具有相同形式的非齐次项。

上述一阶常系数线性非齐次微分方程的解，由两部分组成

$$f(t) = f_1(t) + f_2(t)$$

式中　$f_1(t)$——非齐次特解，可以是满足上述微分方程的任意一个解，例如稳态解

$f_1(t)=f(\infty)$ 就是一个特解，与激励具有相同的函数形式；

$f_2(t)$——对应齐次方程 $\tau\dfrac{\mathrm{d}f(t)}{\mathrm{d}t}+f(t)=0$ 的通解，$f_2(t)=A\mathrm{e}^{-\frac{t}{\tau}}$。

综上所述，方程的通解为

$$f(t)=f_1(t)+A\mathrm{e}^{-\frac{t}{\tau}}$$

A 为积分常数，由初始条件确定。由

$$f(0_+)=f_1(0_+)+A\mathrm{e}^{-\frac{0}{\tau}}$$

得

$$A=f(0_+)-f_1(0_+)$$

从而有

$$f(t)=f_1(t)+[f(0_+)-f_1(0_+)]\mathrm{e}^{-\frac{t}{\tau}} \qquad (9-28)$$

由式（9-28）可知，对任意一个一阶电路，只要非齐次特解 $f_1(t)$、初始值 $f(0_+)$ 和时间常数 τ 这三者确定了，电路的响应也就确定了，故把这三者叫做一阶电路响应的三要素。这种分别计算这三个要素，再代入式（9-28）直接求得电路响应的方法就叫做三要素法。

回顾前面所学 RC 电路和 RL 电路的响应，可以发现：对于零输入响应，电路各响应的稳态值均为零，故代入三要素法公式后，可得

$$f(t)=0+[f(0_+)-0]\mathrm{e}^{-\frac{t}{\tau}}=f(0_+)\mathrm{e}^{-\frac{t}{\tau}}$$

对于零状态响应，由于电容电压 u_C 和电感电流 i_L 的初始值为零，故代入三要素法公式后，可得电容电压 u_C 和电感电流 i_L 的零状态响应为

$$f(t)=f(\infty)+[0-f(\infty)]\mathrm{e}^{-\frac{t}{\tau}}=f(\infty)(1-\mathrm{e}^{-\frac{t}{\tau}})$$

可见三要素法公式对零输入响应、零状态响应和全响应都适用。另外该方法不只是局限于求解电容电压和电感电流，而是可用于求解一阶电路的任意电压、电流。

2. 一阶电路三要素的计算

（1）初始值 $f(0_+)$。由换路定律及 $t=0_+$ 时刻等效电路计算。

（2）非齐次特解 $f_1(t)$。换路后，若激励为直流电源，则稳态解 $f_1(t)$ 是一常数，$f_1(t)=f(\infty)=f_1(0_+)$，可借助 $t=\infty$ 时刻等效电路求得。$t=\infty$ 时刻等效电路中，开关已动作过，电感相当于短路，电容相当于开路，按电阻电路分析计算方法可求得 $f(\infty)$，从而三要素法公式可写为

$$f(t)=f(\infty)+[f(0_+)-f(\infty)]\mathrm{e}^{-\frac{t}{\tau}} \qquad (9-29)$$

若激励为正弦交流电源，则稳态解 $f_1(t)$ 也是同频率正弦函数，可用相量法计算。$f_1(0_+)$ 为稳态解的初始值；若激励为非正弦周期交流电源，则稳态解 $f_1(t)$ 也是非正弦周期交流函数，可用谐波分析法计算；若激励为指数函数等形式，则电路不一定能达到新的稳态。$f_1(t)$ 不再称为稳态解，而只能称为非齐次特解，其形式取决于激励的函数形式。

（3）时间常数 τ 的计算。对于一阶 RC 电路，时间常数 $\tau=RC$；对于一阶 RL 电路，时间常数 $\tau=L/R$。而且对于同一个一阶电路，各响应具有相同的时间常数。

注意：上述时间常数的两个计算公式中，R 都是换路后从电容 C 或电感 L 两端看进去

的戴维南等效电阻。

例题分析

例 9-7　电路如图 9-24（a）所示，开关 S 闭合前电路已经稳定。已知 $U_S = 60\text{V}$ 不变，$R_1 = 2\text{k}\Omega$，$R_2 = 5\text{k}\Omega$，$R_3 = 3\text{k}\Omega$，$C = \dfrac{50}{3}\mu\text{F}$。求开关 S 闭合后电容电压 $u(t)$ 的变化规律，并指出其中的零输入响应、零状态响应、稳态分量和暂态分量。

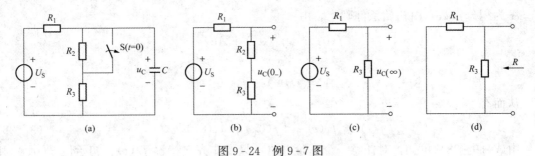

图 9-24　例 9-7 图

解　（1）求初始值。开关 S 闭合前电路处于稳定状态，电容相当于开路，如图 9-24（b）所示，电容电压为

$$u_C(0_+) = u_C(0_-) = \frac{5+3}{2+5+3} \times 60 = 48(\text{V})$$

（2）求稳态值。S 闭合后电路达到新的稳定状态时，电容又相当于开路，如图 9-24（c）所示，电容电压为

$$u_C(\infty) = \frac{3}{2+3} \times 60 = 36(\text{V})$$

（3）求时间常数。换路后从电容看去的等效电阻为［见图 9-24（d）］

$$R = R_1 /\!/ R_3 = \frac{3\times 2}{3+2}\times 10^3 = 1.2\times 10^3(\Omega)$$

从而时间常数为

$$\tau = RC = 1.2\times 10^3 \times \frac{50}{3}\times 10^{-6} = 2\times 10^{-2}(\text{s})$$

代入三要素法公式得

$$u_C = u_C(\infty) + [u_C(0_+) - u_C(\infty)]e^{-\frac{t}{\tau}} = 36 + [48-36]e^{-\frac{t}{2\times 10^{-2}}} = 36 + 12e^{-50t}(\text{V})$$

其中的稳态分量为 36V，暂态分量为 $12e^{-50t}$V。

上式还可整理为

$$u_C(t) = 36 + [48-36]e^{-\frac{t}{2\times 10^{-2}}} = 36 + 48e^{-50t} - 36e^{-50t} = 48e^{-50t} + 36(1-e^{-50t})(\text{V})$$

其中的零输入响应为 $48e^{-50t}$V，零状态响应为 $36(1-e^{-50t})$V。

例 9-8　电路如图 9-25 所示，电源电压 $u = 10\sin(2t+90°)$V。换路前，开关 S 合在位置 1，此时电路已达到稳态。在 $t=0$ 时，开关 S 从 1 打到 2。若使电路无暂态响应，电流 $i(0_+)$ 和电阻 R 各为多少？

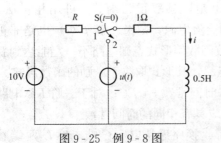

图 9-25　例 9-8 图

解　用三要素法求解。

（1）求初始值 $i(0_+)$。电感支路原来接在直流电源上，电感元件相当于短路，故

$$i(0_+) = i(0_-) = \frac{10}{R+1}$$

（2）求稳态值 $i_\infty(t)$。换路后电感支路接在正弦交流电源上，可用相量法求解稳态值

$$\dot{U}_m = 10\angle 90°(\text{V})$$

$$Z = 1 + j2 \times 0.5 = 1 + j1 = \sqrt{2}\angle 45°(\Omega)$$

$$\dot{I}_m = \frac{\dot{U}_m}{Z} = \frac{10\angle 90°}{\sqrt{2}\angle 45°} = 5\sqrt{2}\angle 45°(\text{A})$$

故　　　　　　　　　　　　$i_\infty(t) = 5\sqrt{2}\sin(2t + 45°)(\text{A})$

从而　　　　　　　　　　　$i_\infty(0_+) = 5\sqrt{2}\sin45° = 5(\text{A})$

（3）由三要素法公式得电路电流的表达式为

$$i = i_\infty(t) + [i(0_+) - i_\infty(0_+)]e^{-\frac{t}{\tau}}$$

即

$$i = 5\sqrt{2}\sin(2t + 45°) + [i(0_+) - i_\infty(0_+)]e^{-\frac{t}{\tau}}$$

若使电路无暂态响应，则

$$i(0_+) - i_\infty(0_+) = 0$$

即

$$i(0_+) = \frac{10}{R+1} = i_\infty(0_+) = 5\text{A}$$

得　　　　　　　　　　　　$R = 1\Omega$

【任务实施】

（1）观测一阶电路的全响应。应用 Multisim 电路仿真软件，观测一阶 RC 电路全响应的三种情况，作出对应电路的电容电压波形图，并对比三个电路，得出结论。

（2）学习一阶电路的三要素法。要求学生按照给定的步骤，一步一步完成初始值、稳态值、时间常数 τ 的计算，最后代入给定的三要素公式求得电路的响应。要求学生阐明三要素公式中各物理量的意义，并总结三要素法的解题步骤。

【一体化学习任务书】

任务名称：<u>计算一阶电路</u>

姓名_____　　　　　所属电工活动小组_____　　　　　得分_____

说明：请按照任务书的指令和步骤完成各项内容，课后交回任务书以便评价。

1. 应用 Multisim 电路仿真软件，观测一阶电路的响应，并完成表 9-9。

■ 按照图 9-26 所示电路图接线。

■ 开关与触头 1 相连，用示波器测量电容电压。

■ 切换开关，使之与触头 2 相连，用示波器观测开关切换前后的电容电压的变化。

■ 在表 9-9 中作出对应电路的电容电压波形图。

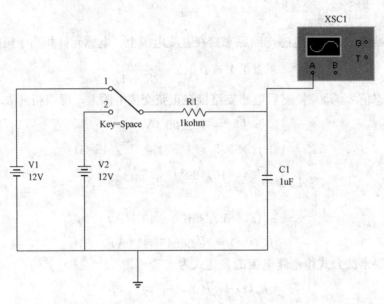

图 9 - 26　仿真电路 1

表 9 - 9	一阶电路的响应	
仿 真 电 路	电容电压波形	
见图 9 - 26，V1＝12V，V2＝12V		
见图 9 - 27，V1＝12V，V2＝20V		
见图 9 - 28，V1＝12V，V2＝4V		
结论：		

■ 改变电压源电压 V2 的数值，使之为 20V，如图 9 - 27 所示，重复以上步骤。

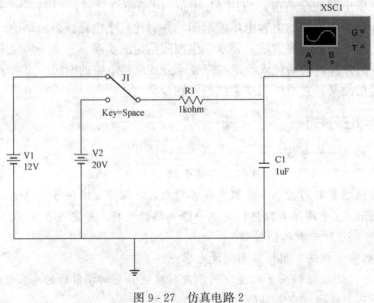

图 9 - 27　仿真电路 2

■ 改变电压源电压 V2 的数值，使之为 4V，如图 9-28 所示，重复以上步骤。

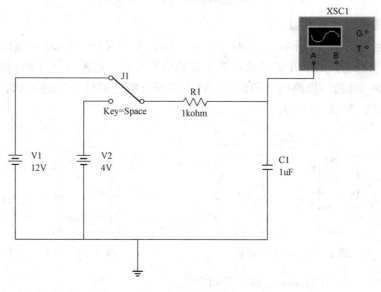

图 9-28　仿真电路 3

■ 对比上述三个电路，得出结论。

2. 学习分析一阶电路响应的三要素法，总结三要素法的解题步骤，填入表 9-10 中。

表 9-10　　　　　　　　　　　　三要素法的解题步骤

步骤	内 容 及 要 点
1	
2	
3	
4	

■ 学习后的心得体会。

通过本任务的学习，我知道了 _____

_____

_____。

■ 对任务完成的过程进行自评，并写出今后的打算。

自评标准	参与完成所有活动，自评为优秀；缺一个，为良好；缺两个，为中等；其余为加油
自评结果	
今后打算	

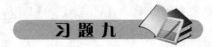

习 题 九

A 类（难度系数 1.0 及以下）

9-1　电路如图 9-29 所示，已知 $U_1 = U_2 = 3\text{V}$，$R_1 = R_2 = 1\Omega$，$R_3 = 2\Omega$，$L = 3\text{H}$。设换路前电路已处于稳态，试求开关 S 从位置 1 合到位置 2 后，电流 i_L 及 i 的初始值。

9-2　图 9-30 所示电路电压源恒定，在开关断开前电路已处于稳定状态，$t=0$ 时开关 S 断开，求 $u_{R1}(0_+)$ 及 $i_1(0_+)$。

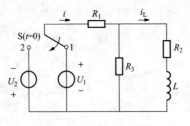

图 9-29　习题 9-1 图

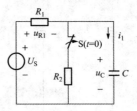

图 9-30　习题 9-2 图

9-3　求图 9-31 各图所示电路的时间常数。

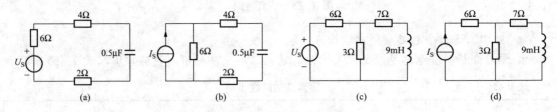

(a)　　　　　　(b)　　　　　　(c)　　　　　　(d)

图 9-31　习题 9-3 图

9-4　电路如图 9-32 所示，已知 $U_S = 10\text{V}$，$R_1 = R_2 = R_3 = 10\Omega$，$C = 2\text{mF}$，$t=0$ 时开关 S 闭合，闭合前电路无初始储能。试求 $t \geqslant 0$ 时的 u_C 和 i。

9-5　如图 9-33 所示电路原已处于稳态，$t=0$ 时开关 S 打开。求换路后的电压 u_C、u_R 和电流 i_C。

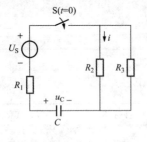

图 9-32　习题 9-4 图

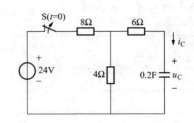

图 9-33　习题 9-5 图

9-6　图 9-34 所示电路原处于稳定状态。$t=0$ 时开关 S 闭合，试求换路后的 i_1 和 i_2。

9-7　图 9-35 路原已稳定。$t=0$ 时开关 S 由 1 合向 2。求换路后的电压 u。

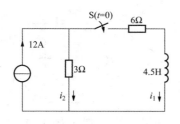

图 9-34　习题 9-6 图

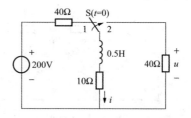

图 9-35　习题 9-7 图

9-8　图 9-36 所示电路原已稳定，试求合上开关 S 后的电流 i_L 和电流源的电压 u。

9-9　图 9-37 所示电路原稳定，$U=18V$，$R_1=6k\Omega$，$R_2=3k\Omega$，$C=1000\mu F$，$u_C(0_-)=0$。在 $t=0$ 时刻开关闭合，试求 $t\geq0$ 时 u_C 和 i 的表达式。

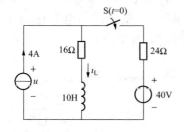

图 9-36　习题 9-8 图

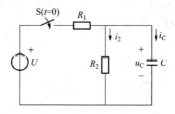

图 9-37　习题 9-9 图

B 类（难度系数 1.0 以上）

9-10　图 9-38 所示电路中电压源电压恒定，电路已达稳态。$t=0$ 时打开开关 S，试求 i_L、u_C、u_{R2}、i_C 和 u_L 的初始值。

9-11　图 9-39 所示电路在开关 S 断开前已稳定，已知稳压源 $U_S=24V$，$R_1=R_2=6\Omega$，$R_3=12\Omega$，$i_L(0_-)=0$，$u_C(0_-)=0$，求 $t=0_+$ 时的 $i_C(0_+)$ 和 $u_L(0_+)$。

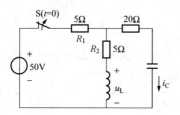

图 9-38　习题 9-10 图

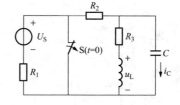

图 9-39　习题 9-11 图

9-12　图 9-40 示电路中，电感原无储能。$t=0$ 时开关 S1 闭合，经过 12ms 再开关 S2 闭合。试求 S2 闭合后线圈的电流 i_L。

9-13　某标准高压电容器的电路模型如图 9-41 所示，FU 为快速熔断器，电源电压 $u_S=2300\sin(314t+90°)V$，电容 $C=2\mu F$，漏电阻 $R=10M\Omega$。$t=0$ 时熔断器烧断（瞬间断开）。假设安全电压为 50V，问从熔断器断开之时起，经历多少时间后，人手触及电容器两端才是安全的？

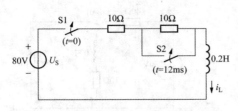

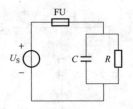

图 9-40　习题 9-12 图　　　　　　　　图 9-41　习题 9-13 图

9-14　图 9-42 所示电路电压源电压恒定，$i(0_-)=0$，$t=0$ 时开关 S 闭合。已知当 $R=40\Omega$ 时，开关 S 闭合后的电流为 $i_L=0.1(1-e^{-200t})$ A。试求当 $R=60\Omega$ 时，开关 S 闭合后的 i。

9-15　图 9-43 电路中，电压源电压 $U_S=220$V，继电器线圈电阻 $R_1=3\Omega$，电感 $L=1.2$H，输电线电阻 $R_2=2\Omega$，负载电阻 $R_3=20\Omega$。继电器在通过的电流达到 30A 时动作。试问负载短路（图中开关 S 合上）后，经过多长时间继电器动作？

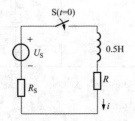

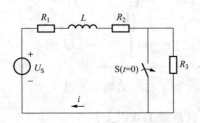

图 9-42　习题 9-14 图　　　　　　　　图 9-43　习题 9-15 图

9-16　电路如图 9-44，$t=0$ 时开关闭合，求电容电压 u_C 的表达式，并画出波形图。

9-17　图 9-45 所示电路原稳定，已知 $U_1=3$V，$U_2=6$V，$R_1=1$kΩ，$R_2=2$kΩ，$C=3\mu$F，用三要素法求 $t \geqslant 0$ 时的 u_C，并指出其中的零输入响应、零状态响应、稳态分量和暂态分量。

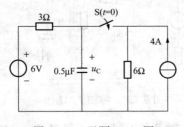

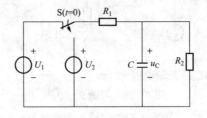

图 9-44　习题 9-16 图　　　　　　　　图 9-45　习题 9-17 图

9-18　电路如图 9-46 所示，已知 $u_S=200\sqrt{2}\sin(314t+30°)$V，$U_C(0_-)=U_0$。①试求开关闭合后的 u_C；②U_0 为多大时，开关闭合后电路立即进入稳态？

9-19　图 9-47 所示电路中，$U_S=150$V 不变，电路原已稳定，$t=0$ 时开关 S 断开，试求 S 断开后的 i。

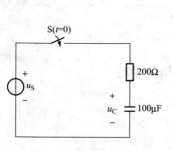

图 9-46 习题 9-18 图

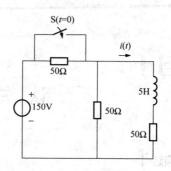

图 9-47 习题 9-19 图

项目十

认 知 变 压 器

【项目描述】

认识互感应现象和变压器，了解变压器的组成和工作原理，掌握互感应现象的物理实质；学习同名端的概念，学会判断互感绕组的同名端；通过分析计算磁耦合电路，掌握含互感元件的正弦交流电路的分析方法；分析计算变压器的磁路。

【知识目标】

(1) 了解变压器的组成和工作原理；
(2) 理解互感应现象产生的原因；
(3) 掌握同名端的概念；
(4) 掌握判断互感绕组同名端的方法；
(5) 掌握互感元件的电压、电流关系；
(6) 理解含互感元件的正弦交流电路的分析思路；
(7) 了解铁磁物质磁化的概念和过程；
(8) 掌握铁磁物质的分类及特点。

【能力目标】

(1) 会根据定义判断互感绕组的同名端；
(2) 会用实验的方法判断互感绕组的同名端；
(3) 能分析计算含互感元件的正弦交流电路；
(4) 能作出铁磁物质的磁化曲线。

【教学环境】

多媒体教室，具备计算机和投影仪；电工教学车间或 EDA 实训室，具备相关仪器仪表、元器件和操作台或电路仿真软件。

任务一 认识互感应现象和变压器

【任务描述】

认识变压器，认识互感应现象。

【相关知识】

一、互感现象及互感电压

耦合电感元件属于多端元件，在实际电路中，如收音机、电视机中的中周线圈和振荡线圈、整流电源里使用的变压器等都是耦合电感元件，熟悉这类多端元件的特性，掌握包含这类多端元件的电路问题的分析方法是非常必要的。

1. 互感现象

两个靠得很近的电感线圈之间有磁的耦合，如图 10-1 所示，当线圈 1 中通电流 i_1 时，不仅在线圈 1 中产生磁链 ψ_{11}，同时，有部分磁链 ψ_{21} 穿过临近线圈 2；同理，若在线圈 2 中通电流 i_2 时，不仅在线圈 2 中产生磁链 ψ_{22}，同时，有部分磁链 ψ_{12} 穿过线圈 1，ψ_{11} 和 ψ_{22} 称为自感磁链，ψ_{12} 和 ψ_{21} 称为互感磁链。

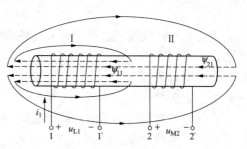

图 10-1 互感现象

当周围空间是各向同性的线性磁介质时，磁链与产生它的自感电流成正比，即自感磁链

$$\psi_{11} = L_1 i_1 \quad \psi_{22} = L_2 i_2$$

互感磁链

$$\psi_{12} = M_{12} i_2 \quad \psi_{21} = M_{21} i_1$$

式中 M_{12} 和 M_{21}——互感系数，亨（H）。

当两个线圈都有电流时，每一线圈的磁链为自感磁链与互感磁链的代数和

$$\psi_1 = \psi_{11} \pm \psi_{12} = L_1 i_1 \pm M_{12} i_2$$
$$\psi_2 = \psi_{22} \pm \psi_{21} = L_2 i_2 \pm M_{22} i_1$$

需要指出的是：自感系数 L 总为正值，互感系数 M 值有正有负。正值表示自感磁链与互感磁链方向一致，互感起增助作用，负值表示自感磁链与互感磁链方向相反，互感起削弱作用。同时，M 值与线圈的形状、几何位置、空间媒质有关，与线圈中的电流无关，因此，满足

$$M_{12} = M_{21} = M$$

2. 耦合系数

工程上用耦合系数来定量的描述两个耦合线圈的磁联系的紧密程度，其定义为

$$k = \frac{M}{\sqrt{L_1 L_2}}$$

一般有

$$k = \frac{M}{\sqrt{L_1 L_2}} = \sqrt{\frac{M^2}{L_1 L_2}} = \sqrt{\frac{(Mi_2)(Mi_1)}{(L_1 i_1)(L_2 i_2)}} = \sqrt{\frac{\psi_{12}\psi_{21}}{\psi_{11}\psi_{22}}} \leqslant 1$$

当 $k=1$ 时，称为全耦合，此时没有漏磁。耦合系数与线圈的结构、相互几何位置、空间磁介质有关。

3. 耦合电感上的电压、电流关系

当电流为时变电流时，磁通也将随时间变化，从而在线圈两端产生感应电动势。根据电磁感应定律和楞次定律知，每个线圈两端的电压均包含自感电压和互感电压为

$$u_1 = \frac{\mathrm{d}\psi_1}{\mathrm{d}t} = \frac{\mathrm{d}\psi_{11}}{\mathrm{d}t} \pm \frac{\mathrm{d}\psi_{12}}{\mathrm{d}t} = L_1\frac{\mathrm{d}i_1}{\mathrm{d}t} \pm M\frac{\mathrm{d}i_2}{\mathrm{d}t}$$

$$u_2 = \frac{\mathrm{d}\psi_2}{\mathrm{d}t} = \frac{\mathrm{d}\psi_{22}}{\mathrm{d}t} \pm \frac{\mathrm{d}\psi_{21}}{\mathrm{d}t} = L_2\frac{\mathrm{d}i_2}{\mathrm{d}t} \pm M\frac{\mathrm{d}i_1}{\mathrm{d}t}$$

在正弦交流电路中，其相量形式的电压方程为

$$\dot{U}_1 = \mathrm{j}\omega L_1\dot{I}_1 \pm \mathrm{j}\omega M\dot{I}_2$$

$$\dot{U}_2 = \pm \mathrm{j}\omega M\dot{I}_1 + \mathrm{j}\omega L_2\dot{I}_2$$

注意：当两线圈的自感磁链和互感磁链方向一致时，称为互感的"增助"作用，互感电压取正；否则取负。以上说明互感电压的正、负，与电流的参考方向有关，也与线圈的相对位置和绕向有关。

二、变压器

变压器是利用电磁感应的原理来改变交流电压等级的装置，其主要功能有：电压变换、电流变换、阻抗变换、隔离、稳压（磁饱和变压器）等。变压器按用途可以分为电力变压器、特种变压器及仪用互感器（电压互感器和电流互感器）三种；按冷却方式可分为油浸式变压器和干式变压器两种，如图 10 - 2 所示。

　　　　　　(a)　　　　　　　　　　　　　　　(b)

图 10 - 2　变压器
(a) 油浸式变压器；(b) 干式变压器

1. 变压器的基本组成

变压器组成部件包括器身（铁芯、绕组、绝缘、引线）、油箱、冷却装置、调压装置、保护装置（吸湿器、安全气道、气体继电器、储油柜及测温装置等）和出线套管。

铁芯是变压器中主要的磁路部分。通常由含硅量较高、厚度分别为 0.35mm/0.3mm/0.27mm，且表面涂有绝缘漆的热轧或冷轧硅钢片叠装而成。铁芯分为铁芯柱和横片两部分，铁芯柱套有绕组，横片是闭合磁路之用。铁芯结构的基本形式有心式和壳式两种。

绕组是变压器的电路部分，它由多个双丝包绝缘扁线或漆包圆线绕成的线圈组成。

接电源的一侧为一次侧，一次侧的绕组称为一次绕组；接负载的一侧称为二次侧，二次侧的绕组称为二次绕组。一个变压器的一次绕组只有一个，二次绕组可以根据需要设置多个。

2. 变压器的技术参数

（1）工作频率。变压器铁芯损耗与频率关系很大，故应根据使用频率来设计和使用，这种频率称工作频率。

（2）额定容量。在规定的频率和电压下，变压器能长期工作，而不超过规定温升的输出功率，一般称为额定容量，用视在功率表示。

（3）额定电压。指在变压器的线圈上所允许施加的电压，工作时不得大于规定值。

（4）电压比。指变压器一次电压和二次电压的比值，有空载电压比和负载电压比的区别。

（5）空载电流。变压器二次侧开路时，一次侧仍有一定的电流，这部分电流称为空载电流。空载电流由励磁电流（产生磁通）和铁损电流（由铁芯损耗引起）组成。对于 50Hz 电源变压器而言，空载电流基本上等于励磁电流。

（6）空载损耗。指变压器二次侧开路时，在一次侧测得的功率损耗。主要损耗是铁芯损耗，其次是空载电流在一次侧线圈铜阻上产生的损耗（铜损），这部分损耗很小。

（7）绝缘电阻。表示变压器各线圈之间、各线圈与铁芯之间的绝缘性能。绝缘电阻的高低与所使用的绝缘材料的性能、温度高低和潮湿程度有关。

（8）效率。在额定功率时，变压器的输出功率和输入功率的比值，叫做变压器的效率，即

$$\eta = \frac{P_2}{P_1} \times 100\% \tag{10-1}$$

式中　η——变压器的效率；

P_1——输入功率；

P_2——输出功率。

通常变压器的额定功率越大，效率就越高。当变压器的输出功率 P_2 等于输入功率 P_1 时，效率 η 等于 100%，变压器将不产生任何损耗。但实际上这种变压器是没有的。变压器传输电能时总要产生损耗，但损耗不大，所以变压器的效率很高，一般都在 90% 以上。

变压器的损耗主要有铜损和铁损。铜损是指变压器线圈电阻所引起的损耗。当电流通过线圈电阻发热时，一部分电能就转变为热能而损耗。由于线圈一般都由带绝缘的铜线缠绕而成，因此称为铜损。变压器的铁损是指变压器铁芯发热所引起的损耗。

3. 变压器的工作原理

变压器的线圈有两个或两个以上的绕组，其中接电源的绕组叫一次绕组（俗称原线圈），其余的绕组叫二次绕组（俗称副线圈）。当一次绕组中通有交流电流时，铁芯（或磁芯）中便产生交流磁通，使二次绕组中感应出电压。

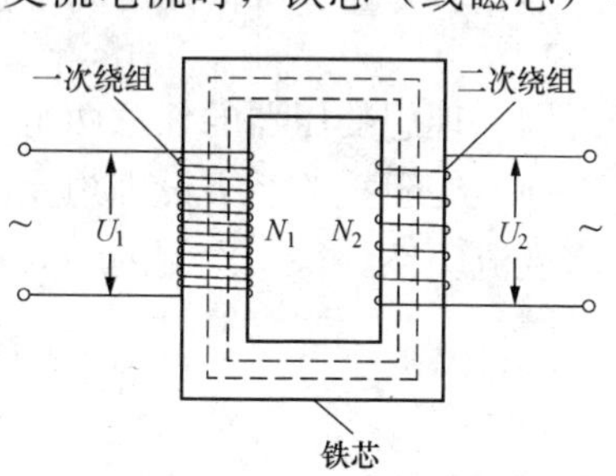

变压器工作原理如图 10-3 所示。当一个正弦交流电压 $\dot{U}_1$ 加在一次绕组两端时，导线中就有交变电流 $\dot{I}_1$ 并产生交变磁通 $\dot{\Phi}_1$，它沿着铁芯穿过一次绕组和二次绕组形成闭合的磁路。在二次绕组中感应出互感电动势 $\dot{U}_2$，同时 $\dot{\Phi}_1$ 也会在一次绕组上感应出一个自感电动势 $\dot{E}_1$，$\dot{E}_1$ 的方向与所加电压 $\dot{U}_1$ 方向相反而幅度相近，从而限

图 10-3 变压器工作原理

制了 $\dot{I}_1$ 的大小。为了保持磁通 $\dot{\Phi}_1$ 的存在，需要有一定的电能消耗，并且变压器本身也有一定的损耗，尽管此时二次侧没接负载，一次绕组中仍有一定的电流，这个电流称为"空载电流"。

如果二次侧接上负载，二次绕组就产生电流 $\dot{I}_2$，并因此而产生磁通 $\dot{\Phi}_2$，$\dot{\Phi}_2$ 的方向与 $\dot{\Phi}_1$ 相反，起了互相抵消的作用，使铁芯中总的磁通量减少，从而使一次侧自感电动势 $\dot{E}_1$ 减小，$\dot{I}_1$ 增大。可见一次电流与二次侧负载有密切关系。当二次侧负载电流加大时，$\dot{I}_1$ 增加，$\dot{\Phi}_1$ 也增加，并且 $\dot{\Phi}_1$ 增加部分正好补充了被 $\dot{\Phi}_2$ 所抵消的那部分磁通，以保持铁芯里总磁通量不变。

三、理想变压器

理想变压器是实际变压器的理想化模型，是对互感元件的抽象，是极限情况下的耦合电感。

1. 理想变压器的条件

理想变压器满足三个理想化条件：一是无损耗，认为线圈的导线无电阻，铁芯的磁导率无限大；二是全耦合，即耦合系数 $k=1$；三是参数无限大，即自感系数和互感系数均无穷大，但同时还满足 $\sqrt{L_1/L_2}=N_1/N_2=n$，N_1 和 N_2 分别为变压器一次绕组和二次绕组匝数，n 称为电压比（匝数比）。以上三个条件在工程实际中不可能满足，但在一些实际工程概算中，在误差允许的范围内，把实际变压器当理想变压器对待，可使计算过程简化。

2. 理想变压器的主要性能

（1）变压关系。理想变压器一次、二次电压应满足

$$\frac{U_1}{U_2}=\frac{N_1}{N_2}=n \qquad\qquad (10\text{ - }2)$$

即对同一变压器的任意两个绕组，电压与匝数成正比。当 $N_2>N_1$ 时，其二次电压要比一次电压还要高，这种变压器称为升压变压器，此时 $n>1$；当 $N_2<N_1$ 时，二次电压低于一次电压，这种变压器称为降压变压器，此时 $n<1$。

（2）功率性质。无论理想变压器有几个二次绕组在工作，变压器的输入功率总等于所有输出功率之和，即 $P_入=P_出$。这表明，理想变压器既不储能，也不耗能，在电路中只起传递信号和能量的作用。

（3）变流关系。根据功率性质知，$U_1I_1=U_2I_2$，从而得

$$\frac{I_1}{I_2}=\frac{N_2}{N_1}=\frac{1}{n}$$

即对同一理想变压器的任意两个绕组，都有电流和匝数成反比。

（4）变阻抗关系。设理想变压器二次侧接阻抗 Z，如图 10 - 4 所示。由理想变压器的变压、变流关系，得一次侧的输入阻抗为

$$Z_{in}=\frac{\dot{U}_1}{\dot{I}_1}=\frac{n\dot{U}_2}{-1/n\dot{I}_2}=n^2\left(-\frac{\dot{U}_2}{\dot{I}_2}\right)=n^2Z$$

由此得理想变压器的一次侧等效电路如图 10 - 5 所示，把 Z_{in} 称为二次侧对一次侧的折合等效阻抗。注意：理想变压器的阻抗变换性质只改变阻抗的大小，不改变阻抗的性质。

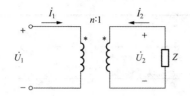
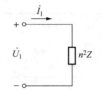

图 10-4　理想变压器二次侧接阻抗　　　　图 10-5　理想变压器的一次侧等效电路

例题分析

例 10-1　图 10-6 所示电路中，$u_S(t)=10\sqrt{2}\sin(1000t+30°)\mathrm{V}$。求 2Ω 电阻消耗的功率。

解　据理想变压器折合阻抗，可以得出图 10-6 电路的等效电路如图 10-7 所示。

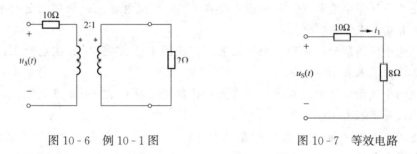

图 10-6　例 10-1 图　　　　　　图 10-7　等效电路

一次电流　　　　　　　$\dot{I}_1=\dfrac{\dot{U}_S}{Z}=\dfrac{10\angle30°}{10+8}=0.56\angle30°(\mathrm{A})$

故 2Ω 电阻消耗的功率　　$P=8I_1^2=8\times0.56^2=2.5(\mathrm{W})$

【任务实施】

（1）观看有关变压器方面的生产教学片，总结变压器的用途、结构和工作原理。

（2）按照任务书的要求，完成相关的互感线圈的测量任务，并根据测量结果，得出结论。

（3）学习互感应现象的相关知识，总结互感应现象的产生原因、互感系数的决定因素、耦合系数的概念。

【一体化学习任务书】

任务名称：**认识互感应现象和变压器**

姓名_____　　所属电工活动小组_____　　　　得分_____

说明：请按照任务书的指令和步骤完成各项内容，课后交回任务书以便评价。

变压器是电力生产中重要的电气设备之一，在电力生产和生活中应用广泛，认识变压器，了解其工作原理，可以帮助我们更好地实现对变压器的使用和维护，而从原理上讲变压器的工作原理就是互感应现象。

■　观看有关变压器的生产教学片，总结变压器的用途、结构和工作原理。按小组讨论并完成表 10-1。

表 10 - 1   变压器知识总结

用途	
组成	
使用场合	
工作原理	

■ 完成以下测量任务，并根据测量结果，得出结论。

准备两个不同的线圈，分别标注为线圈1、线圈2。

（1）先后将两个线圈接在 220V 交流电源上，测量其电流和电压，并填入表 10 - 2 中。

（2）上述两个线圈垂直放置，将线圈 1 接在 220V 交流电源上，分别测量两个线圈中的电流和电压，并填入表 10 - 2 中。

（3）上述两个线圈隔开一定距离平行放置，将线圈 1 接在 220V 交流电源上，分别测量其电流和电压，并填入表 10 - 2 中。

（4）上述两个线圈靠近放置在同一直线上，将线圈 1 接在 220V 交流电源上，分别测量其电流和电压，并填入表 10 - 2 中。

（5）上述两个线圈靠近放置在同一直线上，将线圈 1、2 分别接在 220V 交流电源上，分别测量其电流和电压，并填入表 10 - 2 中。

（6）上述两个线圈垂直放置后串联接在 220V 交流电源上，分别测量其电流和电压，并填入表 10 - 2 中。

（7）上述两个线圈靠近放置在同一直线上后串联接在 220V 交流电源上，分别测量其电流和电压，并填入表 10 - 2 中。

表 10 - 2   互感线圈的测量

测量电路	线圈1电压	线圈1电流	线圈2电压	线圈2电流
1				
2				
3				
4				
5				
6				
7				
分析结论				

■ 学习互感应现象的相关知识，总结互感应现象的产生原因、互感系数的决定因素、耦合系数的概念，完成表 10 - 3。

表 10 - 3　　　　　　　　　　　　**互感应现象知识总结**

互感应现象的产生原因	
互感系数的决定因素	
耦合系数的概念	

■ 学习后的心得体会。

通过本任务的学习，我知道了 _____

_____

_____。

■ 对任务完成的过程进行自评，并写出今后的打算。

自评标准	参与完成所有活动，自评为优秀；缺一个，为良好；缺两个，为中等；其余为加油
自评结果	
今后打算	

任务二　判断互感绕组的同名端

【任务描述】

判断互感绕组和变压器绕组的同名端。

【相关知识】

一、互感绕组的同名端

1. 同名端

在电路图中为了作图的简便，常常并不画出绕组的绕向，而是用一种标记来表示它们的绕向之间的关系，一种常用的标记方法就是同名端方法。

对两个有磁耦合的绕组，用小圆点（·）或用星号（＊）等来标记每个绕组的一个端钮。标记的方法是：先对第一个绕组的任一端钮用圆点来标记，并假设有电流 i_1 流入该端钮；然后让电流 i_2 流入第二个绕组的某一端钮，若电流 i_2 产生的磁通与电流 i_1 产生的磁通相互增强，则用圆点在该端钮标记。这两个标记了圆点的端钮就称为同名端，而未标记圆点的两个端钮也互为同名端。

2. 同名端原则

对于有磁耦合的绕组，当由同名端通入相同方向电流时，两者产生的磁通是相互增强的，或在同一变化磁通的作用下，同名端感应电动势的极性是相同的。

当已知两绕组的绕向及相对位置时，就可用上述原则来判断同名端。图 10 - 8 中，有几种绕法不同且相对位置也有所不同的互感绕组。在图 10 - 8（a）中，设电流分别自 1 端和 3 端流入，它们所产生的磁通是相互增强的，所以 1 端和 3 端是同名端，用圆点标记。而在图 10 - 8（b）中，2、3 端是同名端，这是因为其中一个绕组的绕向不同，所以引起同名端不同。在图 10 - 8（c）中，尽管两绕组的绕向是相同的，但它们的相对位置变化了，同名端也会引起变化。比较图 10-8（a）、（b）、（c）、（d）就不难看出，同名端既决定于两绕组的实际绕向，又决定于两绕组的相对位置。

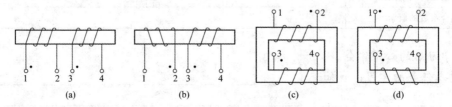

图 10-8　互感绕组同名端的判断

对于图 10-9 所示的情况，有三个绕组彼此之间存在磁耦合，而且没有一个磁感应强度线可以同时穿过这三个线圈，因此这三个线圈只能每两个线圈之间具有同名端，故有三组同名端，每一对耦合线圈必须用不同的符号来标记。例如，1、4 用圆点来表示，3、6 用星号"＊"来表示，6、1 用小三角形"△"来表示。

二、同名端的判断

在实际工作中，有很多设备的绕组是封装的，无法观察到绕组绕向，在这种情况下，无法根据定义判断同名端，此时可用实验方法来测定两绕组的同名端。

1. 直流判别法

直流判别法是依据同名端与互感电压、电流参考方向的关系而归纳出的一种实用方法。具体方法是：取一个干电池、一块直流电压表和一个开关，把一个线圈通过开关接到干电池上，把直流电压表接到另一线圈上，当开关 S 迅速闭合的瞬时，直流电压表指针会发生偏转，如果电压表的指针向正刻度偏转，则与电源正极连接的一端和电压表正极连接的一端就是同名端，如图 10-10 所示。

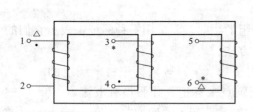

图 10-9　三个绕组同名端的标记

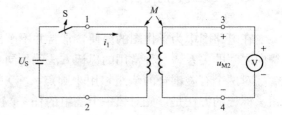

图 10-10　直流判别法实验电路

2. 交流判别法

交流判别法是依据互感线圈串联原理，在工程上有广泛应用。其原理如下：如图 10-11（a）所示，$u_{24} = -u_{L1} + u_{M2}$，由于 u_{L1} 和 u_{M2} 都比 i 超前 90°，故 u_{L1} 和 u_{M2} 同相，同时考虑到 $U_{L1} = U_{12}$，$U_{M2} = U_{34}$，有

$$U_{24} = |U_{L1} - U_{M2}| = |U_{12} - U_{34}|$$

类似地，图 10-11（b）所示电路中，$u_{24} = -u_{L1} - u_{M2}$，故

$$U_{24} = |U_{L1} + U_{M2}| = |U_{12} + U_{34}|$$

交流判别法实验电路如图 10-12 所示。把两个线圈的任意两端连在一起，例如将 1、3 相连，并在其中一个线圈上加上一个较低的交流电压，用交流电压表分别测量 U_{12}、U_{34}、

U_{24}，若 U_{24} 约等于 U_{12} 和 U_{34} 之差，则1、3为同名端；若 U_{24} 约等于 U_{12} 和 U_{34} 之和，则1、3为异名端。

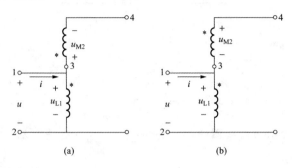

图 10-11　交流判别法原理

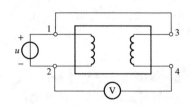

图 10-12　交流判别法实验电路

 【任务实施】

（1）同名端概念的学习。

1）阅读相关资料，了解同名端的定义；

2）根据同名端的定义，判断两个绕组的同名端。

（2）判断互感电压与同名端的关系。

（3）学习同名端的判断。

1）学习直流判别法，依据此方法判断实验电路中的同名端；

2）学习交流判别法，在仿真电路中，用交流判别法判断互感绕组的同名端。

【一体化学习任务书】

任务名称：判断互感绕组的同名端

姓名_____　　　　　所属电工活动小组_____　　　　　得分_____

说明：请按照任务书的指令和步骤完成各项内容，课后交回任务书以便评价。

1. 同名端概念的学习。

■　阅读下列文字，了解同名端的定义。

在图 10-13 所示电路中，分别从1、2两端流入电流 i_1 和 i_2，则电流 i_1 将产生自感磁链 ψ_{11} 与互感磁链 ψ_{21}，电流 i_2 将产生自感磁链 ψ_{22} 及互感磁链 ψ_{12}（请在图中作出自感磁链 ψ_{22}，互感磁链 ψ_{12}）。据右手螺旋定则可知，绕组 I 的自感磁链 ψ_{11} 和互感磁链 ψ_{12} 是加强的，绕组 II 的自感磁链 ψ_{22} 与互感磁链 ψ_{21} 也是加强的。此时将流入电流的两端1、2称为同名端，则 $1'$、$2'$ 也是同名

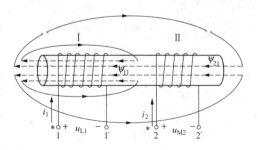

图 10-13　互感绕组的同名端定义

端，不是同名端的1、$2'$ 以及 $1'$、2称为异名端，通常同名端用相同的标志，如"∗"或"△"表示。

■　根据同名端的定义，判断图 10-14 中两个线圈的同名端，并标示在图中。

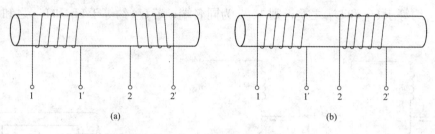

图 10-14　判断互感绕组的同名端

■ 根据上述分析可知：互感电压的方向与两线圈的相对绕向_____（有关？无关？）

2. 判断互感电压与同名端的关系。

■ 方向关系：

观察图 10-14，可以看到无论两线圈的绕向是如何的，当 i_1 从"＊"端流入且 i_1 增大时，u_{M2} 的方向总是从_____端指向_____端。

■ 大小关系：

根据法拉第电磁感应定律可得，线圈Ⅱ的互感电压的大小与线圈Ⅰ中电流的_____成正比。

■ 综上所述，当选 i_1 和 u_{M2} 的参考方向如图 10-15 所示，此时，i_1 的参考方向由"＊"指向另一端，u_{M2} 的参考方向为"＊"指向另一端，称此时 i_1、u_{M2} 的参考方向对同名端一致。此时有 $u_{M2} = M\dfrac{\mathrm{d}i_1}{\mathrm{d}t}$。

3. 同名端的判断。

■ 直流判别法

直流判别法原理如下：如图 10-15 所示，电流、互感电压参考方向对同名端一致时，$u_{M2} = M\dfrac{\mathrm{d}i_1}{\mathrm{d}t}$。当 i_1 从"＊"端流入且 i_1 增大时，$\dfrac{\mathrm{d}i_1}{\mathrm{d}t} > 0$，此时，$u_{M2} = M\dfrac{\mathrm{d}i_1}{\mathrm{d}t} > 0$，说明 u_{M2} 的方向总是从"＊"端指向另一端。

直流判别法实验电路如图 10-16 所示，当 S 合上的瞬间，有电流 i_1 从 1 端流入、此时 i_1 是_____（增大的？减小的？），此时若直流电压表指针正偏，说明 3 端为_____（高电位端？低高电位端？），因此 1 与_____为同名端；若直流电压表指针反偏，说明 4 端为_____（高电位端？低高电位端？），因此 1 与_____为同名端。

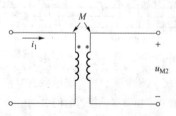

图 10-15　i_1、u_{M2} 的参考方向对
　　　　　 同名端一致

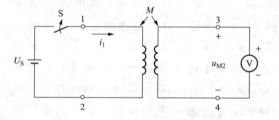

图 10-16　直流判别法实验电路

■　交流判别法

交流判别法原理如下：如图 10-17（a）所示，$u_{24} = -u_{L1} + u_{M2}$，由于 u_{12} 和 u_{34} 都比 i 超前 90°，故 u_{12} 和 u_{34} 同相。同时考虑到 $U_{L1} = U_{12}$，$U_{M2} = U_{34}$，有 $U_{24} = |U_{L1} - U_{M2}| = |U_{12} - U_{34}|$；同理，图 10-17（b）所示电路中，$u_{24} = \underline{\hspace{2cm}}$，故 $U_{24} = \underline{\hspace{2cm}}$。

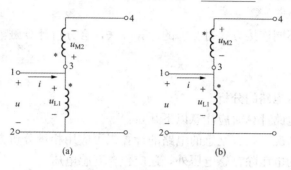

图 10-17　交流判别法原理

■　使用仿真软件，搭接图 10-18 所示电路，用交流判别法判断互感绕组的同名端。

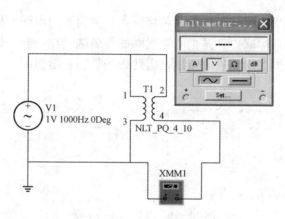

图 10-18　仿真判断互感绕组的同名端

据测量结果可以断定：1 与 \underline{\hspace{2cm}} 为同名端。

■　学习后的心得体会。

通过本任务的学习，我知道了 \underline{\hspace{8cm}}

\underline{\hspace{14cm}}

\underline{\hspace{14cm}} 。

■　对任务完成的过程进行自评，并写出今后的打算。

自评标准	参与完成所有活动，自评为优秀；缺一个，为良好；缺两个，为中等；其余为加油
自评结果	
今后打算	

任务三　分析计算磁耦合电路

【任务描述】

了解互感线圈在不同连接方式时互感的计算方法，会分析计算磁耦合电路。

【相关知识】

一、含有耦合电感电路的分析

含有耦合电感的电路计算时应注意以下几点：

（1）在正弦稳态情况下，有互感的电路的计算仍可应用相量分析方法。

（2）互感线圈上的电压除自感电压外，还应包含互感电压。

（3）一般采用支路法和回路法计算。因为耦合电感支路的电压不仅与本支路电流有关，还与其他某些支路电流有关，若列节点电压方程会遇到困难，要另行处理。

1. 互感线圈的串联

两个有互感的线圈串联时，可以有两种接法：一种为顺向串联；另一种为反向串联。

两个互感线圈的顺向串联，就是把两个线圈的异名端接在一起，如图 10 - 19（a）所示。这时电流将从两线圈的同名端流进或流出，因此磁场是相互增强的。

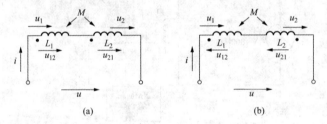

图 10 - 19　互感线圈的串联

两个互感线圈的反向串联，就是把两个线圈的同名端接在一起，如图 10 - 19（b）所示。这时电流将从一个线圈的同名端流进，而从另一个线圈的同名端流出，磁场是相互减弱的。线圈 L_1 和 L_2 串联后的总电压为

$$u = u_1 + u_2$$

电流、电压及互感电压的参考方向如图 10 - 19 所示，电压 u_1 应包括电感 L_1 的自感电压及电流 i 流过电感 L_2 时在 L_1 中引起的互感电压 u_{12}；同样，电压 u_2 应包括电感 L_2 的自感电压以及由于电流 i 流过 L_1 时在 L_2 中引起的互感电压 u_{21}。

顺向串联时，满足

$$u_1 = L_1 \frac{\mathrm{d}i}{\mathrm{d}t} + u_{12} = L_1 \frac{\mathrm{d}i}{\mathrm{d}t} + M \frac{\mathrm{d}i}{\mathrm{d}t}$$

$$u_2 = L_2 \frac{\mathrm{d}i}{\mathrm{d}t} + u_{21} = L_2 \frac{\mathrm{d}i}{\mathrm{d}t} + M \frac{\mathrm{d}i}{\mathrm{d}t}$$

$$u = u_1 + u_2 = L_1 \frac{\mathrm{d}i}{\mathrm{d}t} + M \frac{\mathrm{d}i}{\mathrm{d}t} + L_2 \frac{\mathrm{d}i}{\mathrm{d}t} + M \frac{\mathrm{d}i}{\mathrm{d}t} = (L_1 + L_2 + 2M) \frac{\mathrm{d}i}{\mathrm{d}t}$$

用相量表示为

$$\dot{U} = j\omega(L_1 + L_2 + 2M)\dot{I} \tag{10-3}$$

反向串联时，满足

$$u_1 = L_1\frac{di}{dt} - u_{12} = L_1\frac{di}{dt} - M\frac{di}{dt}$$

$$u_2 = L_2\frac{di}{dt} - u_{21} = L_2\frac{di}{dt} - M\frac{di}{dt}$$

$$u = u_1 + u_2 = L_1\frac{di}{dt} - M\frac{di}{dt} + L_2\frac{di}{dt} - M\frac{di}{dt} = (L_1 + L_2 - 2M)\frac{di}{dt}$$

用相量表示为

$$\dot{U} = j\omega(L_1 + L_2 - 2M)\dot{I} \tag{10-4}$$

由式（10-3）、式（10-4）可见，对于两互感绕组串联的电路，其等效电感为 $L=L_1+L_2\pm 2M$，M 前的正号对应于顺向串联，负号对应于反向串联。即具有互感的两绕组，顺向串联时，等效电感增加；反向串联时，等效电感减小。利用这个结论，也可以通过测量两个串联绕组等效值大小的方法来判别其同名端。同时，也可以把两绕组顺接一次，反接一次，从而求出互感系数 $M=\dfrac{L_{顺}-L_{反}}{4}$。

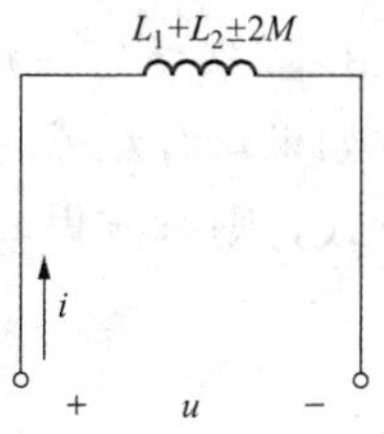

根据上述分析可以得出图 10-20 所示的无互感等效电路。

需要说明的是，反向串联时互感不会大于两个自感的算术平均值，即始终有 $L\geq 0$，整个电路不会呈现容性。

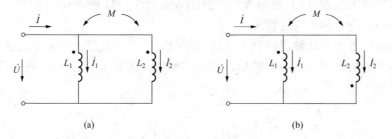

图 10-20 无互感等效电路

2. 互感绕组的并联

两个有互感的绕组并联时，也有两种接法。一种是两个绕组的同名端接在一起，称为同侧并联；另一种为两个绕组的异名端接在一起，称为异侧并联，如图 10-21 所示。

图 10-21 互感绕组的并联

在图 10-21 所示电流、电压的参考方向下，可列出图 10-21（a）、（b）对应方程分别为

$$\dot{U} = \dot{U}_{L1} \pm \dot{U}_{12} = j\omega L_1\dot{I}_1 \pm j\omega M\dot{I}_2$$

$$\dot{U} = \dot{U}_{L2} \pm \dot{U}_{21} = j\omega L_2\dot{I}_2 \pm j\omega M\dot{I}_1$$

互感电压前面正号对应于同侧并联，负号对应于异侧并联。

以 $\dot{I} = \dot{I}_1 + \dot{I}_2$ 代入，可得

$$\dot{U} = j\omega L_1 \dot{I}_1 \pm j\omega M(\dot{I} - \dot{I}_1) = j\omega(L_1 \mp M)\dot{I}_1 \pm j\omega M\dot{I}$$

$$\dot{U} = j\omega L_2 \dot{I}_2 \pm j\omega M(\dot{I} - \dot{I}_2) = j\omega(L_2 \mp M)\dot{I}_2 \pm j\omega M\dot{I}$$

由此，可以用图 10-22（a）、（b）电路分别代替图 10-21（a）、（b）所示的电路，因为对应图 10-22 可以写出与图 10-21 完全相同的方程式，但此时 L_1 和 L_2 之间已不存在互感，所以图 10-22 是并联绕组消去互感后的等效电路。

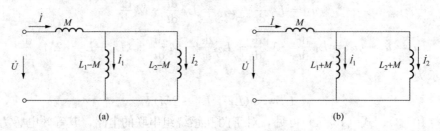

图 10-22　互感线圈并联等效电路

3. 互感绕组一端相连

如果具有互感的两个绕组仅有一端相连，如图 10-23（a）所示，考虑到两种不同的连接方式，则有方程

$$\dot{U}_{13} = j\omega L_1 \dot{I}_1 \pm j\omega M\dot{I}_2$$

$$\dot{U}_{23} = j\omega L_2 \dot{I}_2 \pm j\omega M\dot{I}_1$$

M 前的正号对应于同名端连接，负号对应于异名端连接。以 $\dot{I} = \dot{I}_1 + \dot{I}_2$ 代入，上面两式可改写为

$$\dot{U}_{13} = j\omega(L_1 \mp M)\dot{I}_1 \pm j\omega M\dot{I}$$

$$\dot{U}_{23} = j\omega(L_2 \mp M)\dot{I}_2 \pm j\omega M\dot{I}$$

由此可得出图 10-23（b）所示没有互感的等效电路。M 前的符号，上面的对应于同名端连接，下面的对应于异名端连接。

在电路分析计算中，这种以没有互感的等效电路代替有互感的电路称为去耦等效法或互感消去法。在一般情况下，消去互感后，节点将增加，例如 10-23（b）所示图中的节点 $3'$。

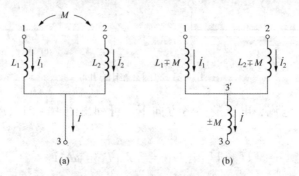

图 10-23　互感线圈一端连接电路

例题分析

例 10-2　图 10-24 所示电路中，已知 $L_1 = L_2 = 5H$，$R_1 = 2k\Omega$，$R_2 = 3k\Omega$，耦合系数

$k=0.6$。工频电源电压$u(t)=220\sqrt{2}\sin314\text{V}$。求电流$I$及等效复阻抗。

解　据$k=0.6$，$L_1=L_2=5\text{H}$，求出互感系数

$$M=k\sqrt{L_1L_2}=0.6\sqrt{5\times5}=3(\text{H})$$

图10-24可知：电路为耦合电感反向串联，则等效复阻抗

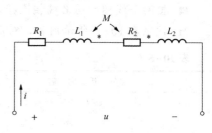

$$Z=R_e+\text{j}\omega L_e=(R_1+R_2)+\text{j}\omega(L_1+L_2-2M)$$
$$=(2000+3000)+\text{j}314(5+5-2\times3)$$
$$=5000+\text{j}1256$$
$$=5155\angle14.1°(\Omega)$$

图 10-24　例 10-2 图

$$\dot{I}=\frac{\dot{U}}{Z}=\frac{220\angle0°}{5155\angle14.1°}=0.042\angle-14.1°(\text{A})$$

所以，电流$i=0.042\sqrt{2}\sin(314t-14.1°)$ A。

【任务实施】

（1）按照要求，逐步完成对耦合电感线圈串联电路的分析，得出顺向串联和反向串联的表达式。

（2）学习耦合电感线圈串联的实用意义。说明如何应用耦合电感线圈串联的特点来判断同名端以及测量互感系数。

【一体化学习任务书】

任务名称：**分析计算磁耦合电路**

姓名＿＿＿＿＿　　　所属电工活动小组＿＿＿＿＿　　　得分＿＿＿＿＿

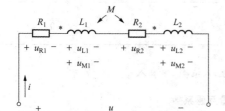

说明：请按照任务书的指令和步骤完成各项内容，课后交回任务书以便评价。

1. 耦合电感线圈的顺向串联电路分析。

■ 把两个线圈的异名端相连接，称为顺向串联，简称顺串，如图10-25所示。

■ 按照表10-4所示内容，对顺串电路进行分析。

图 10-25　耦合电感线圈顺向串联

表 10-4　　　　　　　　　　　**顺 串 电 路 分 析**

分 析 内 容	分 析 结 果
电路中有哪几个电压？写出这些电压相量	
写出电路的相量形式的 KVL 方程	
写出电路的电压、电流相量关系式	
写出两电感线圈串联，但无互感时电路的电压、电流相量关系式	
比较上述表达式，得出结论	

2. 耦合电感线圈的反向串联电路分析。

■ 把两个线圈的同名端相连接，称为反向串联，简称反串。

■ 按照表 10-5 所示内容，对反串电路进行分析。

表 10-5　　　　　　　　　　反 串 电 路 分 析

分 析 内 容	分 析 结 果
作出反串电路图	
电路中有哪几个电压？写出这些电压相量	
写出电路的相量形式的 KVL 方程	
写出电路的电压、电流相量关系式	
写出两电感线圈串联，但无互感时电路的电压、电流相量关系式	
比较上述表达式，得出的结论	

3. 耦合电感线圈串联的实用意义。

■ 根据耦合电感线圈串联分析，说明如何判断同名端，填入表 10-6 中。

表 10-6　　　　　　　　根据耦合电感线圈串联判断同名端

判断依据	
判断方法	

■ 根据耦合电感线圈串联分析，说明如何测量互感系数，填入表 10-7 中。

表 10-7　　　　　　　　根据耦合电感线圈串联测量互感系数

测量依据	
测量方法	

■ 实用中，当需要较大的电感而手头元件不够时，可采用＿＿＿＿＿向串联方式来增大等效电感；当手头元件电感系数过大时，可采用＿＿＿＿＿向串联来减小等效电感。

■ 学习后的心得体会。

通过本任务的学习，我知道了＿＿＿＿＿＿＿＿＿＿＿＿＿＿＿＿＿＿＿＿＿＿＿＿＿

■ 对任务完成的过程进行自评，并写出今后的打算。

自评标准	参与完成所有活动，自评为优秀；缺一个，为良好；缺两个，为中等；其余为加油
自评结果	
今后打算	

任务四　分析计算变压器的磁路

【任务描述】

了解不同物质的磁化曲线，学习磁路的欧姆定律及基尔霍夫定律，会分析计算变压器的磁路。

【相关知识】

交流铁芯线圈是指线圈中加入铁芯并且线圈两端通入正弦交流电流或电压。由于铁芯具有特殊的磁性能，使得交流铁芯线圈呈现出与直流线圈、交流空心线圈截然不同的特性。

一、铁磁物质的磁性能

自然界的物质，按其导磁能力可以分为铁磁物质和非铁磁物质两大类。其中常见的铁磁物质有铁、钴、镍及其众多合金以及含铁的氧化物。

铁磁物质的特殊的磁性能，体现在铁磁物质可以被磁化。所谓磁化是指铁磁物质在外磁场作用下，产生一个与外磁场方向一致且磁性很强的附加磁场的过程。铁磁性物质可以看作是由无数个被称为"磁畴"的天然磁化区域所组成，其中的每一个磁畴都可以看成是一个小磁针，在未被磁化前，这些小磁针的排布是杂乱无章的，各个磁畴产生的磁场相互抵消，对外不显示磁性。但是如果有外磁场作用于铁磁物质上，在磁场力的作用下，磁畴将顺向外磁场方向，从杂乱分布趋向有规律的排列，并且对外显示出较强的磁性，这一过程就是铁磁物质的磁化。

铁磁物质的磁化过程，通常用磁化曲线即 $B-H$ 曲线来表示。如果铁磁物质从未被磁化过，当磁场强度从零开始逐渐增大时，对应的磁感应强度也逐渐增大，但两者并不成正比，作出的 $B-H$ 曲线如图 10—26 所示。由于曲线是从 $H=0$、$B=0$ 开始，故称这条曲线为铁磁物质的起始磁化曲线。

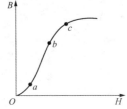

图 10-26　铁磁物质的起始磁化曲线

实际上，由于铁磁物质通常处于交变磁场中，当外磁场交变时，铁磁物质被反复磁化，将出现磁滞现象，对应的 $B-H$ 曲线称为磁滞回线，如图 10-27（a）所示。所谓磁滞现象是指磁感应强度的变化滞后于磁场强度的变化，如图 10-27（a）中的 b 点，磁场强度减小到了零（$H=0$），但磁感应强度没有同时为零，而是等于 B_c，称 B_c 为剩余磁感应强度（简称剩磁）。如果要使 $B=0$，需施加反向磁场，磁感应强度就会逐渐减小。把 $B=0$ 时的磁场强度 $H=-H_c$ 称为矫顽磁场强度（简称矫顽力），如图 10-27（a）中的 c 点。铁磁物质在反复磁化过程中，磁畴要保持与外磁场方向一致，所以要不停的翻转，磁畴相互摩擦发热就消耗了能量，我们称这种能量损耗为磁滞损耗。实验证明，磁滞损耗的大小与磁滞回线面积成正比。在交流电气设备中应尽量减小磁滞损耗。

从铁磁物质的性质和使用方面来说，按矫顽力的大小可将铁磁物质分为软磁材料和硬磁材料两大类。软磁材料矫顽力小，磁滞回线狭长，在交变磁场中磁滞损耗小，因此适用于电子设备中的各种电感元件、变压器、镇流器中的铁芯等，常见的软磁材料有硅钢片、铁镍合金、坡莫合金、软磁铁氧体等。硬磁材料的特点是矫顽力大，剩磁也大，这种材料磁滞损耗较大，磁滞特性非常显著，制成永久磁铁用于各种电表、扬声器中等，常见的硬磁材料有铬钢、钴钢、钨钢及铝镍硅等。软磁与硬磁材料的磁滞回线如图 10-27（b）、（c）所示。

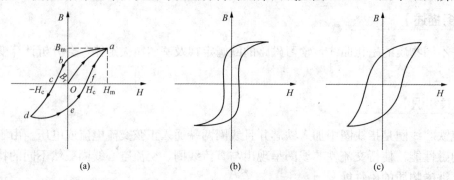

图 10-27　铁磁物质的磁滞回线
（a）磁滞回线；（b）软磁材料的磁滞回线；（c）硬磁材料的磁滞回线

为方便起见，工程上通常使用基本磁化曲线，如图 10-28（a）所示。基本磁化曲线是这样得到的：对应不同的 H_m，铁磁物质有不同的磁滞回线。我们将各个回线的正顶点连成曲线，就得到了基本磁化曲线。基本磁化曲线略低于起始磁化曲线，但两者相差甚小。图 10-28（b）所示为几种常见铁磁物质的磁化曲线。

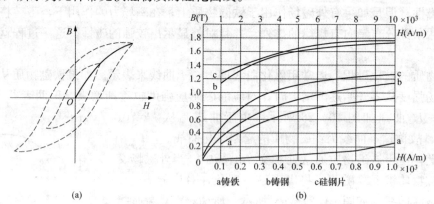

图 10-28　铁磁物质的基本磁化曲线
（a）基本磁化曲线；（b）几种常见铁磁物质的磁化曲线

二、磁路的欧姆定律

在电工设备中为了获得较强的磁场，并使大部分磁通集中在一定的路径上通过，通常采用铁磁物质做成一定形状的铁芯，构成电工设备中所需要的磁路。由于铁芯的磁导率比周围非铁磁物质的磁导率高得多，故磁通基本上集中于铁芯内，仅有少量经过周围的非铁磁物质而闭合。前者称为主磁通，以 Φ 表示，如图 10-29 中虚线所示；后者称为漏磁通。通常把主磁通经过的路径称为磁路。相对主磁通来说，作为粗略的分析，漏磁通可以忽略不计。图 10-29 所示为几种电工设备的磁路。

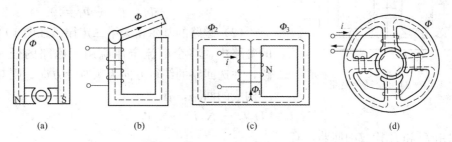

图 10-29 几种电工设备的磁路

(a) 磁电系仪表；(b) 继电器；(c) 变压器；(d) 直流电机

图 10-30 所示是最简单的磁路，设铁芯上绕有 N 匝线圈，铁芯的平均长度为 l，截面积为 S，铁芯材料的磁导率为 μ。当线圈通以电流 I 后，将建立起磁场，铁芯中有磁通 Φ 通过。假定不考虑漏磁，则沿整个磁路的 Φ 相同，即

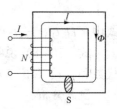

$$\Phi = BS = \mu SH$$

根据全电流定律可知 $H = \dfrac{NI}{l}$，则

图 10-30 简单磁路

$$\Phi = \mu SH = \mu S \frac{NI}{l} = \frac{NI}{\dfrac{l}{\mu S}} \tag{10-5}$$

从式 (10-5) 可以看出，NI 越大，则 Φ 越大，$\dfrac{l}{\mu S}$ 越大则 Φ 越小，NI 可理解为是产生磁通的根源，即磁动势 F，$\dfrac{l}{\mu S}$ 对通过磁路的磁通有阻碍作用，称为磁阻，用 R_{m} 表示，它的单位是 1/亨（1/H），于是有

$$\Phi = \frac{F}{R_{\mathrm{m}}} \tag{10-6}$$

式 (10-6) 与电路的欧姆定律相似，故称为磁路的欧姆定律。磁动势相当于电势，磁阻相当于电阻，磁通相当于电流。即线圈产生的磁通与磁动势成正比，与磁阻成反比。必须指出，由于铁磁物质的磁导率 μ 是变量，故磁路总是非线性的。因此，直接应用磁路的欧姆定律来计算磁路是比较困难的，一般仅用于定性分析。

三、磁路的基尔霍夫定律

(1) 磁路的基尔霍夫第一定律。计算比较复杂的磁路问题，常涉及汇合点上多个磁通的关系。图 10-31 所示为有两个励磁线圈的较复杂磁路。该磁路分为三段 l_1、l_2、l_3，各段的磁通分别为 Φ_1、Φ_2、Φ_3。如忽略漏磁通，根据磁通连续性原理，在 Φ_1、Φ_2、Φ_3 的汇合点作一闭合面 S，则穿入封闭面 S 的总磁通量为零，即

$$\sum \Phi = 0 \tag{10-7}$$

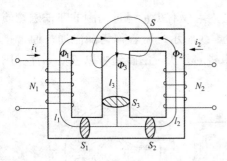

图 10 - 31　较复杂磁路

式（10 - 7）与电路的 KCL 形式相似，故称为磁路的基尔霍夫第一定律，如果把穿出闭合面 S 的磁通前面取正号，则穿入闭合面 S 的磁通前面应取负号，则图中闭合面 S 处有

$$-\Phi_1 - \Phi_2 + \Phi_3 = 0$$

（2）磁路的基尔霍夫第二定律。在图 10 - 31 所示的磁路中，将全电流定律应用于磁路的任一闭合回路，并选回路的绕行方向为顺时针方向，则对由 l_1 和 l_2 构成的回路，有

$$H_1 l_1 - H_2 l_2 = N_1 I_1 - N_2 I_2$$

同理，对由 l_1 和 l_3 构成的回路，有

$$H_1 l_1 + H_3 l_3 = N_1 I_1$$

以上两式写成一般形式为

$$\sum Hl = \sum NI \tag{10 - 8}$$

式中　$H_1 l_1$、$H_2 l_2$、$H_3 l_3$——磁路各段的磁压降，用 U_m 表示。

式（10 - 8）说明，在磁路中，沿任意闭合路径磁压降的代数和等于沿该回路磁动势的代数和。式（10 - 8）在形式上与电路中 KVL 相似，故称为磁路的基尔霍夫第二定律。

例题分析

例 10 - 3　如图 10 - 32 所示，在环形磁路中，若已知环形磁路的材料是铸钢，其外径为 36cm，内径为 28cm，截面积 S 为 7cm^2，空气隙的长度 l_0 为 0.2cm，空气隙的磁感应强度 B 为 1T。试求空气隙及铁芯的磁阻。

解　空气隙磁阻为

$$R_0 = \frac{l_0}{\mu_0 S_0} = \frac{0.2 \times 10^{-2}}{4\pi \times 10^{-7} \times 7 \times 10^{-4}} = 2.27 \times 10^6 \, \mathrm{H^{-1}}$$

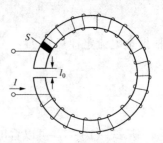

图 10 - 32　例 10 - 3 图

铁芯磁阻为

$$R_\mathrm{c} = \frac{l}{\mu S} = \frac{Hl}{BS}$$

环形磁路平均长度 l 为

$$l = 2\pi \times \frac{(18 + 14) \times 10^{-2}}{2} = 100.48 \times 10^{-2} \, (\mathrm{m})$$

由常用铁磁材料基本磁化数据表查得，当 $B = 1\mathrm{T}$ 时，$H = 924\mathrm{A/m}$，所以

$$R_\mathrm{c} = \frac{924 \times 100.48 \times 10^{-2}}{1 \times 7 \times 10^{-4}} = 1.33 \times 10^6 \, (\mathrm{H^{-1}})$$

从计算结果可以看到，本例中气隙的长度约占磁路全长的 0.2%，但是气隙的磁阻却占整个磁路磁阻的 63%。由此看出，在磁路中若有空气隙存在，将使磁路的磁阻大大增加，因此在一定的磁动势作用下，通过调整气隙，可使磁路中的磁通发生显著的变化。另一方面，由于气隙磁阻占整个磁路磁阻的大部分，所以在定性分析时，常常先忽略铁芯中的磁阻来进行估算。

实践应用　电磁铁

利用通电线圈在铁芯里产生磁场，由磁场产生吸力的机构统称为电磁铁。电磁铁是一种重要的电气设备，工业上经常利用电磁铁完成起重、制动、吸持及开闭等机械动作。在自动控制系统中经常利用电磁铁附上触头及相应部件做成各种继电器、接触器、调整器及驱动机构等。

电磁铁主要由线圈、铁芯及衔铁三部分构成。图 10-33 所示为常见的几种电磁铁的结构形式。

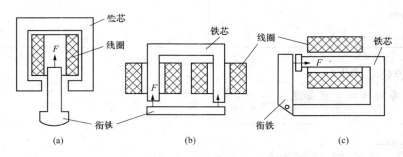

图 10-33　电磁铁的结构形式

（a）螺管式；（b）马蹄式；（c）拍合式

根据线圈中通入的电流是直流还是交流，电磁铁可分为直流电磁铁和交流电磁铁两种。直流电磁铁和交流电磁铁结构、原理基本相同，但各自有不同的特点。

【任务实施】

学习铁磁物质的磁性能的相关知识，完成相关问答。

【一体化学习任务书】

任务名称：分析计算变压器的磁路

姓名_____　　所属电工活动小组_____　　　　得分_____

说明：请按照任务书的指令和步骤完成各项内容，课后交回任务书以便评价。

■　学习铁磁物质的磁性能的相关知识，完成表 10-8 内容。

表 10-8　　　　　　　　　铁磁物质的磁性能

自然界的物质，按其导磁能力可以分为哪两大类	
什么叫铁磁物质的磁化	
铁磁物质磁化的原因是什么	
什么是 B-H 曲线	
什么是剩余磁感应强度（简称剩磁）	
什么是矫顽磁场强度（又称矫顽力）	
什么是磁滞损耗	
磁滞损耗的大小与磁滞回线面积有何关系	
铁磁物质分为哪两大类	

试述软磁材料的特点	
试述硬磁材料的特点	
作出起始磁化曲线	
作出铁磁物质的磁滞回线	

■ 学习后的心得体会。

通过本任务的学习，我知道了_____

_____。

■ 对任务完成的过程进行自评，并写出今后的打算。

自评标准	参与完成所有活动，自评为优秀；缺一个，为良好；缺两个，为中等；其余为加油
自评结果	
今后打算	

习题十

10-1　已知图 10-34 所示各互感绕组的绕向，试判定它们的同名端。

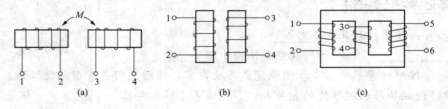

图 10-34　习题 10-1 图

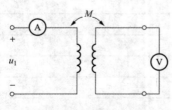

图 10-35　习题 10-2 图

10-2　图 10-35 所示，电源频率为 50Hz，电流表读数为 1A，电压表读数为 220V，求两线圈的互感 M。

10-3　已知一耦合电感的参数为 $L_1=6H$，$L_2=4H$，$M=3H$，试计算此耦合电感中两线圈串联或并联后形成的二端网络的等效电感值。

10-4　穿过磁极极面的磁通 $\Phi=3.84\times10^{-3}Wb$，磁极的边长为 8cm，宽为 4cm，求磁极间的磁感应强度。

10-5　一个接触器的线圈已烧坏，其匝数为 100 匝，工作电流为 20A。如果用 10A 的导线代替（假定安置线圈的窗口尺寸足够大），问线圈应该绕多少匝？

参 考 文 献

[1] 孙爱东，贺令辉. 电工技术及应用 [M]. 北京：中国电力出版社，2012.
[2] 程隆贵. 电路基础 [M]. 北京　中国电力出版社，2007.
[3] 王世才. 电工基础 [M]. 北京　中国电力出版社，2007.
[4] 瞿红，禹红. 电路 [M]. 北京　中国电力出版社，2009.
[5] 田玉丽，王广，刘东晓. 电工技术 [M]. 北京：中国电力出版社，2009.
[6] 王浩. 电工学 [M]. 北京：中国电力出版社，2008.
[7] 胡斌. 图表细说元器件及实用电路 [M]. 北京：中国电力出版社，2008.
[8] 杨德清，余明飞. 轻轻松松学电工 [M]. 北京：人民邮电出版社，2008.
[9] 贺洪江，王振涛. 电路基础 [M]. 北京：高等教育出版社，2010.
[10] 王惠玲，等. 电路基础 [M]. 北京：高等教育出版社，2004.
[11] 陈湘，曾全胜. 电工技术基础 [M]. 北京：冶金工业出版社，2008.
[12] DK. Solve problems in multiple path power circuits. Melbourne：Chisholm Institute，2010.